EINHEIMISCHE ORCHIDEEN

AUF DER

MARKUNG PFULLINGEN

Kostbarkeiten im Echaztal

Ein Buch

für

Pflanzenfreunde und den Naturschutz

EINHEIMISCHE ORCHIDEEN AUF DER MARKUNG PFULLINGEN

Kostbarkeiten im Echaztal

Ein Buch für

Pflanzenfreunde und den Naturschutz

von

Oliver Meiser

Dipl.- Geograph

Impressum:

Bibliographische Information der Deutschen Nationalbibliothek:
Die Deutsche Nationalbibliothek verzeichnet diese Publikation in der
Deutschen Nationalbibliographie; detaillierte bibliographische Daten
sind im Internet über http://dnb.dnb.de abrufbar.

© 2023 Oliver Meiser

Herstellung und Verlag: BoD – Books on Demand, Norderstedt

ISBN: 978-3-7460-8900-3

„ ...mit tausend Blumen reichgeschmückt, glänzt deine grüne Au.“

Johannes Schänzlin im Heimatlied „Mein Echaztal“

Inhaltsverzeichnis

Einführung

Orchideen sind als Sympathieträger wichtige Flaggschiffe der Natur, die letzterer in ihrer Gesamtheit helfen können, vom Menschen beschützt zu werden.

Das hier vorliegende Buch über die Orchideen von Pfullingen basiert auf einer Diplomarbeit, die ich 1996 zum Abschluß meines Studiums der Geographie an der Universität Tübingen mit dem Schwerpunkt physische Geographie angefertigt habe. Titel damals:

„Die einheimischen Orchideenbestände der Markung Pfullingen und Vorschläge zu ihrem Schutz"

Die Arbeit wurde zu jener Zeit von *Prof. Dr. Christian Hannß (1937-2015)* betreut. Unterstützt wurde ich dabei auch von dem inzwischen ebenfalls verstorbenen Pfullinger Oberstudiendirektor *Helmut Ilg (1926-2018)*, sowie der *Stadt Pfullingen*, dem *Landratsamt Reutlingen* und der *Bezirksstelle für Naturschutz im Regierungspräsidium Tübingen*.

Dennoch war das Interesse an den Ergebnissen der Untersuchung letztendlich damals leider sehr gering. Die Zeit war vielleicht noch nicht ganz reif; Baden-Württemberg – auch politisch - noch nicht so „grün" wie heute. Auch ich mußte mich schließlich anderen Dingen zuwenden und habe dann alsbald Pfullingen und seine Umgebung verlassen. So blieb die interessante Diplomarbeit im Elfenbeinturm der Universität nur einem sehr beschränkten Personenkreis zugänglich, was allerdings auch seinen guten Grund hatte, sollte doch verhindert werden, daß „falsche" Pflanzenfreunde das Werk als „Reiseführer zum Ausgraben von Orchideen" mißbrauchen.

Wenngleich es vielleicht auch heute noch einige „Unverbesserliche" geben mag, so ist ja doch inzwischen ein Vierteljahrhundert vergangen und die Gesellschaft hat sich stark verändert; ist doch zu einem guten Stück achtsamer geworden. Viele Menschen – vielleicht sind es all jene, die damals allwochenendlich mit ihren Eltern auf der Alb wanderten - sind umweltbewußter geworden. Parteien, die sich für Natur- und Umweltschutz einsetzen, gestalten die Politik immer stärker mit oder führen sie sogar an. Teile der Alb wurden Biosphärenreservat, an dem auch die Markung Pfullingen Anteile hat, und ein großer Erfolg ist sicher, daß die noch verbliebene Echazaue zwischen Pfullingen und Unterhausen unter Naturschutz gestellt wurde – Erfolge, die in meiner „Pfullinger Zeit", als ich Schüler und Student war, ferner Traum schienen. Viele naturbegeisterte Bürger, auch wenn sie sich nicht alle in entsprechenden Vereinen engagieren, sind über soziale Medien vernetzt und teilen über Plattformen wie etwa *naturgucker.de* ihre Beobachtungen auf Spaziergängen und Wanderungen. Über *„citizen science"* unterstützen viele die Anstrengungen der Wissenschaft, so daß der Nutzen, diese Arbeit einer größeren Allgemeinheit zugänglich zu machen, eventuelle Risiken deutlich übersteigen dürfte. Man kann die Natur *vor* dem Menschen schützen und versuchen, letzteren dabei konsequent auszusperren. Das ist eine Strategie. Die andere jedoch ist jene, die Natur gemeinsam *mit* dem Menschen zu schützen, denn der Mensch und seine Mitgeschöpfe müssen sich nun einmal diese Welt teilen, was insbesondere für das dichtbesiedelte Mitteleuropa gilt.

Artenschutz kann mittel- und langfristig nur mit einer breiten Aufklärung und Akzeptanz durch jeden Einzelnen funktionieren. Begeistert schützen wird man letztendlich nur das, was man kennen- und dadurch liebengelernt hat. Und schließlich ist auch der Mensch ein Teil der Natur, weshalb man ihn, so er sich nur einigermaßen ordentlich verhält, auch nicht dauerhaft von ihr ausschließen kann und soll.

Was das Erscheinen dieses Buches noch erleichtern konnte, sind Verlagskonzepte wie *Books on Demand*, welche nun auch die Herausgabe von Büchern zu Regionalthemen mit kleinerem Leserkreis lohnenswert machen. Dies animiert, in der Schublade liegende Arbeiten wieder herauszuholen und einer breiteren Öffentlichkeit zugänglich zu machen.

Nachdem ich als Diplom-Geograph eigentlich in der sonst so stark boomenden Branche Tourismus beschäftigt bin und mir die Corona-Krise eine heftige und unerwartet lange Zwangspause verordnet hatte, konnte ich diese Zeit nun anderweitig kreativ nutzen und im Frühjahr 2021 bereits mein altes Buch über die Pfullinger Flurnamen in Neuauflage anbieten. Das unerwartet rege Interesse und der Erfolg haben mich danach bewegt, auch das Thema heimische Orchideen noch einmal anzugehen und für jedermann herauszugeben, so daß interessierte Laien, Schulen, Vereine und die Stadtverwaltung mit diesem Buch arbeiten können. Andere Gemeinden mögen es sich vielleicht ebenfalls ansehen, um für ihre Gemarkungen oder Regionen ähnliche Studien zu treiben.

Der Stand dieser Arbeit beruht, da ich ja 1997 die Region verlassen habe, hauptsächlich auf Beobachtungen, die ich in der zweiten Hälfte der achtziger Jahre und in der ersten Hälfte der neunziger Jahre in meiner sehr aktiven „Pfullinger Zeit" gemacht habe, vor allem aber natürlich auf den konkreten und intensiven Kartierarbeiten im Rahmen meiner Diplomarbeit 1996. Wenngleich seitdem geraume Zeit verstrichen ist und sich gewiß vieles verändert hat, ist es sicherlich interessant, die Situation heute mit damals zu vergleichen, und vieles von früher mag weiterhin aktuell sein. Da und dort wurden, soweit ich ohne größere Mühe aus der räumlichen Distanz Zugang dazu hatte, auch für die Zeit von 1996 – 2023, insbes. die Orchideenfundorte, betreffend, etliche Aktualisierungen angebracht. Dabei halfen mir sehr viel gebündeltes Wissen bzw. Datenbanken im Internet, die mir im Rahmen meiner Diplomarbeit damals noch nicht zur Verfügung standen (ich gehörte auch zu einer „letzten Generation", nämlich jener, die noch ohne Internet studieren durfte / mußte). Angesichts der Fülle des vorhandenen Wissens kann eine solche Arbeit freilich nie vollständig sein. Die Möglichkeit der computerisierten Textverarbeitung birgt zudem die große Gefahr, daß man niemals fertig wird, immer noch hinzuschreibt oder umändert. Dies im Hinterkopf behaltend, halte ich mich an eine Redensart, die ich von meiner Zeit in Brasilien mitgenommen habe: *„melhor feito do que perfeito!"* – „Besser (endlich) getan als perfekt!"

Zu tiefergehenden, wissenschaftlichen Studien verweise ich nach wie vor auch auf das Original meiner alten Diplomarbeit, das zudem mit zahlreichen Karten versehen ist, die aufgrund ihres A3-Formats aus (kosten-)technischen Gründen nicht in diese Ausgabe aufgenommen werden konnten und die ich damals noch mit viel Fleißarbeit am Zeichenbrett von Hand gezeichnet habe. Die alte Arbeit enthält zudem neben der Beschreibung der wichtigsten Gebiete mit Orchideen-vorkommen auch eine Liste mit exakten Fundortbestimmungen nach dem Gauß-Krüger-Koordinatensystem der topographischen Karten, das freilich im Vergleich zu den heutigen digitalen Möglichkeiten antiquiert anmutet. Wer da-mit arbeiten möchte oder muß, findet im Internet Programme, welche die Gauß-Krüger-Lokalisierungen in GPS-Koordinaten umrechnen. Viele meiner frühe-ren Orchideenfunde habe ich inzwischen auch beim Naturgucker eingegeben bzw. über einige Meldeformulare dem *Arbeitskreis Heimische Orchideen Ba-den-Württemberg* zukommen lassen, wo sie z.T. von Interessierten abgerufen werden können. Sie sind jedoch auch noch einmal in einer der Tabellen am Ende dieses Buches zusammengefaßt. Anders als bei meinem Buch zum Thema Flurnamen habe ich mich in dieser Veröffentlichung diesmal für Abbildungen entschieden. Freilich gibt es professionelle Naturfotografen, mit denen ich nicht mithalten kann und auch nicht muß, soll dieses Werk ja weder ein Fotobild-band, noch ein Bild-Bestimmungsführer sein. Alle, die sich intensiver mit dem Thema beschäftigen, werden – was ich empfehle - ohnehin auch zusätzliche Pflanzen- bzw. Orchideenbestimmungsführer mit entsprechenden Abbildungen zu Rate ziehen, während richtige Profis allein ihrem Bestimmungsschlüssel vertrauen. Daneben leisten heutzutage auch Bestimmungs-Apps für Handys wie etwa *Plantnet* immer bessere Dienste und sind vor allem für jene, die sich bereits etwas besser auskennen, eine Hilfe.

Vielleicht bewegt dieses Buch auch wieder einmal junge Menschen entspre-chender Studienfachrichtungen zu einer neuen Diplomarbeit mit einer Aktuali-sierung der Orchideen-Bestandserfassung nach modernsten Methoden oder es animiert sie auch sonst dazu, sich anderweitig für die Sache einzusetzen. Eine engagierte Jugendgruppe wie damals zu meiner Schul- und Studienzeit, scheint es allerdings derzeit in Pfullingen, wie ich mir habe sagen lassen, leider nicht mehr zu geben. Junge Leute heute scheinen sich zwar sehr um die Umwelt zu sorgen, verbringen ihre Zeit dann aber ganz offensichtlich doch lieber mit anderen Dingen. Einige wenige wiederum sorgen gerade u.a. durch das Beschädigen von Kunst für Aufsehen, verprellen dabei jedoch viele andere Menschen, die an sich ein offenes Ohr für Umwelt- und Naturschutzfragen hätten. Neben sinnvolleren Aktionen wäre beispielsweise der Natur- und Artenschutz direkt vor der Haustüre sicher ein Bereich, sich sinnvoll zu engagieren – gerade in einem Städtchen wie Pfullingen, das immer noch von so wunderbarer Landschaft umgeben ist, die es weiterhin zu bewahren gilt. Im Zuge der allgegenwärtigen Diskussion um den Klimaschutz ist leider ein wenig in Vergessenheit geraten, daß Umweltschutz ja sehr viele Facetten hat und daher auch für junge Leute verschiedenste Möglichkeiten des Engagements bietet.

Die Pandemie hat uns durch die Reise- und Mobilitätsbeschränkungen der Jahre 2020-22 auch wieder stärker auf das Lokale zurückgeworfen, uns vielleicht aber auch gezeigt: Nicht nur gewaltige und spektakuläre Naturlandschaften in fernen exotischen Weltengegenden verdienen Begeisterung und Schutz, sondern auch die oft unscheinbaren und kleinen blühenden Kostbarkeiten unserer heimatlichen Wälder und Trockenrasen. Sich mit heimischen Orchideen zu beschäftigen, heißt auch wieder das Innehalten und Sehen zu lernen! Es ist eine Art Entdeckung der Langsamkeit.

Dieses Buch kann auf zweierlei Arten verwendet werden: Zunächst kann man es freilich von Anfang bis Ende durchlesen. Gleichzeitig läßt sich aber auch gezielt Interessantes und Wissenswertes zu den einzelnen, im Gebiet vorkommenden Orchideenarten anhand der entsprechenden Kapitel schnell nachschlagen.

Ein Lektorat habe ich mir auch bei diesem Buch erspart – einmal aus Gründen der eigenen Wirtschaftlichkeit, aber auch, um dieses Buch somit wiederum Ihnen – gerade jetzt in Krisenzeiten – möglichst günstig anbieten zu können. Ich hoffe, daß mir bei der eigenen Korrekturarbeit nicht zu viele Fehler entgangen sind und bitte, wo etwa doch welche auftauchen sollten, um entsprechende Nachsicht.

Um auch andere aktuelle Diskussionen aufzugreifen, möchte ich eingangs noch einmal betonen, daß ich in diesem Buch - auch wenn der Text der Einfachheit halber überwiegend nicht „gegendert" wurde - ganz ausdrücklich *alle* Menschen unabhängig von Geschlecht, Herkunft etc. ansprechen möchte. In den letzten Jahren sind ja nicht nur Menschen aus anderen Teilen Deutschlands, sondern auch aus anderen Ländern oder Regionen der Welt nach Pfullingen gekommen, unter denen es vielleicht und hoffentlich ebenfalls Naturbegeisterte gibt.

Gerade der Natur- und Umweltschutzgedanke setzt für eine erfolgreiche Bewältigung der Aufgaben, vor denen wir stehen, zuerst einmal auch ein freigeistiges, harmonisches und friedliches gesellschaftliches Miteinander voraus. Vor allem letzteres kann in Anbetracht der jüngsten, schrecklichen Ereignisse im Osten Europas nicht oft genug betont werden. Vielleicht mag auch die schöne Natur des Echaztals und am Rande der Schwäbischen Alb dem einen oder anderen geflüchteten Menschen einige Trostmomente schenken. Fest steht jedenfalls: Ohne eine intakte Umwelt, zu der nicht nur das Klima, sondern auch die Artenvielfalt gehört, können wir alle nicht leben!

In diesem Sinne grüße ich alle Leser*innen, insbesondere natürlich jene im Echaztal und in meiner ehemaligen Heimatstadt Pfullingen!

Im Frühjahr 2023,

Oliver Meiser

1. Das Untersuchungsgebiet

Vieles, was zu Beginn dieses Buches angeführt ist, mag für Ortsansässige nicht neu sein. Für Auswärtige jedoch - insbesondere solche, die sich auch stärker wissenschaftlich mit dem Echaztal beschäftigen - bleibt eine nähere Beschreibung des Untersuchungsgebiets dennoch unabdingbar. Vielleicht aber stoßen dennoch auch alteingesessene Einwohner auf interessante Fakten, die in Vergessenheit geraten sind oder gar völlig unbekannt waren.

Die Stadt Pfullingen liegt in unmittelbarer Nähe der Kreisstadt Reutlingen in der Region Neckar-Alb und im Regierungsbezirk Südwürttemberg, dreißig Kilometer südlich von der Landeshauptstadt Stuttgart entfernt.

Großräumlich gesehen befindet sich Pfullingen inmitten der *südwestdeutschen Schichtstufenlandschaft*, kleinräumlich betrachtet direkt an der Grenze zwischen der mittleren Schwäbischen Alb und dem Albvorland (vgl. *Borcherdt 1991, 1992*).

Pfullingen besitzt *Pfortenlage* am Eingang des in die Schwäbische Alb eingeschnittenen Tales der Echaz, die ein 24 km langer Nebenfluß des Neckars ist.

Die Lage des Untersuchungsgebiets am Fuße der Schwäbischen Alb läßt die 3013 Hektar große Gemarkungsfläche äußerst vielgestaltig erscheinen. Die Höhenlagen zwischen 399 und 833 Metern über dem Meeresspiegel, die Hänge mit ihren unterschiedlichen Expositionen, die Geologie mit ihren verschiedenen Ausprägungen des *Braunen* und *Weißen Jura*, die unterschiedlichen hydrologischen Verhältnisse dieser beiden geologischen Abteilungen, sowie auch die aus den Wechselwirkungen der einzelnen Geofaktoren entstandenen Böden bringen ein reichhaltiges Mosaik an Pflanzenstandorten mit sich. Beeinflußt wird die Pflanzenwelt auch ganz besonders vom Klima, das u.a. wiederum von Höhenlage und Exposition gesteuert wird und so auf engem Raum für dennoch sehr heterogene Bedingungen sorgt.

Zu allem kommt als weiterer, wichtiger Faktorenkomplex die Wirtschaftsweise des Menschen, der hier ohne Unterbrechung seit der Jungsteinzeit siedelt. Seine bäuerliche Kultur, sowie andere Eingriffe haben die Landschaft und deren Vegetationsdecke entscheidend mitgestaltet und verändern sie immer noch. Auch einzelne Pflanzenarten wie die Orchideen unterliegen den Einflüssen des Menschen und werden in ihrer räumlichen Verbreitung durch sie bestimmt.

Im folgenden Teil geht es also zunächst um eine Übersicht über einige physische und kulturelle Geofaktoren, deren Kenntnis für ein besseres Verständnis der Kartierungsergebnisse hilfreich, wenn nicht sogar unbedingt notwendig ist.

1.1. naturräumliche Gegebenheiten

1.1.1. Das Relief in seiner strukturellen Abhängigkeit

Die Pfullinger Markung wird von der *südwestdeutschen Schichtstufenlandschaft* mit dem gesamten dafür typischen Formenschatz geprägt. Geologisch gliedert sich die Markungsfläche in solche Gebiete, in denen der *Braune Jura (Dogger, Mittlerer Jura)* und solche, in denen der *Weiße Jura (Malm, Oberer Jura)* ansteht. Vulkanische Schlotfüllungen und Kalktufflager bereichern das Bild (vgl. *geologische Karte 1988, Ziegler in Neske 1982*).

Die Geländeformen nehmen, da sie u.a. das Kleinklima bzw. die Nutzung durch den Menschen mitbestimmen, auch mehr oder weniger direkt Einfluß auf die Verbreitung der Orchideen.

Hauptschichtstufe ist die des *Weißen Jura*. Sie bildet den Aufstieg vom Albvorland zur Albhochfläche. Auf der Markung Pfullingen gliedert sich dieser Anstieg in zwei markantere Stufen: Die erste wird von den *Wohlgeschichteten Kalken (nach F. A. Quenstedt: Weißjura Beta, internat. Bez.: Oxford-Kalke)* gebildet. Ihr gehören die Verebnungen von Wanne, Ursulaberg, Scheibenberg und Pfullinger Gielsberg an. Eine zweite Stufe, bei der die *Unteren Felsenkalke*

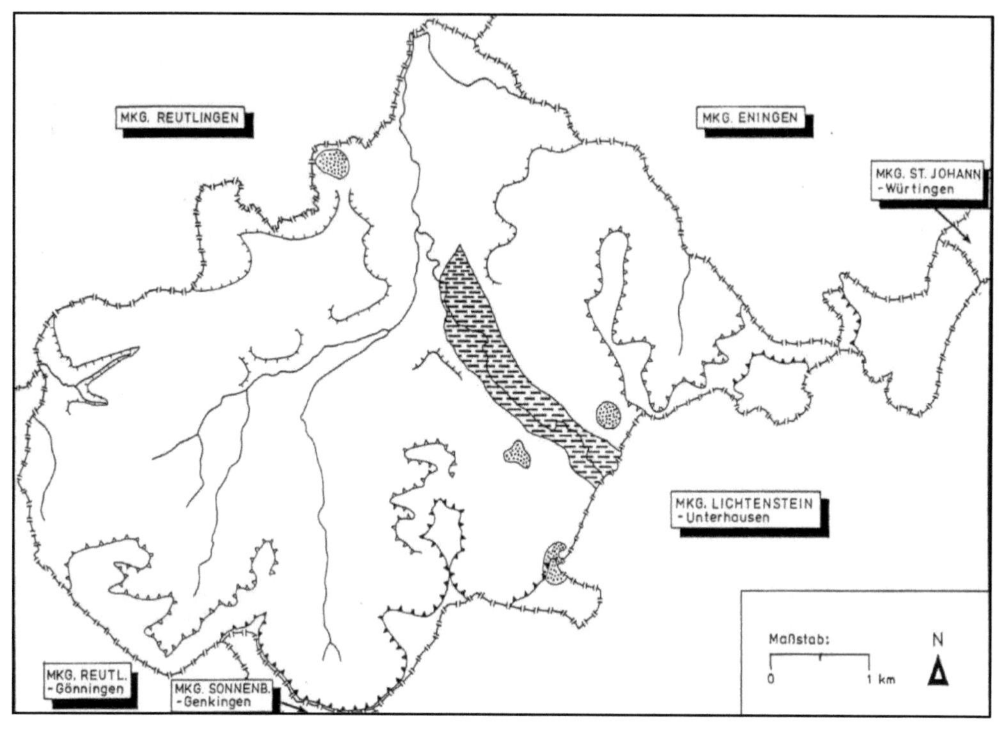

Einige wichtige geologische und geomorphologische Erscheinungen auf der Markung Pfullingen (Entwurf: *O. Meiser 1996*, nach geolog. Karte 1988)

(Weißjura Delta, Kimmeridge-Kalke) Stufenbildner sind, führt schließlich auf die Schichtflächenalb. Teil dieser zweiten Stufe sind Auchtert, Schönberg, Lip-

Ein wichtiger Stufenbildner des Weißen Jura sind die Wohlgebankten Kalk (Weißjura Beta), hier an der Alten Steig am Ursulaberg.

pentaler Hochberg, Ursulahochberg und Übersberg. An der zusammenhängenden Schichtflächenalb selbst hat die Markung Pfullingen jedoch keinen nennenswerten Anteil (vgl. *geolog. Karte 1988, Geyer / Gwinner 1991*).

Die *Stufenbildner* formen die steilen Oberhänge der Schichtstufen. Diese Oberhänge sind, da schwer nutzbar, naturnahe Lebensräume, in denen sich seltenere Pflanzen wie Orchideen ungestört entwickeln können. Die weniger steilen Unterhänge, die häufig von würmeiszeitlichen Weißjura-Schuttmanteln überdeckt sind, stellen die Sockel der Schichtstufen dar. Sie werden von weniger widerstandsfähigen Gesteinen gebildet: die *Impressamergel (Weißjura Alpha, Oxford-Mergel)* sind Basis für die darüber liegenden Wohlgeschichteten Kalke; Sockelbildner für die Unteren Felsenkalke sind die *Mittleren Weißjuramergel (Weißjura Gamma, Kimmeridge-Mergel; vgl. geolog. Karte 1988, Ohmert 1988).*

24

Die Gesteine des Weißen Jura sind verkarstungsfähig und weisen daher *Karst-formen* auf. Mehrere Dolinen sind auf dem hinteren Schönberg zu sehen. An der Traufkante der Won, südlich des Wackersteins, befindet sich die Hannes-höhle, eine Tropfsteinhöhle (vgl. *Binder 1989*).

Der verkarstete Untergrund führt das Niederschlagswasser schnell ab, so daß vor allem auf den gerodeten Flächen der Beta- und Delta-Stufen relativ trok-kene Bedingungen herrschen, die - in Verbindung mit der Nutzung durch den Menschen - das Entstehen von Trockenrasen fördern. Die Trockenrasengesell-schaften sind wiederum wertvolle Lebensräume für die heimischen Orchideen.

Freistehende Felsen wie Wackerstein und Mädlesfels sind *ehemalige Schwammriffe*, die den Weißjura Delta durchsetzen (vgl. *Ziegler in Neske 1982*).

Die ebeneren Markungsteile im Tal sind *Stufenflächen der Braunjura-Schicht-stufen*. Diese treten aber - im Vergleich zu der mächtigen Weißjura-Schicht-stufe - im Gelände meist weniger auffällig hervor und sind aufgrund ihrer in-tensiveren Nutzung durch den Menschen als landwirtschaftliche Nutzfläche oder Siedlungsfläche weniger orchideenreich. Auch die bodensaueren Stand-ortverhältnisse bedingen ein weitgehendes Fehlen der Orchideenflora (vgl. *geo-log. Karte 1988, Ilg in Neske 1982*).

Einen wichtigen Stufenbildner des Braunjura stellen die sog. *Blaukalke* dar, die Teil des *Braunjura Gamma (Kalksandige Braunjuratone, Sonninienschichten)* sind (vgl. *Geyer / Gwinner 1991*). Sie sind geologischer Untergrund der vor-wiegend landwirtschaftlich genutzten Fläche der *Röt*, deren Stufenhang nach Norden zur Markung Reutlingen hin abfällt (vgl. *geolog. Karte 1988*).

Die Grenze zwischen der obersten Schicht des Braunen Jura, den *Ornatento-nen*, und der untersten Schicht des Weißen Jura, den *Impressamergeln*, ist in mehrfacher Hinsicht von Bedeutung: Sie fällt im Untersuchungsgebiet zumeist mit dem Übergang vom sanfter geneigten Unterhang zum steileren Oberhang der Weißjura-Beta-Stufe zusammen; ist daher oft auch Grenze zwischen der Grünlandwirtschaft im Tal und forstwirtschaftlicher Nutzung an den steileren Hangpartien. Neben der Schichtgrenze Impressamergel - Wohlgeschichtete Kalke, ist sie ein *Quellhorizont*, auf dem viele Fließgewässer der Markung wie Eierbach, Lindentalbach oder Breitenbach zumindest einen Teil ihrer Quellen haben (vgl. *geolog. Karte 1988*).

All diese kleineren Fließgewässer wie auch die größere Echaz gehören zum gefällereichen rheinischen Flußsystem. Sie haben Schichtflächenalb und Schichtstufen der Markung Pfullingen zerschnitten und immer weiter zurückverlegt. Dabei wurden widerstandsfähigere Teile der Schichtstufe inselartig isoliert und als *Zeugenberg* stehengelassen. Die Achalm auf der benachbarten Reutlinger Markung ist so ein Zeugenberg. Die meisten Berge der Pfullinger Markung sind sogenannte *Ausliegerberge*, die nur noch über ihren Sockel bis maximal in den Mittelhangbereich hinein mit der eigentlichen Albhochfläche verbunden sind.

Der kegelförmige Georgenberg hingegen – ebenfalls ein wichtiger Orchideenstandort - ist eine durch das Zurückweichen der Schichtstufen freigelegte *Schlotfüllung* aus Basalttuff. Sie gehört zu den westlichen Ausläufern des sogenannten *Schwäbischen Vulkans*. Dieser Schwäbische Vulkan mit seinen 350 Schloten und einem Zentrum um Bad Urach und Kirchheim hatte seine aktive Phase im Miozän, einer Abteilung des Tertiärs, vor ca. 10 - 20 Millionen Jahren. Der Georgenberg besteht aus *Melilithit*, einer Schlotbrekzie mit Trümmern der durchschlagenen Jura-Schichten, die sich zur Ausbruchszeit noch bis in die Stuttgarter Gegend erstreckt haben (vgl. *Ziegler in Neske 1982, Geyer / Gwinner 1991*).

Das Zurückweichen der Schichtstufen geht allmählich, aber auch durch plötzliche Ereignisse wie z.B. dem Mössinger Bergsturz vonstatten. Dort bewegte sich am 12.4.1983 ein großer Teil des Hirschkopfs talwärts (*Geyer / Gwinner 1991*).

An den Weißjura-Schichtstufen trifft man eher auf Bergrutsche, die durch schollenartiges Abgleiten entstanden sind, während die Hänge im Bereich des Braunjuras, insbesondere in den *Opalinustonen (Braunjura Alpha)* und *Ornatentonen (Braunjura Zeta)* eher durch allmähliches Nachrutschen geprägt sind. 1939 wurden durch solche Massenverlagerungen am Georgenberg Häuser beschädigt (*geolog. Karte 1988, Ziegler in Neske 1982*).

Erfolgt nicht gerade eine unvernünftige Bebauung, bleiben Nutzungsansprüche durch den Menschen an diesen steileren Braunjura-Hängen meist aus. Einige Orchideenstandorte befinden sich gerade in solchen Rutschungsgebieten.

Die Talsohlen selbst wurden ab ca. 5000 v. Chr. mit mächtigen Kalktufflagern ausgekleidet. Der *Kalktuff*, der bis vor einigen Jahrzehnten für Bauzwecke gewonnen wurde, ist eine Folgeerscheinung des Karstes, eine sekundäre Karsterscheinung. Er entsteht, wenn der im Untergrund der Karstgebiete durch kohlensaures Wasser gelöste Kalk über die Gewässer im Tal wieder ausgeschieden wird. So wenig die intensiv grünlandwirtschaftlich genutzten Talsohlen als Orchideenstandorte eine Rolle spielen, so wichtig sind sie jedoch für pollenanalytische Datierungen, die wiederum (siehe 1.1.3.1.) eine Rekonstruktion der nacheiszeitlichen Vegetationsgeschichte zulassen (*vgl. Ziegler in Neske 1982, geologische Karte 1988*).

1.1.2. Das Klima des Untersuchungsgebiets

Für das Gedeihen von Pflanzen sind die klimatischen Verhältnisse von entscheidender Bedeutung. In unseren Breiten können die Lebensprozesse der Pflanzen erst dann optimal ablaufen, wenn die Temperatur-Tagesmittel über plus 5° C bleiben. Diese Zeit wird als *Vegetationsperiode* verstanden. Eine Rolle spielt insbesondere das bodennahe Klima, das extremer als die üblichen, in zwei Metern Höhe gemessenen Werte ist. Klimatisch entscheidend sind auch Hangneigung und Exposition des Standorts (vgl. *Schmidt 1969*).

Südwestdeutschland liegt im *Bereich der gemäßigten und feuchten Westwind-zone Mitteleuropas.* Es wird sowohl von maritimen als auch kontinentalen Einflüssen geprägt, die sich - bedingt durch das reich gegliederte Relief - überlagern und auf engem Raum miteinander verzahnen. Schon *Robert Gradmann (1931, I, S.50)* sprach von einem schachbrettartigen Wechsel ozeanischen und kontinentalen Klimas in Südwestdeutschland (vgl. auch *Huttenlocher 1968, Kullen 1983, Borcherdt 1991*).

Die Markung Pfullingen liegt an der Grenze zwischen der kontinental getönten Albhochfläche und dem milderen, eher ozeanisch geprägten Albvorland, so daß - je nach Höhenlage - beide Einflüsse jeweils mehr oder minder zum Ausdruck kommen. Exposition bzw. Luv- und Leelagen wandeln das Großraumklima in eine Vielzahl von Mikro- und Mesoklimaten ab.

Inwiefern die Klimaerwärmung, wie sie sicher auch im Untersuchungsgebiet zwischen 1996, dem Jahr der Diplomarbeit, und 2022, dem Jahr des Erscheinen dieses Buches weiter fortgeschritten ist, die vielfach wärmeliebenden Orchideen in ihrer Verbreitung weiter begünstigt hat, könnte mit Sicherheit ein interessantes Thema neuer Studien sein. Standorte von Orchideen sind allerdings sehr komplexe Gefüge verschiedener Faktoren. So kann das immer häufigere Fehlen einer Schneedecke im Zusammenhang mit einer Klimaerwärmung oder auch einer Zunahme von Stürmen (Verblasen von Schnee) dazu führen, daß Standorte dennoch verstärkt unter Frost leiden. Zunehmende Trockenheit und die sich dadurch verändernden Zusammensetzungen von Wäldern könnten vielen Arten ebenfalls Probleme bereiten. Der Trend der Erwärmung geht offenbar - zur großen Sorge von uns allen und v.a. der jüngeren und nachfolgenden Generationen - weiter.

Mehr zu diesem Thema ist für unsere Region in einem Bericht vom Landkreis Reutlingen auch im Internet für jedermann einsehbar (vgl. *Lkr. Reutlingen 2016*).

Station	Höhenlage [mNN]	Jahresmittel [°C]
Tübingen (V)	333	9,3
Metzingen (V)	346	8,9
Reutlingen (V)	381	9,2
Pfullingen (V)	425	8,3
St. Johann (T)	765	6,9
Münsingen (H)	721	6,4
Trochtelfingen (H)	700	6,0

Temperatur-Jahresmittel im Vergleich
Es bedeuten (Lage der Orte): V = Albvorland, T = Traufzone, H = Albhochfläche
aus: *Schirmer u. Meyer 1985, Heideker 1990/91, Stadtadreßbuch Pfullingen 1993 und climate-data.org*

1.1.2.1. Temperatur

Höhenunterschiede, die vom tiefstgelegen Punkt der Markung bis zur höchsten Erhebung 435 m betragen, lassen die Temperaturabnahme mit der Höhe, wie auch Kondensationsniveaus bei Niederschlägen, deutlich in Erscheinung treten.

Während in den Tälern ein Temperatur-Jahresmittel von 8,5° C herrscht, sind es auf der Albhochfläche nurmehr 6-7° C - ein Unterschied, der zunächst nicht nennenswert erscheint, aber beispielsweise darüber entscheiden kann, ob bei winterlichen Niederschlägen im Tal noch Schnee fällt oder nicht.

2001-2010 gab es am Albrand des Lkr. Reutlingen im Mittel 30-45 Schneetage, d.h. Tage mit Schneehöhen von über 10 cm (vgl. *Lkr. Reutlingen 2016*).

Der Unterschied von 1,5 – 2° C im Temperatur-Jahresmittel zwischen Berg- und Tallagen verzögert den Frühling und die Blütezeiten von Pflanzen auf der Albhochfläche, verglichen mit denen im Tal, im Schnitt um zwei Wochen. Beginnt beispielsweise die Hauptblüte der Echten Schlüsselblume (*Primula veris*) im Tal Anfang April, liegen die Hochwiesen von Schönberg und Ursulahochberg oft noch in winterlichem Braun. Die Hauptblüte von *Primula veris* setzt dort erst Mitte April, in ungünstigen Jahren sogar später ein.

Das Vorhandensein des ausgeprägten Reliefs macht sich thermisch nicht nur in einer vertikalen Abnahme des Temperaturgradienten bemerkbar, sondern sorgt im Traufbereich auch für die Begünstigung sonnenexponierter Hänge, die auch bei niedrigem Sonnenstand im zeitigen Frühjahr und im späten Herbst noch reichlich bestrahlt werden.

Südhänge erhalten schon im März um ein Drittel mehr Sonnenstrahlung als horizontale Flächen, und sogar noch mehr Sonnenstrahlung als Nordhänge im Juli (vgl. *Heyer 1993*).

Wie auch der Flurname vermuten läßt, ist der südwestexponierte *Sonnenbau* am Ursulaberg eine der wärmsten Hanglagen der Markung. Hier zieht schon Mitte März der Frühling mit der Blüte der Küchenschelle (*Pulsatilla vulgaris*) ein, wenn an den schattigen Osthängen des Schönbergs und in den Tobeln, den steilen Kerbtälern der Breitenbach-Zuflüsse, manchmal noch Schnee liegt.

Sommerliche Temperaturmaxima können auf solchen südexponierten Halbtrockenrasen in Bodennähe mit 50° C doppelt so hoch liegen wie in den durch das Kronendach der Bäume geschützten, benachbarten Wäldern. Örtlich werden am Boden sogar 70° C erreicht. Nachts jedoch fallen die Werte bis auf 10° C, da die Strahlung nicht zurückgehalten wird (vgl. *Projektgruppe Universität Paderborn 1991, Jedicke et alii 1993*).

So ist der Sonnenbau im Naturschutzgebiet Kugelberg aufgrund des Wärmeanspruchs vieler Orchideenarten einer der wichtigsten Standorte dieser Pflanzen auf der Pfullinger Markung. Hier leitet das Helm-Knabenkraut (*Orchis militaris*) Anfang Mai die Orchideenblüte im Tal ein (vgl. *Ilg in Neske 1982*).

Winterliche Inversionswetterlage vor dem Albtrauf bei Pfullingen und Eningen. Die Kaltluft fließt in die Talsohlen ab, während die mittleren und oberen Hangbereiche, wo sich die Mehrzahl der Orchideenstandort befindet, weitgehend vor Frost geschützt bleiben.

Insgesamt sind am Albrand im Durchschnitt knapp 2000 Sonnenscheinstunden zu erwarten (so etwa in Metzingen 1949; *nach Deutschem Wetterdienst 5/2016 – 4/2021*).

Im Winter treten (siehe Bild) häufig Inversionswetterlagen und damit eine Temperaturumkehr auf: In windstillen, kalten und klaren Nächten kühlt die Oberfläche des Bodens und mit ihr die bodennahe Luft stark ab. Die kalte Luft sammelt sich dann in Tälern und Senken, während Hänge wie der Sonnenbau oder die Hochflächen vom Frost weniger betroffen werden (vgl. *Ilg in Neske 1982, Heideker 1990 / 91, Borcherdt 1991*). Auch dies wirkt sich günstig für die wärmeliebenden und spätfrostempfindlichen Orchideen aus.

1.1.2.2. Niederschlag

Auch der Niederschlag ist für die Pflanzen ein sehr entscheidender Standortfaktor. Die Orchideen benötigen vor allem im Frühjahr ausreichende Niederschläge (*Presser 1995*).

Der Albtrauf und die Albhochfläche erhalten weniger Niederschlag als der Schwarzwald, weil sie in dessen Regenschatten liegen, d.h. bei vorwiegenden westlich-nordwestlichen Wetterlagen ein großer Teil des Niederschlags bereits dort fällt. Trotzdem erreichen die Niederschläge am Albtrauf aufgrund der Luv-Wirkung noch einmal ein sekundäres Maximum, einen gegenüber dem Vorland deutlich erhöhten Wert. Auf der Albhochfläche ist wiederum weniger Niederschlag als am Albtrauf zu verzeichnen, da hier ebenfalls wieder die Lee-Wirkung zum Tragen kommt (siehe Tabelle, vgl. *Schirmer u. Vent-Schmidt 1979, Kullen 1984, Borcherdt 1991*).

Auch kleinräumig macht sich - reliefbedingt durch die Nord-Süd-Ausrichtung der Albauslieger wie Ursulaberg oder Wanne/Schönberg - eine Gliederung in niederschlagsreichere Luv- und niederschlagsärmere Leelagen bemerkbar, was sich letztendlich auch in der Anordnung der Pflanzengesellschaften wiederspiegelt (vgl. *vegetationskundliche Karte 1958*).

In fast allen Jahreszeiten dominieren in Mitteleuropa die Westwetterlagen. Westlagen machen 27,5 %, Nordwestlagen 9,2 % und Nordlagen 16,2 % aller Wetterlagen aus (vgl. *Lauer 1993*).

Bei diesem Vorherrschen der Winde aus Westen und nordwestlichen Richtungen erhalten die west- und nordwestexponierten Hänge der Albauslieger mehr Niederschlag als die windabgewandten Ostseiten. Andererseits trocknen diese West- und Nordwestseiten bei strahlungsreichen Wetterlagen auch schneller wieder aus.

Bestimmte Schlechtwetterlagen lassen das Kondensationsniveau als Wolken- oder Nebelgrenze deutlich erkennen.

Bei der Verteilung der Niederschläge liegt das Maximum im Sommerhalbjahr, was schon deutlich auf kontinentalere Einflüsse hinweist (vgl. *Schirmer u. Vent-Schmidt 1979, Borcherdt 1991*).

Station	Höhenlage [mNN]	Jahresniederschlag [mm]
Tübingen (V)	333	932
Metzingen (V)	346	934
Reutlingen (V)	358	778
Pfullingen (V)	425	840
RT-Gönningen (V)	538	850
Sonnenbühl-Genkingen (T)	741	947
St. Johann (T)	765	1025
Münsingen (H)	721	888
Trochtelfingen (H)	700	789

Jahresniederschlags-Mittelwerte im Vergleich

Es bedeuten (Lage der Orte): V = Albvorland, T = Traufzone, H = Albhochfläche

aus: *Schirmer u. Meyer 1985, Heideker 1990/91, Stadtadreßbuch Pfullingen 1993 und climate-data.org*

Von den insgesamt 934 mm Niederschlag der Klimastation im benachbarten Reutlingen fällt mit gut 500 mm über die Hälfte in den Monaten von Mai bis Oktober. In den Monaten Mai bis Juli, der Hauptblütezeit der Orchideen ist es fast ein Drittel des Gesamtniederschlags (vgl. *www.climate-data.org*).

Die Blüte der Orchideen liegt somit in einem Zeitraum, der einerseits mit genügend Feuchtigkeit versorgt ist, andererseits auch durch günstige thermische Verhältnisse den Orchideen gute Wachstumsbedingungen bietet.

Bei winterlichen Niederschlägen liegt der Übergang vom Regen zum Schnee meist bei einer Höhe von 500 – 600 Metern Meereshöhe. Längere Perioden mit Schneelagen in Tal und Stadtgebiet sind in den letzten Jahren seltener geworden. Schnee spielt aber für die wärmeliebenden Orchideen eine entscheidende Rolle. Eine Schneedecke schützt die Pflanzen vor Frost. In schneearmen Wintern kann auch Reif diesen Schutz bieten (vgl. *Haber 1972*).

1.1.2.3. Wind und Wolken

Bei den Winden herrschen, wie bereits angesprochen, solche aus westlichen und nordwestlichen Richtungen vor (vgl. *Lauer 1993*).

Sie führen Wolken und Niederschläge an den Albtrauf heran. Ostwinde treten seltener auf und wirken sich am Albtrauf und im Albvorland kaum niederschlagsauslösend aus. Der sich von Süden nach Norden erstreckende, vordere Ursulaberg, der alten Legenden folgend wie eine schlafende Frau vor der Stadt liegt, schützt weite Teile der Markung vor den kalten Ostwinden.

Je nach Stärke und Feuchtigkeitsgehalt des Windes werden die Feuchtigkeit des Bodens und die Transpiration der Pflanzen beeinflußt. Insbesondere an den luvseitigen Traufkanten herrschen besondere Extreme zwischen starker Austrocknung durch Winde einerseits und einer intensiven Durchfeuchtung durch niederschlagsreiche Luftmassen aus westlichen Richtungen andererseits (vgl. *Heideker 1990/91*).

Bei Süd- und Südostwindlagen, wenn die Luftmassen die Alb überqueren und am Albtrauf 300 - 400 m absteigen, kommt es sogar zu einer *Föhnwirkung*, was sich in einer leicht erhöhten Temperatur und einer Wolken- bzw. Nebelauflösung gegenüber Albvorland und Albhochfläche bemerkbar macht. Daher ist das Zentrum der Stadt Pfullingen sehr nebelarm (*Ilg in Neske 1982*).

Lediglich die am tiefsten gelegenen Lagen der Markung - die Stadtteile Steinge und Burgweg - werden noch von dem großräumigen Talnebelgebiet des Neckartals erfaßt, während die höchsten Erhebungen des Untersuchungsgebietes der Hoch- und Wolkennebelzone der Schwäbischen Alb angehören (vgl. *Kalb und Schirmer 1992*).

Kleinräumige Nebelbildungszonen treten – „wo die Hasen kochen", wie der Volksmund sagt - in feucht-kühlen Hangmulden wie am Lippentaler Hochberg, im Gewann Küche oder am Scheibenberg bzw. dem Hang des Genkinger Gielsbergs auf (*Ilg in Neske 1982*).

Haber (1972) bemerkt, daß gute Wuchsorte von Orchideen immer windgeschützt liegen. Er stützt diese Behauptung auf die Beobachtung anderer Autoren, denen aufgefallen war, daß auf Flächen, die hinsichtlich übriger Standortfaktoren gleiche Bedingungen boten, die Orchideen nur an windruhigen, oft scharf abgegrenzten Stellen wuchsen. An solchen Standorten hält sich eine höhere Schneedecke, die, wie bereits erwähnt, einen Schutz vor Frost bietet. Auch die Tatsache, daß die Pflanzen an solchen Stellen rein mechanisch weniger beansprucht werden, mag eine Rolle spielen.

Dennoch ist der Faktor Wind für die Verbreitung der Orchideen (siehe Kapitel 2.6.) sehr wichtig. Die winzigen Samen werden über große Distanz vom Wind verbreitet, so daß an klimatisch günstigen Stellen des Albtraufs Samen von Arten aus dem noch wärmeren Kaiserstuhl keimen können. Solche Vorkommen erlöschen jedoch meist nach wenigen Jahren, da die Bedingungen des Albtraufs den thermischen Ansprüchen mancher Arten schon nicht mehr genügen (*Ilg, nach mündl. Mitteilung 1996*).

1.1.3. Eine Übersicht über die Böden der Markung Pfullingen

„Boden ist das mit Wasser, Luft und Lebewesen durchsetzte, unter dem Einfluß der Umweltfaktoren an der Erdoberfläche entstandene [...] Umwandlungsprodukt mineralischer und organischer Substanzen, das in der Lage ist, höheren Pflanzen als Standort zu dienen".

(nach *D. Schroeder 1969*).

Somit ist der Boden für die Pflanzen von großer Bedeutung. Dennoch lassen die Bodentypen nicht unbedingt Rückschlüsse auf Pflanzenstandorte zu (vgl. *Kaule 1986*).

Im Fall der Orchideen zeigt sich, daß diese bevorzugt auf kalkreichem Bodensubstrat zu finden sind. Dies bedeutet aber keineswegs, daß die Orchideen auf große Kalkmengen im Boden angewiesen sind. Sie weichen unter dem natürlichen Konkurrenzdruck offenbar lediglich dorthin aus und zeigen mit ihrem Vorkommen kalkreiche Standorte an (vgl. *Ellenberg 1992*).

Hinsichtlich ihrer Bodentypen ist die Markung Pfullingen, bedingt u.a. durch Relief und geologischen Untergrund, ebenfalls äußerst vielgestaltig. Im folgenden sollen nur die wichtigsten Bodentypen im Untersuchungsgebiet kurz beschrieben werden, um eine Vorstellung von den Bodenverhältnissen auf der Markung Pfullingen zu vermitteln. Daß es bei den Böden natürlich Zwischenformen und Subtypen gibt, sei an dieser Stelle erwähnt, aber nicht weiter ausgeführt. Einen sehr detaillierten Einblick in die Bodenverhältnisse gibt die *Bodenkarte von Baden-Württemberg 1 : 25 000, Blatt 7521 Reutlingen, aus dem Jahr 1990*.

Der im Untersuchungsgebiet am häufigsten auftretende Bodentyp ist die *Rendzina*, die in Süddeutschland auch unter dem Namen *Fleinserde* bekannt ist (vgl. *Bodenkarte 1990*).

Der Bodentyp entsteht auf kalkhaltigen Locker- oder Festgesteinen über das initiale Entwicklungsstadium eines Syrosems. Der Oberboden liegt dem anstehenden oder angewitterten Gestein direkt auf. Die Rendzina ist flachgründig und nur wenig tief durchwurzelbar. Sie trocknet wegen dieser Flachgründigkeit schnell aus, erwärmt sich aber aufgrund ihrer dunklen Farbe rasch. Der Boden besitzt, wo nicht Kälte oder Trockenheit einschränkend wirken, eine hohe biologische Aktivität (vgl. *Mückenhausen 1985*).

Im Untersuchungsgebiet haben sich die Rendzinen insbesondere auf den kalkhaltigen Gesteinen bzw. dem Gesteinsschutt der Weißjura-Schichtstufe entwickelt (vgl. *Bodenkarte 1990, geologische Karte 1988*). An solchen Standorten sind als Orchideenarten insbesondere die Vogel-Nestwurz (*Neottia nidus-avis*) oder das Weiße Waldvöglein (*Cephalanthera damasonium*) anzutreffen.

In den bewaldeten, steilen Hangbereichen des Untersuchungsgebiets überwiegen Rendzinen-Böden von geringer Mächtigkeit. Sie werden von den Bäumen nur flach durchwurzelt.

Pelosole sind tonige Böden mit über 50 % Anteil an Feinsubstanz (vgl. *Mükkenhausen 1985*). Sie entstehen aus tonreichen Gesteinen, die in ihrem oberen Teil durch Quellung und Schrumpfung geprägt sind (vgl. *Semmel 1993*). Pelosole besitzen zwischen ihrem Oberboden und dem anstehenden Gestein tonreiche Horizonte (mind. 45 % Ton). In ihnen ist das Schichtgefüge des Ausgangsgesteins aufgelöst. Die Pelosole unterliegen durch ihre Quellung und Schrumpfung einem starken Wechsel zwischen hohem Wassergehalt und Austrocknung. Deshalb werden sie kaum ackerbaulich genutzt (vgl. *Scheffer, Schachtschabel 1982*).

Im Untersuchungsgebiet treten sie im untersten Sockelbereich der Alb-Hauptschichtstufen auf; dort, wo noch Brauner Jura ansteht. Des weiteren finden sie sich an den Stufenhängen auf Braunjura Gamma und an den Hängen des Selchentals mit seinen Nebentälern (vgl. *Bodenkarte Reutlingen 1990*).

Braunerden entstehen im warmgemäßigt-feuchten Klima bei Jahresnieder-schlägen von 500 - 800 mm, hoher Verdunstung, nicht zu hoher Luftfeuchtig-keit und einer Jahresmitteltemperatur von 7-10° C. Sie können sich aus ver-schiedenen Bodentypen entwickeln und vielerlei Ausprägungen annehmen. Übergänge zu anderen Bodentypen sind häufig. Die Braunerde besteht aus ei-nem humosen Oberboden, und einem durch Verwitterung verbraunten, und ver-lehmten mineralischen Unterboden. Durch die sandig-lehmige Textur und das lockere, poröse Gefüge können Niederschlagswasser, Luft und Wurzeln gut in den Boden eindringen, so daß die Braunerde normalerweise für die Landwirt-schaft günstig ist (vgl. *Mückenhausen 1985*). Daher wird im Bereich der Brau-nerdevorkommen auf der Schichtfläche des Braunjura Gamma (Gewann Röt) das Gelände ackerbaulich genutzt. Orchideen kommen dort - aufgrund dieser intensiven landwirtschaftlichen Nutzung, aber auch aufgrund fehlenden Kalk-gehalts - nicht vor (vgl. *Bodenkarte Reutlingen 1990*).

Eine größere Verbreitung im Untersuchungsgebiet haben noch die *braunen Au-enböden*, die auch nach einer Bezeichnung aus dem Spanischen *Vegas* genannt werden (vgl. *Bodenkarte Reutlingen 1990*). Sie sind aus verlagertem, mehr oder minder humosem Bodenmaterial entstanden (vgl. *Kuntze et alii 1994*) und wer-den durch den Einfluß des Grundwassers, das mit dem Wasserstand des Flusses stark schwankt, geprägt (vgl. *Semmel 1993*). Die Braunen Auenböden sind ent-kalkt, verbraunt und verlehmt (vgl. *Schlichting 1986*). Die gut durchlüfteten Böden ergeben gutes bis sehr gutes Ackerland (vgl. *Kuntze et alii 1994*).

Braune Auenböden finden sich in der Talaue entlang der Echaz zwischen Pfullingen und Unterhausen (vgl. *Bodenkarte Reutlingen 1990*). Sie sind inten-siv grünlandwirtschaftlich, aber im Bereich geringerer Überschwemmungsge-fahr auch stellenweise ackerbaulich genutzt und bieten daher kaum Lebensbe-dingungen für die heimischen Orchideen.

Gleye sind nasse, zumeist durch Grundwasser vernäßte Böden. Sie entstehen meist bei einem Grundwasserstand zwischen 40 und 80 cm unter der Oberflä-che. Unter einem humosen Oberboden liegt, im Schwankungsbereich des

Grundwassers, ein Oxidationshorizont; darunter, wo ständig Wasser steht, ein Reduktionshorizont.

Gleye werden aufgrund ihrer ungünstigen Vernässung meist als Grünland genutzt (vgl. *Mückenhausen 1985*).

Die Gleye im Untersuchungsgebiet sind jedoch meist räumlich engbegrenzte Waldstandorte entlang von kleinen Fließgewässern, die auf den Quellhorizonten entspringen (*Bodenkarte Reutlingen 1990*).

In geringerem Ausmaß finden sich noch *Kalkstein-Braunlehme (Terrae fuscae)*, die aus Rendzinen entstehen, wenn silikatische, tonreiche Lösungsrückstände eines Kalksteins (oder anderer Gesteine) versauern und gleichzeitig 10-30 cm Mächtigkeit erreicht haben (vgl. *Scheffer / Schachtschabel 1982*). Sie bilden sich bevorzugt in muldigen Lagen, wo eine gewisse Feuchte im Verwitterungsmilieu gegeben ist. Diese Feuchte kann auch das Vorhandensein von Mergel im geologischen Untergrund anzeigen (vgl. *Mückenhausen 1985*). Im Profil ist der Bodentyp an seinem leuchtend gelb- bis rotbraun gefärbten Unterboden zu erkennen. Die Kalkstein-Braunlehme werden wegen der schweren Bearbeitbarkeit vorwiegend als Wald oder Weideland genutzt (vgl. *Scheffer/ Schachtschabel 1982*).

Im Untersuchungsgebiet finden sie sich meist unter Wald auf den Schichtflächen der Weißjura-Stufe (*Bodenkarte Reutlingen 1990*).

1.1.4. Die Vegetation

„Die Vegetation [...] kennzeichnet die Gesamtheit der in einem Erdraum verbreiteten Pflanzengemeinschaften, also die Pflanzendecke, die sich wieder aus der Vergesellschaftung der einzelnen [Pflanzen-] Sippen zusammensetzt."

(Klink / Mayer 1983, S.8).

Da sich diese Arbeit mit dem Schutz und der Verbreitung einer ganz bestimmten Pflanzenfamilie beschäftigt, muß auf die Vegetation des Untersuchungsgebietes logischerweise etwas ausführlicher als auf die übrigen Geofaktoren eingegangen werden.

1.1.4.1. Vegetationsgeschichte

Um die heutige Vegetation, ihre Artenzusammensetzung und Dynamik besser zu verstehen, ist es wichtig, einen Einblick in die spät- und nacheiszeitliche Vegetationsgeschichte des Echaztals zu geben. Eigene Entdeckungen des Autors, sowie pollenanalytische Untersuchungen, die 1960 in einer Tuffsandgrube gemacht wurden, ermöglichen dies.

Am Ende des letzten Würm-Hauptstadials, des letzten großen Eisvorstoßes der *Würm-Eiszeit,* herrschte in unserem Gebiet zunächst eine baumfreie Tundra, wie man sie heute in den hohen, nördlichen Breiten findet. Die Temperaturen lagen damals etwa um 6 – 8° C unter dem heutigen Jahresmittel und der Mensch durchstreifte die Landschaft als Altsteinzeit-Jäger.

Vor etwa 14 500 Jahren setzte mit dem *Bölling-Interstadial* eine erste Erwärmung ein, der um 13 500 vor heute ein erneuter Kälterückschlag, die *Ältere Dryaszeit,* folgte.

Um 12 000 v.h. kam es zu einer erneuten Erwärmung mit einem Temperaturanstieg um 2 – 3° C, dem sog. *Alleröd-Interstadial.* Lichte Birken-Kiefernwälder dominierten das Bild.

Vor 10 600 Jahren, kulturgeschichtlich zu Beginn des Mesolithikums (Mittelsteinzeit) erfolgte ein letzter, spätglazialer Kälterückschlag, die *Jüngere Dryas-*

zeit. Die Temperatur lag erneut um etwa 6° C unter der heutigen. Eine wald-
arme Parktundra mit Kiefern-Birken-Hainen stellte sich ein (*Klink / Mayer
1983, Lauer 1993*).

Aus der Übergangszeit zwischen Alleröd-Interstadial und Jüngerer Dryaszeit
stammt ein Fund, der die Vegetation im Echaztal belegt. Als 1988 entlang der
ehemaligen Bahnlinie eine Gasleitung gelegt wurde, schnitt man eine Rutschung im Gewann Roßwag am nordwestlichen Hangfuß der Wanne an. Dabei
entdeckte der Autor im Lehm konserviert zahlreiche Reste von Birken- und
Kiefernstämmen. Moosreste ließen sich ausschließlich der Gattung *Sphagnum*
(Torfmoos) zuordnen. Das Material wurde zusammen mit *Helmut Ilg* geborgen.
Eine Untersuchung durch *A. Hölzer*, Karlsruhe, und *S. Bortenschlager*, Inns-
bruck, mittels zweier voneinander unabhängiger Radiokarbon-Datierungen,
ergab ein Alter von etwa   10 600 Jahren (vgl. *Ilg 1995*).

Nach dem Ende der Eiszeit vor etwa 10 000 Jahren, mit dem Beginn des *Präbo-
reals*, stieg die Temperatur wieder an, doch lag sie noch um 3 – 4° C unter dem
heutigen Jahresmittel. Birken-Kiefern-Wälder bedeckten das Untersuchungsgebiet.

Um 6500 v.Chr. hingegen wurde es zunehmend wärmer. Das Jahresmittel lag
um 2° C über dem heutigen. Das *Boreal* mit seinen Eichenmischwäldern und
Haselsträuchern begann.

Um 5000 v.Chr. setzte das *Atlantikum* mit einem nacheiszeitlichen Klimaopti-
mum, der Wärmezeit, ein. Die Temperaturen lagen bis zu 3° C über dem heutigen Jahresmittel. Die Wälder waren Mischwälder aus Eiche, Ulme und Linde.
Man spricht auch von der Eichenmischwaldzeit (vgl. *Ilg in Neske 1982*).

Während dieser Zeit wanderten viele wärmeliebende Pflanzen wie Orchideen
ein, nachdem sie zuvor durch das vorstoßende Eis in das Mittelmeergebiet ab-
gedrängt worden waren (vgl. *Kreutzer 1988*).

Aus der Eichenmischwaldzeit stammen auch die nächsten, gesicherten Befunde für das Untersuchungsgebiet: eine Pollenanalyse aus der ehemaligen Nonnenmacher'schen Tuffsandgrube, die sich einst am südlichen Stadtrand von Pfullingen befand. Die Proben wurden 1960 von *Astfalk* entnommen und von *Paul Filzer* ausgewertet. Eine Probe von der Sohle der Grube stammt aus der Zeit von ca. 4000 v. Chr. Dabei sind die Baumarten folgendermaßen vertreten: Linde 53 %, Eiche 24 %, Fichte 7 %, Kiefer und Ahorn je 6 %, übrige Pollen 4 % (*Ilg in Neske 1982*).

Seit dem beginnenden Atlantikum, setzten Ackerbau und Viehzucht ein und der Mensch veränderte erstmals in größerem Maße die natürliche Vegetation durch Rodung. In Begleitung der durch die rodende Tätigkeit des Menschen geförderten Rasengesellschaften konnten viele Orchideen nun verstärkt einwandern (*Kreutzer 1988*).

Um 2500 v. Chr., mit dem Beginn des *Subboreals*, das bis 400 v.Chr. andauerte, fiel die Temperatur ab und lag bei Werten, die in etwa den heutigen entsprachen. Im Untersuchungsgebiet stellten sich Buchenwälder, gemischt mit reichlich Nadelgehölzen ein, wie eine jüngere Probe, ebenfalls aus der Nonnenmacher'schen Tuffsandgrube, zeigt. Die Probe vermittelt ein Bild für die Zeit um 800 v. Chr., wobei die einzelnen Baumarten mit folgenden Anteilen auftreten: Buche 34 %, Fichte 29 %, Tanne 21 %, Kiefer 10 %, Linde 4,5 %, Eiche 1,5 %. Der hohe Anteil an Nadelgehölzen zeugt von der Klimaverschlechterung (vgl. *Filzer 1960, Ilg in Neske 1982, Klink und Mayer 1983*).

Nach dem Subboreal, spätestens um 400 v. Chr., setzte das *Subatlantikum* ein, das sich in das *Ältere Subatlantikum*, in eine mittelalterliche Wärmephase und das *Jüngere Subatlantikum* gliedert. Das Subatlantikum, das bis heute andauert, drängte den Anteil der Nadelhölzer zugunsten der Laubgehölze wieder zurück (vgl. *Klink / Mayer 1983, Lauer 1993*).

Eine letzte Probe aus der Tuffsandgrube dürfte das Vegetationsbild um die Zeitenwende repräsentieren und damit in das Ältere Subatlantikum gehören, ist aber von *Filzer* selbst zeitlich nicht genau eingeordnet. Diese jüngste Probe zeigt bei den Baumpollen folgende Verteilung: Linde 27 %, Buche 25 %, Fichte 15 %, Kiefer und Tanne mit je 6 % (vgl. *Filzer 1960, Ilg* in *Neske 1982*).

Die Ausführungen dieses Abschnitts haben gezeigt, welche z.T. erheblichen Klimaschwankungen es – auch unser Gebiet betreffend - nach der letzten Eiszeit noch gegeben hat. Die aktuellen Diskussionen betreffend, muß gesagt werden, daß die Erde an sich, sowie Pflanzen und Tiere diese Schwankungen ohne weiteres vertragen und sich daran anpassen, denn sie sind natürlich und es hat sie stets gegeben. Wir Menschen selbst mit unserer Gesellschaft und Zivilisation sind es jedoch, die Schaden nehmen werden, wenn wir dem ohnehin schon stattfindenden Klimawandel durch unvernünftiges Wirtschaften zusätzlich noch Vorschub leisten und ihn weiter beschleunigen.

1.1.4.2. Pflanzengesellschaften auf der Markung Pfullingen

Pflanzengesellschaften sind „*...unter bestimmten standörtlichen Bedingungen regelmäßig wiederkehrende Vergesellschaftungen von Pflanzen...*“. Sie stellen die Vegetationsbausteine eines Gebietes dar (*Klink / Mayer 1983, S.128*).

Die Pflanzengesellschaften haben für unsere Fragestellung eine entscheidende Bedeutung. So entscheiden u.a. auch Artzusammensetzung und die Konkurrenzverhältnisse um Standortfaktoren wie beispielsweise Licht innerhalb der Pflanzengesellschaft über die Verbreitung der Orchideenarten.

Die meisten der heimischen Orchideenarten sind Lichtpflanzen, die daher nur in Rasengesellschaften zu finden sind, während einige als Schattpflanzen wiederum bevorzugt in Wäldern, dabei aber längst nicht in allen Waldgesellschaften vorkommen (vgl. *Ellenberg 1992*).

Um Angaben zu Pflanzengesellschaften besser zuordnen und verstehen zu können, sollen in diesem Abschnitt die verschiedenen, auf der Markung Pfullingen vorkommenden Pflanzengesellschaften vorgestellt und mit Relief und Klima assoziiert werden. Die Gliederung erfolgt in Anlehnung an die *Vegetationskundliche Karte Reutlingen (1958)*.

a) Waldgesellschaften

Wälder blieben dort erhalten, wo zu früheren Zeiten das Gelände landwirtschaftlich weder als Acker, Wiese oder Weide genutzt werden konnte (vgl. *Walter / Breckle 1986*).

Dies ist dort der Fall, wo aufgrund zu starker Hangneigung oder schlechter Klima- und Bodenverhältnisse keine andere Nutzung sinnvoll ist.

So beginnen die Wälder am Stufenhang der Weißjura-Schichtstufe meist am Übergang vom Unter- zum steileren Oberhang; ungefähr an der Grenze zwischen Braun- und Weißjura.

Auch der Stufenhang der Braunjura-Stufe am Nordabfall der Röt, nach Reutlingen zu, und die steilen Kerbtäler („Klingen", „Tobel") des Breitenbachs und seiner Zubringer sind bewaldet.

Mit dem Rückgang der Landwirtschaft wurden viele Flächen mit schlechten Standortbedingungen, sogenannte *Grenzertragsböden,* aufgegeben und meistens mit Fichtenmonokulturen aufgeforstet. Leider waren gerade solche landwirtschaftlich extensiv genutzten Flächen wie Feuchtwiesen oder aufgelassene Weiden Standorte von Orchideen, die mit der Aufforstung meist unwiederbringlich zerstört wurden.

Orchideenarten, die von Natur aus in Wäldern vorkommen oder schattenertragend sind, finden in den naturnahen Laubmischwäldern des Albtraufs vom Menschen weitgehend ungestörte Bereiche.

Die Wälder des Untersuchungsgebiets gehören - mit Ausnahme der bereits erwähnten Fichtenmonokulturen - zur Klasse der Europäischen Sommerwälder

44

(*Querco-Fagetea sylvaticae*), die durch Laubabwurf während der Kälteperiode, also eine winterliche Ruhephase gekennzeichnet sind. Diese Europäischen Sommerwälder bilden die regionale - vorwiegend potentielle - natürliche Vegetation Mitteleuropas (vgl. *Willmanns 1993*).

- Hangwälder auf Weißem Jura

An den Stufenhängen der Weißjura-Schichtstufe ist eine Reihe von unterschiedlichen Waldgesellschaften anzutreffen.

Die im Untersuchungsgebiet am meisten verbreitete Waldgesellschaft ist der Hang-Buchenwald (*Helleboro-Fagetum*). Diese Gesellschaft beherrscht ganz besonders die nord- und ostexponierten Hänge, ist aber zuweilen auch an Westhängen zu finden. In ihr dominiert die Buche (*Fagus sylvatica*). Nur vereinzelt sind Berg-Ahorn (*Acer pseudoplatanus*) und Esche (*Fraxinus excelsior*), seltener auch Berg-Ulme (*Ulmus glabra*) und Sommer-Linde (*Tilia platyphyllos*) eingestreut. In der Krautschicht ist die oft schon im Spätwinter blühende Stinkende Nieswurz (*Helleborus foetidus*) Charakterart (vgl. *Theo Müller 1991*).

An Orchideen sind hier vereinzelt das Weiße Waldvöglein (*Cephalanthera damasonium*) und die Vogel-Nestwurz (*Neottia nidus-avis*) zu finden.

An feuchteren Stellen neigt der Hang-Buchenwald zum Schluchtwald und mischt sich mit Ulmen (→ *Fagetum ulmetosum*), wie in den Tälern der Forstdistrikte Ladstatt und Küche oder im obersten Lippental (vgl. *vegetationskundliche Karte Reutlingen 1958*).

An thermisch günstigeren, jedoch nicht zu trockenen Standorten, findet sich der Buchen-Steppenheidewald (*Fagetum lithospermetosum*) mit dem Anfang Mai blühenden Purpurblauen Steinsamen (*Lithospermum purpurocaeruleum*) als

Buchen-Steppenheidewälder wie hier an der auf den Pfullinger Gielsberg führenden Ochsensteige sind bevorzugter Standort von Weißem Waldvöglein (Cephalanthera damasonium) und Vogel-Nestwurz (Neottia nidus-avis).

Leitart. Auf Pfullinger Markung sind es meist die nach Süden und Südwesten ausgerichteten Hänge in mittlerer Höhenlage der Albauslieger Wanne, Schönberg und Ursulaberg, die mit den noch gut durchfeuchteten Mergeln des Weißjura Alpha solche Standortvoraussetzungen bieten. Inselartig kommt diese Waldgesellschaft auch an anderen Stellen, an denen auf kleinerem Raum relativ feuchte Bedingungen herrschen, vor. Dort, wo sich als Leitarten auch Pfeifengras (*Molinia coerulea*) und Bergreitgras (*Calamagrostis varia*) hinzugesellen, spricht man vom *Fagetum lithospermetosum molinietosum*. In dieser Ausprägung findet man häufig solche Buchen-Steppenheidewälder, die im Untersuchungsgebiet genau nach Westen exponiert sind (vgl. *Ilg in Neske 1982, vegetationskundliche Karte Reutlingen 1958*).

An den Extremstandorten der nach Südwesten exponierten Traufkanten, wo insbesondere im Sommer auf dem klüftigen Gestein des Weißjura Beta die Wasserversorgung der Bäume schlecht ist und hohe Sonneneinstrahlung

46

herrscht, kann die Buche sich nicht mehr durchsetzen und es dominiert die Eiche (meist Traubeneiche, *Quercus petraea*), die größere Trockenheit verträgt und *Eichen-Steppenheidewälder* (*Quercetum lithospermetosum*) bildet. Leitart ist auch hier der Purpurblaue Steinsame (*Lithospermum purpurocaeroleum*). Solche Extremstandorte finden sich in einem fast ununterbrochenen Band entlang der südwestlichen Traufkante des Ursulabergs vom Hörnle bis zur Ernsthütte, sowie inselartig am Mädlesfels und an steilen, nach Südwesten exponierten Geländepartien von Wanne und Schönberg. Als Rarität kommt dort die Flaumeiche (*Quercus pubescens*) vor (vgl. *Ilg in Neske 1982, vegetationskundliche Karte Reutlingen 1958*).

Dieses submediterrane Element ist ein Relikt der nacheiszeitlichen Wärmezeit. Bei den Vorkommen handelt es sich um Rückzugsstandorte (vgl. *Oberdorfer 1990*). In beiden Steppenheidewaldgesellschaften finden sich, mehr noch als in den Hang-Buchenwäldern, das Weiße Waldvöglein (*Cephalanthera damasonium*) und die Vogel-Nestwurz (*Neottia nidus-avis*).

Eine ganz andere Waldgesellschaft, ein *Bergwald* der Ausprägung *Fagetum tilietosum* ist an schattigen Abhängen anzutreffen. Dieser Bergwald besteht in der Baumschicht aus Buche (*Fagus sylvatica*), Bergahorn (*Acer montanus*) und Linde (*Tilia platiphyllos*). Bis in die Baumkronen kletternder Efeu (*Hedera helix*) zeigt, daß die Gesellschaft weniger stark besonnt wird. Die Strauchschicht ist meist schwach entwickelt. In der Krautschicht trifft man auf das Bingelkraut (*Mercurialis perennis*), das den Waldboden in einförmigen Herden überzieht (vgl. *Runge 1994*).

Bergwald mit Buche und Linde ist inselartig an den nach Norden bis Nordosten exponierten Kalkschutt-Hängen mit geringer Humusauflage (Rendzinen-Böden) zu finden und insgesamt nicht sehr häufig (vgl. *vegetationskundliche Karte Reutlingen 1958*).

Im oberen Bereich von Quellmulden, auf beschatteten Geröllhalden und an feuchten, nordexponierten Traufkanten kommt ein Steinschluchtwald (*Phyllitidi Acereto-Ulmetum*) vor. Hirschzunge (*Phyllitis scolopendrium*), Bergahorn (*Acer pseudoplatanus*), Bergulme (*Ulmus glabra*) und Silberblatt (*Lunaria rediviva*) sind seine Charakterarten (vgl. *Pott 1992, Runge 1994*). Auch diese Gesellschaft ist im Untersuchungsgebiet von nur geringer Bedeutung und kommt lediglich inselartig vor, so z.B. im oberen Lippental oder am Nordhang des Pfullinger Gielsbergs und Ursulahochbergs (vgl. *vegetationskundliche Karte Reutlingen 1958*).

Andere, seltene Waldgesellschaften der Hangbereiche sind der *Tonschluchtwald (Acereto ulmetum)* mit Bärlauch (*Allium ursinum*) und Weißer Pestwurz (*Petasites albus*), sowie eine *Buchenwaldgesellschaft mit Lerchensporn (Fagetum corydaletosum)*, die auch als *Kleebwald* bezeichnet wird.

Erstere Waldgesellschaft tritt nur an einer Stelle, nämlich oberhalb der Lache im Kaltenbronnen auf, wo, bedingt durch eine Rutschung, toniges Bodensubstrat ansteht (vgl. *vegetationskundliche Karte Reutlingen 1958*).

Zweitgenannte Waldgesellschaft mit dem Lerchensporn (*Corydalis spec.*) als Charakterart ist ebenfalls nur in den Mulden von feuchten, nordexponierten Hängen zu finden; im Untersuchungsgebiet lediglich beim Steinbruch an der Stuhlsteige und im Langtal zwischen Ursulaberg und Ursulahochberg (vgl. *vegetationskundliche Karte Reutlingen 1958*).

- Waldgesellschaften auf den Verebnungen der Weißjura Beta- und Delta-Epsilon-Stufe

Die auf den Ebenen der Ausliegerberge am weitesten verbreitete Waldgesellschaft ist der *Haargersten-Buchenwald (Elymo-Fagetum, Hordelymo-Fagetum)*, eine Gesellschaft, die auf durchschnittlich durchfeuchteten und trockenen Böden vorkommt (vgl. *Pott 1992*). Charakterart ist hier die Wald-Haargerste (*Hordelymus europaeus;* vgl. *Runge 1994*).

Die bewaldeten Ebenen der Albauslieger bieten oft Standort für das Blasse Knabenkraut (Orchis pallens) oder, wie hier zu sehen, für das Manns-Knabenkraut (Orchis mascula).

Fast alle bewaldeten Verebnungen des Übersbergs und des Ursulabergs, des südlichen Schönbergs, teilweise auch des Scheibenbergs sind solche Haargersten-Buchenwälder. In dieser Waldgesellschaft ist stellenweise das *Blasse Knabenkraut (Orchis pallens)*, zusammen mit dem *Männlichen Knabenkraut (Orchis mascula)* zu finden. In Randlagen, gegen die Traufkanten, gesellt sich das Einblütige Perlgras (*Melica uniflora*) hinzu. Man spricht von einer Gesellschaft mit der Bezeichnung *Elymo-Fagetum melicetosum*. Auf lehmigem Untergrund treten als Frischezeiger verschiedene Farnarten auf. Diese Ausprägung des *Haargersten-Buchenwalds (Elymo-Fagetum filicetosum)* ist auf dem Ursulahochberg zu finden (*vegetationskundliche Karte Reutlingen 1958*).

Auf den Tonmergeln der Ebenen steht ein *Tonmergel-Buchenwald (Fagetum fraxinetosum)*, dem reichlich die Esche (*Fraxinus excelsior*) beigemischt ist. Diese Gesellschaft findet sich auf dem Übersberg an den Grenzen nach Lichtenstein-Unterhausen und St. Johann-Würtingen (*vegetationskundliche Karte Reutlingen 1958*).

- Waldgesellschaften auf Braunem Jura

Charakteristisch für die ebenen Lagen oder schwach geneigten Hänge des Braunjura-Bereichs ist der *Eichen-Hainbuchenwald (Querceto-Carpinetum)*. Er ist auf lehmigen und mergeligen, zeitweise vernäßten und sauren Böden (Gleye, Pseudogleye) anzutreffen (vgl. *Ilg in Neske 1982, Runge 1994*).

Wo Vernässung und Versauerung des Bodens noch nicht zu stark sind, steht ein *buchenreicher Eichen-Hainbuchenwald (Querceto-Carpinetum fagetosum)*. Er kommt auf der Gemarkung Pfullingen im mittleren und unteren Selchental vor, sowie auch auf dem Stellenbuckel, der westlichen Fortsetzung der Braunjura Gamma-Verebnung der Röt.

An ständig feuchten Stellen, in Quellmulden oder entlang von Bächen, tritt dem Eichen-Hainbuchenwald die Erle hinzu (*Querceto-Carpinetum alnetosum*). Solche erlenreichen Eichen-Hainbuchenwälder sind entlang des Breitenbachs und seiner Zubringer zu finden, inselartig auch auf dem Stellenbuckel.

Wo bodensaure Verhältnisse herrschen, tritt eine weitere Ausprägung des Eichen-Hainbuchenwalds mit reichlich Stieleiche (*Querceto-Carpinetum roboretosum*) auf. Sie kommt im Unter- bis Mittelhangbereich der Braunjura Gamma-Stufe vor, zum Beispiel vom Gewann Eschle nordwärts zur Grenze der Gemarkung der Stadt Reutlingen hinab.

An den westexponierten Hangkanten der Braunjuratobel, wo zu der Bodenversauerung noch starke Vernässung hinzukommt, dominiert die Eiche, der sich die Birke hinzugesellt (*Querceto-Betuletum carpinetosum*; vgl. *Ilg in Neske 1982, vegetationskundliche Karte Reutlingen 1958*).

Orchideen sind in den Waldgesellschaften auf Braunem Jura aufgrund der bodensauren Verhältnisse nicht zu finden. Selbst schwach saure Verhältnisse ertragende Arten wie Vogel-Vogel-Nestwurz (*Neottia nidus-avis*) und Großes Zweiblatt (*Listera ovata*) wurden dort nirgendwo angetroffen.

b) Wiesen- und Rasengesellschaften

Wesentlich mehr noch als Wälder sind im Untersuchungsgebiet die Wiesen- und Rasengesellschaften als Orchideenstandorte von Bedeutung.

Die Gewöhnliche Fettwiese oder Glatthaferwiese (*Arrhenateretum typicum, Arrhenateretum elatioris*) ist die im Untersuchungsgebiet häufigste Wiesengesellschaft. Sie ist in den Tieflagen auf nährstoffreichen, warmen, trockenen bis frischen Böden zu finden (vgl. *Pott 1992*). Charakterarten der Assoziation sind Glatthafer (*Arrhenatherum elatius*) und Wiesen-Storchschnabel (*Geranium pratense*; vgl. *Runge 1994*).

Diese Pflanzengesellschaft beherrscht weite Teile der Talauen und der Hangbereiche des Braunen Jura. Sie ist das Ergebnis intensiver landwirtschaftlicher Nutzung und Düngung. Glatthaferwiesen prägen die Talsohle des Echaztals zwischen Pfullingen und Unterhausen, wie auch einen großen Teil der westlichen Markung nach Gönningen zu. Orchideen finden in dieser Pflanzengesellschaft aufgrund der hohen Nährstoffgehalte und der häufigen Mahd (zwei- bis dreischürig) keine Wuchsbedingungen.

An trockeneren Standorten beherrschen Salbei (*Salvia pratense*) und Aufrechte Trespe (*Bromus erectus*) das Bild. Man spricht von trockenen, trespenreichen Fettwiesen (*Arrhenateretum brometosum*). Diese Art von Fettwiese kommt insbesondere an den steileren, oberen Unterhängen der Weißjurastufe vor, so beispielsweise am Ursulaberg, aber auch am Ahlsberg. In Übergangsbereichen durchmischen sich gewöhnliche und trespenreiche Fettwiese (*vgl. vegetationskundl. Karte 1958*).

An feuchteren Standorten zeigen sich auf den Fettwiesen Kohldistel (*Cirsium oleraceum*) und Kuckucks-Lichtnelke (*Lychnis flos-cuculi*). Dann spricht man von der Feuchten Fettwiese (*Arrhenateretum lychnidetosum*), die man in staunassen Bereichen im Gewann Enenbol und Eschkirch oder im Bereich von

Blick vom Scheibenberg zum Weiherhof. Die gewöhnliche Fettwiese ist die häufigste Wiesengesellschaft im Untersuchungsgebiet. Orchideen finden dort aufgrund von intensiver Düngung und mehrmaliger Mahd normalerweise keine Wuchsbedingungen.

Quellen auf den Breitwiesen, aber auch auf häufiger überschwemmtem Gelände entlang der Echaz, der Gemeinde Lichtenstein-Unterhausen zu, findet (*vgl. vegetationskundliche Karte 1958*).

Wo Standortbedingungen dauerhaft feucht bis naß sind, wird die Fettwiese von Sauergräsern dominiert. Solche seggenreichen Fettwiesen (*carex*-reiche *Arrhenatereta*) sind beispielsweise, wie aus dem Flurnamen hervorgeht, die Sauren Wiesen an der Echaz (vgl. *vegetationskundl. Karte 1958*).

Goldhafer-Wiesen (*Triseteta*-Gesellschaften) schließen sich in den Höheren Bergstufen an die Glatthaferwiesen der tiefergelegenen Bereiche an. Sie bevorzugen feucht-kühle Klimabedingungen und sind daher im Harz ab 400 m, in den Nordalpen erst ab 900 m Meereshöhe zu finden (vgl. *Wilmanns 1993*). Auf der Pfullinger Markung liegt die Untergrenze bei etwa 550 m (vgl. *vegetationskundl. Karte 1958*).

Auf mäßig frischem Untergrund, insbesondere der Weißjura-Verebnungen, kommt im Untersuchungsgebiet die *Berg-Fettwiese (Trisetetum arrhenatereto-sum)* vor. Diese Bergwiesen-Gesellschaft ist auf dem Übersberg mit seiner Nutzung durch den Segelflugsport zu finden, wie auch auf den Teilen des Pfullinger Gielsbergs, die bis in jüngste Zeit noch einer intensiveren Nutzung unterlagen. In Resten ist sie auch im Hangbereich der Täler vorhanden, wie in den Fluren Maustäle, Oberes Lindental und Kaltenbronnen (vgl. *vegetationskundl. Karte 1958*). Werden die Berg-Fettwiesen nicht gedüngt, können sie solchen Orchideen, die frische, ja sogar feuchte Standortbedingungen lieben, wie z.B. dem Großen Zweiblatt (*Listera ovata*) oder der Gefleckten Fingerwurz (*Dactylorhiza maculata*), Standorte bieten. Ein solcher Standort ist das Naturdenkmal Trollblumenwiese unterhalb der Lache im Kaltenbronnen (vgl. Kapitel 5.2.).

Für Orchideen als Standorte noch bedeutender sind die *Trockenrasengesellschaften (Brometa)*. Unter den Trockenrasen kommen im Untersuchungsgebiet nur die *Trespen-Halbtrockenrasen (Mesobrometum erecti)* vor (vgl. *vegetationskundl. Karte 1958*).

Diese Pflanzengesellschaft besiedelt tiefgründige, kalkreiche Lehm- oder Mergelböden der kollinen und montanen Stufe anstelle von anspruchsvollen Buchenwald-Gesellschaften, die sich ohne den Eingriff des Menschen bzw. nach Nutzungsauflassung einstellen würden (vgl. *Pott 1992, Willmanns 1993, Runge 1994*).

Untersuchungen weisen darauf hin, daß die meisten Trespen-Halbtrockenrasen nicht direkt aus der extensiven Beweidung entstanden sind (die Aufrechte Trespe ist nicht weidefest!), sondern erst über die einschürige Mahd (vgl. *Lärcher et al.1996*).

Charakterarten der Trespen-Halbtrockenrasen sind, neben der Aufrechten Trespe (*Bromus erectus*), auch Stengellose Kratzdistel (*Cirsium acaule*), Knolliger

Ungedüngte Halbtrockenrasengesellschaften mit einmaliger Mahd wie die unter Natur-schutz stehende Ursulahochbergwiese sind bevorzugte Standorte vieler Wiesenorchideen.

Hahnenfuß (*Ranunculus bulbosus*), Silberdistel (*Carlina acaulis*) und Es-parsette (*Onobrychis viciifolia*). Die meisten Orchideenarten der Gattung Kna-benkraut (*Orchis*) und Ragwurz (*Ophrys*) dürften ebenfalls Charakterarten sein (vgl. *Runge 1994*). Daher zählen die Halbtrockenrasen des Untersuchungsge-biets zu den wichtigsten und artenreichsten Orchideenstandorten. Im Gegensatz zu den Volltrockenrasen (*Xerobrometa*) bevorzugen die Halbtrockenrasen fri-schere Böden (vgl. *Briemle 1988*).

Größere Flächen von Halbtrockenrasen sind die Hochwiesen von Wanne, Schönberg und Ursulahochberg, sowie Teile des Pfullinger Gielsbergs; in Re-sten kommen Halbtrockenrasen auch im Tal an den Hängen des Ursulabergs (Gewann Wasen, Sonnenbau, Vor Buch) und am Ahlsberg vor (vgl. *vegetati-onskundl. Karte 1958*).

Ein größerer, zusammenhängender Trockenrasen, die „Viehweide am Schei-benbergle" an der Steige zum CVJM-Freizeitheim, wurde in den achtziger Jah-ren leider durch Umwandlung von einer Schafweide in eine Mähwiese mit in-tensiver Düngung vernichtet.

Auf der *Vegetationskundlichen Karte Reutlingen 1 : 25 000* wurden auch Weidegesellschaften (insbesondere Schaf- und Ziegenweiden) gesondert dargestellt, was zur Zeit der Entstehung dieser Karte (1958) durchaus Sinn hatte. Heute findet man im Untersuchungsgebiet kaum noch eine Beweidung durch Ziegen oder Schafe, so daß z.B. die ehemaligen *Mesobrometum*-Weiden zu den Halbtrockenrasen gezählt werden können, weil sie wie die unbeweideten Halbtrockenrasen bewirtschaftet bzw. durch Pflegemaßnahmen erhalten werden.

Der Artenreichtum der Trockenrasengesellschaften ist sehr hoch. Sie gelten als die artenreichsten Lebensgemeinschaften Mitteleuropas. Rund 30 % der Höheren Pflanzen Mitteleuropas leben in Trockenrasen. (vgl. *Kaule 1986, Jedicke et alii 1993*).

Auch im Untersuchungsgebiet wachsen die meisten Orchideenarten in Halbtrockenrasen-Gesellschaften.

c) Gebüschformationen

Gebüschformationen sind Übergangsstadien zwischen Rasen- und Waldgesellschaften. Wird ein Rasen aufgelassen und nicht mehr gemäht bzw. gepflegt, kommt es schnell zur Verbuschung. Später stellt sich Wald ein (vgl. *Ilg in Neske 1982*, siehe 3.1.2.).

Gerade diese Übergangsgesellschaften, die noch nicht zu stark verbuscht sind, beherbergen oft lange Zeit Orchideenarten, die keine Voll-Lichtpflanzen sind, z.B. die Mücken-Händelwurz (*Gymnadenia conopsea*), aber auch das Große Zweiblatt (*Listera ovata*) oder die Zweiblättrige Waldhyazinthe (*Platanthera bifolia*), bis schließlich eine vollständige Verbuschung bzw. der Wald als Endstadium der natürlichen *Sukzession* erreicht ist. Solche Orchideenstandorte sind aber meist dem Untergang geweiht, werden nicht dementsprechende Pflegemaßnahmen ergriffen.

An Feldrainen kommt bevorzugt ein *Schlehen-Hasel-Gesträuch* (*Prunus-Corylus*-Gesträuch) vor. Schlehdorn (*Prunus spinosa*) und Haselstrauch (*Corylus avellana*) beherrschen die Gesellschaft. Von den einst zahlreichen Hecken der Röt, bei denen es sich um eine solche Gesellschaft handelte, sind nur wenige übriggeblieben. Vereinzelt sind an den Uferböschungen von Eier- und Lindentalbach noch Reste davon zu finden (vgl. *vegetationskundliche Karte 1958*).

Das *Trockenhanggesträuch* (*Prunus-Cornus-Ligustrum*-Gesträuch; auch *Ligustro-Prunetum*) besteht hauptsächlich aus Arten wie Schlehe (*Prunus spinosa*), Hartriegel (*Cornus sanguinea*) und Liguster (*Ligustrum vulgare*). Es stellt sich bevorzugt auf trockenen Kalkböden in besonnten Lagen (z.B. auf Halbtrockenrasen) ein und gefährdet dort vorhandene Orchideenbestände langfristig (*vegetationskundliche Karte Reutlingen 1958, Ilg in Neske 1982, Runge 1994*).

An den extremen Standorten südexponierter Felsen kommt eine *Felsen-Strauchgesellschaft* (*Cotoneastro-Amelancherietum*) mit Zwergmispel (*Cotoneaster integerrimus*) und Gemeiner Felsenbirne (*Amelanchier ovalis*) als Assoziations-Charakterarten vor, so z.B. am Wackerstein, sowie am Mädles- und Wollenfels (*Runge 1994, vegetationskundliche Karte Reutlingen 1958*).

d) Felsspalten und unbewaldete Kalkschutthänge

Der Vollständigkeit halber seien auch diese spezialisierten Pflanzengesellschaften genannt, die als Orchideenstandorte zwar nur selten in Frage kommen, aber dieses einführende Kapitel zur Vegetation abrunden sollen. Dabei sind im Untersuchungsgebiet insbesondere zwei Assoziationen von Bedeutung.

Bei der ersten, der *Asplenium-Saxifraga-Assoziation*, handelt es sich um eine Felsspalten-Gesellschaft mit Milzfarn (*Ceterach officinarum* = *Asplenium ceterach*) und Traubensteinbrech (*Saxifraga paniculata*). Sie kommt an den freistehenden Schwammriffen wie dem Wackerstein, dem Mädles- und Wollenfels vor (*vgl. vegetationskundliche Karte Reutlingen 1958*).

Zweite Assoziation ist eine *Kalkschutthang-Gesellschaft mit Gamander (Rumicetum scutati teucrietosum)*. Diese artenarme Pioniergesellschaft, wegen der Charakterart Schildampfer (*Rumex scutatus*) auch als *Schildampferflur* bezeichnet, ist auf trockenen, sonnenexponierten Geröllhalden beheimatet (vgl. *Pott 1992*).

Im Untersuchungsgebiet kommt sie auf den Halden aus Weißjura-Beta-Schutt an den nach Westen und Südwesten exponierten Hängen des Ursulabergs, sowie auf der Schutthalde am Nordosthang der Wanne vor. Diese Pflanzengesellschaft kann den Orchideen - wie da und dort beobachtet, wo die Schutthalden schon etwas dichter bewachsen sind - aufgrund günstiger Lichtverhältnisse, durchaus Standorte bieten.

1.2. Pfullingen als Kulturraum - die Nutzung der Markung

Nicht immer ist für jedermann auf den ersten Blick erkennbar, daß es sich bei unserer mitteleuropäischen Landschaft nur noch in den seltensten Fällen um eine Naturlandschaft, sondern meistens um eine manchmal über Jahrtausende gewachsene, aber auch durch Raubbau entstandene Kulturlandschaft handelt, deren Prägung insbesondere seit Mitte des 19. Jahrhunderts sehr gravierend erfolgte.

Naturschutz geht in Deutschland und Mitteleuropa meistens mit einer Pflege kulturlandschaftlich gewachsener Elemente, wie z.B. Hecken oder Streuobstwiesen einher (vgl. *Plachter 1991*).

Insbesondere Biotopschutz „*...bedeutet nicht allein die staatsrechtliche Sicherung von Lebensräumen als Naturschutzgebiet oder flächenhaftes Naturdenkmal. Er schließt vielmehr die Erhaltung und Pflege der anthropogen bedingten Folgepflanzengesellschaften unabdingbar ein*" (*Kümpel 1991, S.24*).

Vor diesem Hintergrund ist auch für die hier behandelte Fragestellung die Kenntnis der kulturlandschaftlichen Entwicklung des Untersuchungsgebiets eine wichtige Voraussetzung für einen erfolgreichen Natur- und Artenschutz, in diesem Fall für den Orchideenschutz.

1.2.1. Entwicklung der Kulturlandschaft und Nutzung der Markung

Die Ortsnamenendung „*-ingen*" weist die aus einem *Haufendorf* hervorgegangene Stadt Pfullingen (1699 zur Stadt erhoben) als eine *Gründung der alemannischen Landnahme* aus der Zeit des 3.-5. Jahrhunderts n. Chr. aus. Pfullingen liegt damit in den Gebieten des *Altsiedellands* von Baden-Württemberg (vgl. *Kullen 1983, Borcherdt 1991, Grees in Borcherdt 1993*).

Doch die Prägung unserer heutigen Kulturlandschaft begann schon mit den Bandkeramikern, die während des nacheiszeitlichen Wärmeoptimums als die ersten Ackerbauern im 5. Jahrtausend v. Chr. Südwestdeutschland besiedelten. Sie kamen aus dem unteren Donauraum, vermutlich aus dem Karpatenbecken. Mit ihrem Ackerbau erfolgte eine erste Rodung, die jedoch zunächst nur inselartig vonstatten ging (vgl. *Huttenlocher 1968, Kullen 1983*).

Wie Funde belegen, dürften auch auf Pfullinger Markung zu dieser Zeit erste Rodungen erfolgt sein.

Die Bandkeramiker fanden bei ihrer Einwanderung keineswegs waldfreie Steppengebiete vor, wie der Albbotaniker *Robert Gradmann* (erstmals 1898) zunächst in seiner *Steppenheidetheorie* vermutete. Er stützte diese Theorie auf seine Beobachtung, daß Steppenheidegebiete und Altsiedelland sich in auffälliger Art und Weise decken (vgl. *Klink / Mayer 1983*).

Seit Aufkommen der Pollenanalyse weiß man jedoch, daß die Bandkeramiker anstelle von Steppenarealen, lichte, durchgängige und leicht zu rodende Eichenwälder vorfanden (*revidierte Steppenheidetheorie*). Tatsache bleibt, daß

mit dem Neolithikum eine erste, nennenswerte Veränderung der Naturlandschaft und die Entwicklung der Kulturlandschaft in Südwestdeutschland ein-
setzten (vgl. Klink / Mayer 1983, Kullen 1983).

Das *Altsiedelland*, zu dem auch das Albvorland gehört, blieb bis zum Ende der
Völkerwanderungszeit Keimzelle von Siedlung und Ackerbau. Bronzezeitliche
Völker, Kelten, Römer und Alemannen übernahmen im wesentlichen die neo-
lithischen Rodungsinseln. Andere Teile Südwestdeutschlands, wie z.B. der
Schwarzwald, blieben bis ins Hochmittelalter hinein weitgehend unbewohnt
und wurden erst durch Bevölkerungsdruck besiedelt (*Jungsiedelland*).

Bevölkerung- und Siedlungsverdichtung zwangen auch die Menschen im Altsiedelland zu einer intensiveren Bodennutzung. Die ungeregelte Feldgraswirt-
schaft auf Wechselfeldern, wobei die Viehzucht im Vordergrund stand, wich
den Daueräckern mit verstärktem Getreideanbau. In einigen Gegenden entwik-
kelte sich, vermutlich durch die Franken eingeführt, schon im 8. Jahrhundert
die *Dreifelderwirtschaft* (vgl. *Kullen 1983*).

Da ein Verständnis der alten Nutzungssysteme auch die heutige Verteilung der
Orchideenstandorte auf der Markung Pfullingen teilweise erklären kann, ist
eine kurze Einführung in das System der Dreifelderwirtschaft an dieser Stelle
sinnvoll. Teilweise ist die alte Flurgliederung noch heute zu erkennen und bestimmt die Verteilung der Orchideenstandorte mit.

Die Gemarkungsfläche eines Ortes gliedert sich in *Wald* und *Flur*. Die Acker-
flur, der sog. *Esch*, wurde früher in drei *Zelgen* aufgeteilt: eine Zelge für das
Wintergetreide, eine für das Sommergetreide und eine dritte für die Brache, die
der Regeneration des Bodens diente (vgl. *Kullen, 1984, Borcherdt 1991*).

Die Dreifelderwirtschaft, die allgemein um 1100 aufkam, war in Pfullingen
lange gültig. 1824 wird beschrieben, welche Gewanne zu welchen Zelgen ge-
hörten. Aus dem Jahr 1900 existieren Aufzeichnungen eines Schullehrers, die

noch vom Flurzwang und der Dreifelderwirtschaft berichten (vgl. *Meiser 2020*).

Intensiv genutzt als Ackerland oder ertragreiche Heuwiesen mit oder ohne Streuobstbestand wurden zunächst nur die nahe der Siedlung gelegenen oder einfach zu erreichenden Markungsteile. Weniger ertragreiche Böden, Flurteile mit langen Anfahrtswegen und ungünstiger Hangneigung wurden extensiv als gemeinschaftlich beweidetes Land (sog. *Allmende*) genutzt. Dabei spielte vor allem die Beweidung mit Schafen eine Rolle. In diesen extensiv weidewirtschaftlich genutzten Flurteilen konnten sich Orchideenbestände entwickeln. Dünger wurde hier nur in Maßen durch die Schafe zugeführt. Die Schafe selbst verschmähten die Orchideen als Futterpflanzen meist aufgrund ihrer Bitterstoffe (vgl. *Maier 1930*).

Ähnlich extensiv wurden im Untersuchungsgebiet auch die Hochwiesen der Albauslieger Pfullinger Gielsberg, Schönberg, Wanne und Ursulahochberg genutzt, wenngleich es dort offenbar keineswegs immer nur Grünland- und Weidewirtschaft gab. Neuere Untersuchungen der *Universität Tübingen 2019 / 20 (et alii)* zur historischen Landnutzung der Markung Pfullingen haben gezeigt, daß man u.a. den Schönberg, die beiden Hochberge, sowie den Übersberg zeitweilig auch ackerbaulich nutzte. Es wurden dort überall sog. *Ackerstufen* gefunden. Eine solche Nutzung fand jedoch sicher nicht aufgrund guten Ertrags statt, sondern aus dem Druck heraus, in Notzeiten jeden einigermaßen für den Ackerbau in Frage kommenden Quadratmeter zu nutzen. Aus der o.g. Untersuchung geht übrigens auch hervor, daß das Vorkommen von Orchideen häufig

Ein Teil des NSG Kugelberg, vom Schönbergturm aus gesehen. Die frühere Nutzung von Wald und Flur, z.T. immer noch beibehalten, ist von hier aus gut zu erkennen.

an ehemaligen Ackerbau gekoppelt ist. Was die Wiesennutzung noch betrifft, waren die z.T. kilometerlangen Anfahrtswege mit Steigungen von über 300 Höhenmetern zu beschwerlich, als daß man ständig hätte Stalldung aufbringen können. Diesen verwendete man lieber für die nahe der Siedlung liegenden Felder. Als Folge blieben die schon von Natur aus mageren Standorte der Hochwiesen niederwüchsig, so daß sich allenfalls eine einmalige Mahd im Sommer lohnte (vgl. *Ilg in Neske 1982*).

Ab 1832 wurde in Pfullingen verstärkt die Stallfütterung eingeführt und das Vieh zunehmend weniger zur Weide getrieben. Nachdem es 1836 noch einen Bestand von 1373 Schafen gegeben hatte, wurde 1868 die öffentliche Schafweide abgeschafft, 1875 die Beweidung durch Ziegen. Erst nach 1918 wurden die Hochwiesen noch einmal durch Schafe beweidet. 1927 gab es noch einen Bestand von 518 Schafen (vgl. *Maier 1930*).

Von Bedeutung im Zusammenhang mit der Verbreitung von Waldorchideen ist auch ein Wandel in der Nutzung des Waldes, der in früherer Zeit zum einen als

Weidewald (Flurnamen mit den Bestandteilen *Hart;* u.a. für Schweine) diente, zum anderen auch für die Gewinnung von Brennholz eine Bedeutung hatte und daher als Niederwaldbetrieb geführt wurde. Junge Wälder waren als sog. *Bannwald* von der Beweidung ausgenommen.

Diese Form der Waldwirtschaft funktionierte, solange sich die Bevölkerung gering und durch Kriege und / oder Seuchen regelmäßig dezimiert fand, was dem Wald immer wieder Möglichkeit zur Regeneration gaben (vgl. *Künkele 1982*).

Ein Umdenken setzte schon um 1800 ein, als die Bevölkerung stark im Anwachsen begriffen war und durch erhöhten Bedarf an Brenn- und Bauholz den Wald immer mehr schädigte. Eine geordnete Waldwirtschaft mußte eingeführt werden. Die Umstellung vom Nieder- zum Hochwald erfolgte in Pfullingen Mitte des 19. Jahrhunderts. Bereits 1870 waren 90 % des Pfullinger Waldes Hochwald. Heute wird der Wald, dessen Anteil in den letzten 200 Jahren beständig zugenommen hat, fast ausschließlich als Hochwaldbetrieb geführt und einen Weidebetrieb innerhalb des Waldes gibt es schon lange nicht mehr. Dies hat die Lebensbedingungen für Waldorchideen entscheidend verbessert (vgl. *Künkele 1982, GEA 15.5.1992*).

1.2.2. Die heutige Nutzung der Markung Pfullingen

Heute zählt die Stadt Pfullingen 18.749 Einwohner (Stand: 31.12.2021) und ist Kleinzentrum mit Teilfunktionen eines Mittelzentrums.

Mit dem Strukturwandel von der bäuerlichen zur Industrie- und nun zur Dienstleistungs- und Informationsgesellschaft hat sich auch die Nutzung der Pfullinger Markung geändert. Landwirtschaftliche Nutzfläche wurde und wird aufgeforstet oder bebaut. Bezüglich letzterer Möglichkeit muß die kommunale Planung auch immer mehr ortsfremde Belange berücksichtigen. Anspruch an Freizeitnutzung stellt, neben den Ortsansässigen, an Wochenenden zunehmend

<table>
<tr><td colspan="2">Von den 3013 Hektar der Pfullinger Markung werden genutzt:</td></tr>
<tr><td>35,9 %</td><td>für Landwirtschaft</td></tr>
<tr><td>40,0 %</td><td>Forstwirtschaft</td></tr>
<tr><td>15,1 %</td><td>Siedlungsflächen</td></tr>
<tr><td>7,3 %</td><td>Verkehrsflächen</td></tr>
<tr><td>0,5 %</td><td>Gewässer</td></tr>
<tr><td>1,2 %</td><td>sonstige Zwecke</td></tr>
</table>

Quelle: Statistisches Landesamt Baden-Württemberg (nach letztem Stand 2021)

der Tagesausflugsverkehr aus dem benachbarten Reutlingen und dem Groß-raum Stuttgart. Dies ist dem Naturschutz, insbesondere dem Arten- und Biotopschutz, nicht immer zuträglich.

1.3. Naturschutz auf der Markung Pfullingen

Nach der im Dezember 2022 abgehaltenen Weltnaturkonferenz von Montréal, an der knapp 200 Staaten teilnahmen, strebt man an, daß bis zum Jahr 2030 mindestens 30 % der Meere und Landflächen der Erde Schutzgebiete werden sollen (*NABU 2022*). Pfullingen ist diesbezüglich, wie die folgende Übersicht zeigt, ganz gut aufgestellt.

Auf der Markung Pfullingen erfahren Flächen einen Schutzstatus als

- Landschaftsschutzgebiet
- Naturschutzgebiet
- flächenhaftes Naturdenkmal
- Schutzgebiet nach FFH-Richtlinie
- Biosphärenreservat der UNESCO
- Bann- und Schonwald

Dabei können Gebiete durchaus mehrfach abgesichert sein.

Ein Bild davon, welchen Stand und Stellenwert der Natur- und Landschafts-
schutz auf der Pfullinger Markung bereits genießt, vermittelt die nebenstehende
Tabelle, die eine Übersicht über die derzeit geschützten Flächen gibt.

Darüber hinaus sind zwei weitere Einzelobjekte und 23 Einzelbäume als Naturdenkmale ausgewiesen. Hinzu kommen 520 ha des Landschaftsschutzge-
biets „Reutlinger und Uracher Alb".

(vgl. *Müller 1975, Goerlich 1978, Ilg in Neske 1982, Landratsamt 1992,1993,
Regierungspräsidium 1995, Stadt Pfullingen 1996, Wikimedia 2023*).

Bereits 1998 wurde die Stadt Pfullingen als Naturwaldgemeinde ausgezeichnet,
wobei im Umgang mit den Wäldern der Schutzfunktion gegenüber der Nutz-
funktion deutliche Priorität gewährt wurde (GEA, 8.7.2021).

2008 wurde von Baden-Württemberg das Biosphärengebiet Schwäbische Alb
geschaffen und 2009 auch von der UNESCO anerkannt. Auf der Markung
Pfullingen zählen die Albtraufwälder am nördlichen Gielsberg und südwestlichen Ursulaberg zu den Kernzonen; fast alle übrigen Waldgebiete, sowie v.a.
die Hochwiesen gehören zu den Pflegezonen. Die Kernzonen sollen dem unbe-
einflußten Naturzustand nahekommen und von wirtschaftlicher Nutzung freigehalten werden, während man in den Pflegezonen wertvolle Kulturlandschaf-
ten durch schonende Nutzung erhalten will (nach *www.biosphaerengebiet-
alb.de*).

Schonende Nutzung erfahren auch manche Waldgebiete. Das Bann- und
Schonwaldgebiet Stöffelberg-Pfullinger Berg (BNW-100154 und SCW-
200383) besteht seit 2016 und die Gemarkung Pfullingen ist daran mit 47,3 ha
(= 33 %) bzw. 22,8 ha (= 23,5 %) beteiligt (nach *LfU*).

2018 / 2019 wurden vom Regierungspräsidium Tübingen die Albtrauf-Schutz-
gebiete nach Flora-Fauna-Habitat-Richtlinie ausgewiesen. Es sind dies die

Name, Biotoptyp	Lage / Gewann	Fläche (ha)	geschützt seit
NSG Hochwiesen, einschürige Mager-wiese	Pfullinger Gielsberg	68,8	1992
NSG Echazaue, Auenlandschaft und Wässerwiesen	zwischen Pfullingen und Lichtenstein-Unterhausen	50,0	2005
NSG Kugelberg, Wald, Brachflächen, Halbtrockenrasen	Ursulaberg	53,6 (26,7)	1987
NSG Ursulahoch-bergwiese, einschürige Mager-wiese	Ursulahochberg	9,0	1941
LSG Georgenberg-gipfel, Brachflächen, ehem. Weingärten	Georgenberg	7,3	1958
ND Bergwiese, einschürige Mager-wiese	Schönberg	4,8	1992
ND Wolfsgrube, Oberhang, unterschiedliche Bio-tope	Wolfsgrube, am Ursula-berg	2,6	1992
ND Trollblumen-wiese, Waldwiese mit Quelle	Kaltenbronnen	1,7	1992
ND Wolfsgrube, Un-terhang	Wolfsgrube, am Ursula-berg	0,76	1992
ND Wackerstein	über dem Wasserteich	0,72	1979
ND Trollblumen-wiese, Waldwiese	Ochsensteige zum Pfullinger Gielsberg	0,26	1992
ND Mädlesfels	über dem Arbachtal	0,0129	1979

Naturschutzgebiete (NSG), Landschaftsschutzgebiete (LSG) und Naturdenkmale (ND; ohne Einzelbäume) auf der Markung Pfullingen (u.a. lt. Wikimedia-Liste, NSG im Lkr. Reutlingen)

FFH-Gebiete *Albtrauf Pfullingen* (Nr. 7521341), von dem 1001 ha (= 27 %) auf Pfullinger Markung liegen. Dazu kommt das Gebiet *Albvorland bei Mössingen und Reutlingen* (Nr. 7520311), bei dem Pfullingen mit 663,2 ha beteiligt ist, sowie das Gebiet *Albtrauf zwischen Mössingen und Gönningen*, von dem 285,1 ha Pfullingen gehören. Die FFH-Gebiete decken oder schneiden sich mit anderen Schutzgebieten (*nach LfU*).

2021 erhielt Pfullingen eine Bundeswaldprämie von knapp 145.000 Euro für langjährige, nachhaltige Bewirtschaftung des Forsts. Dabei handelt es sich um eine von der Bundesregierung gewährte Prämie, durch die private und kommunale Waldeigentümer unterstützt werden (*GEA, 8.7.2021*).

So liegen heutzutage – anders als noch im Jahr der Kartierung 1996 – inzwischen fast alle Orchideenstandorte in irgendeiner Kategorie von Schutzgebiet, v.a. solche mit dem Vorkommen mehrerer Arten.

Betreut und gepflegt werden die geschützten Flächen der Markung Pfullingen vornehmlich von der Arbeitsgemeinschaft Naturschutz Pfullingen, die sich auch um die Pacht und den Ankauf von weiteren Parzellen kümmert.

Das Problem der Ausscheidung besonders schutzwürdiger Bereiche führt jedoch leider häufig zu der fatalen Fehlinterpretation, „*...daß der Rest der Landschaft für jegliche Maßnahmen offensteht*" (vgl. *Kaule 1986, S.248*).

2. Das Untersuchungsobjekt: heimischen Orchideen und ihr Schutz

Um die Verbreitung der Orchideen im Raum besser zu verstehen und Schutzmaßnahmen durchschaubarer zu machen, ist es unabdingbar, diese Pflanzengruppe, ihre Besonderheiten und Bedürfnisse vorweg näher vorzustellen.

Der Name Orchidee leitet sich, in Anlehnung an die Form der Wurzelknollen, die manche Arten haben, aus dem Griechischen *Orchis* (ορχις = Hoden) her (*Presser 1995*). Die Knollen mancher Orchis-Arten wurden nämlich, wie aus der Antike von *Pedanios Dioskurides* (1. Jh. n. Chr.) und *Theophrast von Lesbos* (372-289 v. Chr.) bekannt ist, als Mittel zur Potenzsteigerung und Aphrodisiakum verwendet. Dabei fand offenbar v.a. das Kleine Knabenkraut (*Orchis morio*) Anwendung. Römische Autoren wie *Plinius d.J.* und *Galen* geben ähnliche Beschreibungen (siehe *Pfündel et alii 2016, Wikipedia 2023*).

Viele Arten besitzen eine größere und eine kleinere Knolle. Früher glaubte man oft, die größere Knolle würde die Liebe befeuern und die kleinere das Gegenteil bewirken bzw. daß man nach Genuß der größeren Knolle Söhne und nach Verzehr der kleineren Töchter bekommen würde (vgl. *v. Perger 1864)*.

Wo man es mit dem Artenschutz nicht so genau nimmt, werden – wie etwa in manchen orientalischen Ländern – Wurzelknollen der Gattungen *Ophrys* und *Orchis* (v.a. nach wie vor die Spezies *morio*) immer noch gesammelt, um z.B. Speiseeis zu aromatisieren (nach *Wikipedia 2021*).

2.1. Gruppierung und systematische Einordnung der Orchideen

Die Orchideengewächse (*Orchidaceae*) sind eine Pflanzenfamilie, aus der man - je nach Autor - zwischen 15 000 und 35 000 Arten und 1000 Gattungen kennt. Unter den bedecktsamigen Blütenpflanzen sind sie nach den Korbblütlern die zweitgrößte Familie. Schätzungsweise 7 - 9 % aller Blütenpflanzen sind Orchideen. Diese haben sich als Evolutionslinien schon seit langem getrennt entwickelt. Es gibt fünf Unterfamilien: die *Epidendroidea*, die *Orchidoidea*, die *Vanilloidea* (Vanillegewächse), die *Cypripedioidea* (Frauenschuhgewächse) und die *Apostasioidea* (vgl. *Buttler 1986, Kreutzer 1988, Senghas 1993, Schneider 1993, Kümpel 1996*). Dabei sind die Orchideen nach neueren Erkenntnissen offenbar auch weiterläufig mit den spargelartigen Gewächsen (*Asparagales*) verwandt (vgl. *Wikipedia 2023*).

In Europa kommen etwa 250 Orchideenarten vor (*Wikipedia 2023*), in Deutschland sind es insgesamt 90 Arten (vgl. *deutschlands-natur.de 2021*). Baden-Württemberg nimmt im europäischen Vergleich bei der Artenvielfalt eine Spitzenstellung ein und konkurriert dabei durchaus mit einigen mediterranen Gebieten (vgl. *Hoffmann et alii 1982, Kreutzer 1988, Schneider 1993*).

2.2. Verbreitung

In Europa finden sich aus den erwähnten Unterfamilien nur die *Cypripediaceae* mit der Gattung *Cypripedium* (Frauenschuh) und die *Orchidaceae* mit allen übrigen Arten.

Die letzte Gruppe, die *Apostasiaceae*, beschränkt sich in ihrer Verbreitung auf die Tropen von Südostasien und Nord-Australien.

Insgesamt kommen die Orchideen fast weltweit vor - mit einem Verbreitungsschwerpunkt in den Tropen und den immerfeuchten Subtropen, v.a. Mittel- und Südamerikas. Lediglich in den Trockengebieten und Regionen des ewigen Eises fehlen sie (*vgl. Buttler 1986, Dressler 1987*). Dabei scheint u.a. die Kleinheit der Samen für die so erfolgreiche Verbreitung ausschlaggebend gewesen zu sein (vgl. *Wikipedia 2022*).

In den Tropen zählen insbesondere die dauerfeuchten Nebelwälder der Bergstufen (z.B. an der Ostabdachung der Anden) zu den orchideenreichsten Gebieten. Während in den gemäßigten Klimaregionen die meisten Orchideenarten *terrestrisch* sind, d.h. im Boden wurzelnd, wächst vor allem in den Tropen die Mehrzahl der Arten als *Epiphyten* (d.h. als Aufsitzer) auf Bäumen (vgl. *Senghas 1993*). Während seines Auslandsstudiums, das der Autor als Stipendiat in Brasilien verbrachte, sorgte er, wenn er von den auf dem Boden wachsenden Orchideen seiner Heimat im Echaztal erzählte, bei etlichen Brasilianern immer wieder für ungläubiges Staunen, da im tropischen Südamerika bei den Orchideen freilich das epiphytische Wachstum den Normalfall darstellt. Neben terrestrischen und epiphytischen Arten gibt es auch noch *lithophytische*, d.h. auf Felsen wachsende Orchideen.

Wichtig für Mitteleuropa und das Untersuchungsgebiet ist die Verbreitung und Ausbreitung der Orchideen nach der letzten Eiszeit, dem Würm-Glazial. Die Eiszeit hatte - von Ausnahmen abgesehen - die meisten Pflanzenarten nach Süden verdrängt. Solche Arten, die für ihr Wachstum tiefe Temperaturen und lange Kälteperioden im Winter benötigen, beschränken sich in ihrer heutigen Verbreitung hauptsächlich auf die subalpinen Stufen der Gebirge, wie die Rosa Kugel-Orchis (*Traunsteinera globosa*), die aber auch bereits in den Hochlagen des Untersuchungsgebiets (Ursulahochberg) vorkommt, wo sie aufgrund des zunehmend kontinentalen Einflusses gedeihen kann.

Alle übrigen Orchideen wanderten aus klimatisch günstigeren Gebieten ein: aus Südosteuropa (pontisch-mediterranes Florengebiet) beispielsweise das Helm-Knabenkraut (*Orchis militaris*) und das Rote Waldvöglein (*Cephalanthera rubra*). Die Ragwurz-Arten (Gattung *Ophrys*) oder die Pyramiden-Hundswurz (*Anacamptis pyramidalis*) sind Arten, die aus dem mediterranen Bereich stammen.

Das heutige Hauptverbreitungsgebiet der Orchideen in der Bundesrepublik befindet sich in Süddeutschland. Der Verbreitungsschwerpunkt entlang des Rheingrabens zeichnet den Wärmeanspruch vieler Arten nach; jener entlang der Schwäbischen Alb die Kalkgebundenheit (vgl. *Kreutzer 1988*). Weitere Orchideengebiete finden sich etwa im Saale-Unstrut-Gebiet.

2.3. Evolution

„Die Erschaffung einer kleinen Blume ist das Werk von Jahrtausenden."

William Blake (1757 – 1827), engl. Dichter und Maler

Oder sie ist gar das Werk von Jahrmillionen! Dabei sind die Orchideen so gesehen dennoch eine entwicklungsgeschichtlich junge Gruppe, wenn man sich vergegenwärtigt, daß ein großer Teil der heute vorkommenden Pflanzenfamilien bereits aus der Kreidezeit (Alter ca. 140 - 60 Millionen Jahre) fossil bekannt ist.

Innerhalb der Einkeimblättrigen Pflanzen (*Monocotyledonae*) besitzen die Orchideen mit den Lilienartigen (*Liliales*) gemeinsame Vorfahren, haben sich aber von diesen durch Spezialisierung im Blütenbau abgesondert.

Das Ursprungszentrum der Orchideen liegt wahrscheinlich in Südostasien, insbesondere in Malaysia. Dies kann aus der Häufung des Vorkommens an Arten dort geschlossen werden (*Senghas 1993*).

Der älteste Fossilfund, der sich relativ sicher als Orchidee identifizieren läßt, ist ca. 50 Mio. Jahre alt und stammt aus dem eozänen Plattenkalk des Monte Bolca bei Verona in Oberitalien (vgl. *Buttler 1986, Kreutzer 1988, Senghas 1993*).

Nach dem Fund eines fossilen Polliniums (d.h. eines Pollenpakets) in einem karibischen Bernstein wurde das Mindestalter des letzten gemeinsamen Vorfahren aller Orchideen auf 76-84 Mio. Jahre bestimmt. Der Ursprung der Orchideen wird jedoch vor 100-122 Mio. Jahren vermutet (nach *Wikipedia 2023*).

2.4. Variabilität

In Zusammenhang mit dem entwicklungsgeschichtlich geringen Alter steht die *Variabilität*. Darunter versteht man die ungewöhnlich große Veränderlichkeit bei den Orchideen. Variabel sind nicht nur die Familien, die, insbesondere bei den *Orchidaceen*, eine große Artenfülle hervorbringen. Veränderlich sind auch die Arten selbst. So sind Merkmale und Sippen häufig wenig fixiert. Dies kann eine Bestimmung zum Problem machen, hat man es mit solch variablen Populationen zu tun. Die *mittlere Merkmalsausprägung* kann helfen, die dominierende Art einer Population zu bestimmen, nicht aber jede Einzelpflanze, wenn sie vom Mittel stark abweicht.

Rein weiße Farbvariante des normalerweise rosa blühenden Helm-Knabenkrauts (Orchis militaris) im NSG Kugelberg.

Neben der biologischen Variabilität kommen auch Farb- und Strukturanomalien vor. Dazu zählen Mißbildungen, die insbesondere die Blüten betreffen. Sie treten bei vielen Arten regelmäßig als bekannte Varianten auf. Häufig sind Farbvarianten, wie z.B. rein weiße Exemplare beim Helm-Knabenkraut (*Orchis militaris*). Bei diesen Pflanzen ist die Farbstoffsynthese gestört oder kann auch ganz ausfallen (vgl. *Buttler 1986*).

2.5. Bastardbildung

Die ausgeprägte *Bastardbildung*, die bei keiner anderen Gefäßpflanzenfamilie in der Stärke vorkommt, wird meist ebenfalls auf das erdgeschichtlich geringe Alter der Orchideen mit einer noch nicht voll ausgeprägten Entwicklung von Kreuzungsbarrieren zurückgeführt. Wo Arten derselben Gattung auf engem Raum miteinander vorkommen und nicht durch ihre Blütezeiten getrennt sind, muß mit Bastarden gerechnet werden (vgl. *Buttler 1986*).

Bei der Gattung *Ophrys* (Ragwurz) kommt die Bastardbildung oft deshalb zustande, weil Variationen in der Blütenausbildung auch andere als die gewünschten Bestäuberinsekten anlocken. Diese bestäuben die Pflanze mit artfremdem Pollen (vgl. *Senghas 1993*).

Bastard zwischen Hummel- und Fliegenragwurz mit Merkmalen beider Arten.

Im Untersuchungsgebiet häufiger sind Bastarde zwischen Hummel-Ragwurz (*Ophrys holoserica*) und Fliegen-Ragwurz (*Ophrys insectifera*).

Oft ist jedoch auch das Vorkommen von Bastarden zwischen Arten verschiedener Gattungen belegt, wie Hinweise in älterer Literatur über das Untersuchungsgebiet zeigen.

Art A	x gekreuzt mit Art B	Quelle
Mücken-Händelwurz (*Gymnadenia conopsea*)	Breitblättrige Fingerwurz (*Dactylorhiza majalis*)	*Mayer 1913, 1950* *Bertsch 1933* *Hegi et alii 1936*
	Wohlriechende Händelwurz (*Gymnadenia odoratissima*)	*Mayer 1904 [1901]* *Kirchner / Eichler 1913*
	Pyramiden-Hundswurz (*Anacamptis pyramidalis*)	*Mayer 1950*
Fleischfarbene Fingerwurz (*Dactylorhiza incarnata*)	Gefleckte Fingerwurz (*Dactylorhiza maculata*)	*Mayer 1913, 1929, 1950*
	Breitblättrige Fingerwurz (*Dactylorhiza majalis*)	*Keller 1935*
Fliegen-Ragwurz (*Ophrys insectifera*)	Hummel-Ragwurz (*Ophrys holoserica*)	*Kirchner / E. 1900, 1913* *Bertsch 1933* *Mayer 1950* *Meiser 1996 (auch Foto)* *Hunger 2014, 2016 (Wasen)*
	Spinnen-Ragwurz (*Ophrys sphegodes*)	*Mayer 1904, 1929, 1950*
Hummel-Ragwurz (*Ophrys holoserica*)	Bienen-Ragwurz (*Ophrys apifera*)	*Bertsch 1933*
	Spinnen-Ragwurz (*Ophrys sphegodes*)	*Mayer 1929*
Helm-Knabenkraut (*Orchis militaris*)	Purpur-Knabenkraut (*Orchis purpurata*)	*Hunger 2015 (NSG Kugelberg)*
Blasses Knabenkraut (*Orchis pallens*)	Männliches Knabenkraut (*Orchis mascula*)	*Mayer 1913, 1929*

nach verschiedenen Quellen auf der Markung Pfullingen belegte Orchideenbastarde

Bezüglich der Bastarde bleiben noch viele Fragen offen, z.B. wie es mit der Fruchtbarkeit der Bastardpflanzen aussieht oder wie Bestäuber auf sie reagieren. In einigen Fällen ist belegt, daß die Bastarde fruchtbar und zur Rückkreuzung mit den Elternpflanzen fähig sind (vgl. *Buttler 1986*).

Um die Arbeit für die Belange des praktischen Naturschutzes und die dafür zuständigen Ämter benutzerfreundlicher zu gestalten, seien Bastardvorkommen zwar angesprochen und erwähnt (vgl. Tab.5); kartiert wurden im Rahmen der damaligen Diplomarbeit jedoch nur reine Arten.

2.6. Vermehrung, Bestäubung und Fortpflanzung

Nur rhizombildende Arten, d.h. solche mit Wurzelstöcken, können sich vegetativ vermehren. Bei Arten mit einer Wurzelknolle ist das - von wenigen Ausnahmen abgesehen - nicht möglich.

Bei der Bestäubung herrscht in der Regel die Fremdbestäubung (Allogamie) vor. Sie erfolgt normalerweise durch Insekten; im neotropischen Florenreich, d.h. den tropischen Gebieten der Neuen Welt, auch durch Kolibris (z.B. bei der Vanille), Fledermäuse oder sogar Frösche. Die Bestäuber werden durch Farb-, Duft- und Tastreize angelockt. Selbstbestäubung kommt nur selten, z.B. bei der Bienen-Ragwurz (*Ophrys apifera*), vor. Sie macht einerseits die Art von Bestäubern unabhängig, bringt aber andererseits eine genetische Verarmung der Populationen mit sich (vgl. *Buttler 1986, Wikipedia 2023*).

Unter den Arten mit Fremdbestäubung unterscheidet man zwischen *Nektarblumen, Nektartäuschblumen, Kesselfallenblumen* und *Sexual-Täuschblumen*. Nektarblumen, z.B. Arten der Gattungen Sumpfwurz (*Epipactis*), Händelwurz (*Gymnadenia*) oder Waldhyazinthe (*Platanthera*), bieten ihren Bestäubern Nektar. Nektartäuschblumen hingegen locken durch Duftreize die Insekten an, ohne daß ihre Blüten Nektar enthalten. Als Kesselfallen fungieren die Blüten des Gelben Frauenschuhs (*Cypripedium calceolus*). Bestäuberinsekten fallen in den sackförmigen Blütenkessel und können diesem nur entkommen, indem die Bestäubung gesichert wird. Die Strategie der Sexualtäuschblumen, die ihre Bestäuber durch Mimikry anlocken, fällt insbesondere bei den auch im Untersuchungsgebiet verbreiteten Arten der Gattung Ragwurz (*Ophrys*) auf. Ihre Blüten, bzw. deren Lippen, haben das Aussehen eines Insekts und erzeugen auch Duftstoffe, die den Sexuallockstoffen (Pheromonen) weiblicher Hautflügler, z.B. Bienen oder Wespen, ähneln. In der Meinung, es handle sich um einen Fortpflanzungspartner, fliegen die männlichen Bestäuberinsekten die Blüte an. Beim Versuch einer Kopulation heften sie sich den Pollen an und verlassen mit ihm die Pflanze. Fallen sie auf eine zweite Blüte derselben Art herein, ist die Bestäubung schon gesichert (vgl. *Buttler 1986, Kümpel 1996*).

Bei vielen Arten herrscht zwischen Orchidee und einer bestimmten Art von Bestäuber eine hochgradige Abhängigkeit, d.h. eine *Koevolution*, bei der sich Pflanze und Bestäuber stammesgeschichtlich aufeinander abgestimmt entwickelt haben.

Die Orchideensamen gehören übrigens zu den kleinsten und leichtesten im Pflanzenreich. 100.000 Samen bringen gerade ein Gramm auf die Waage und die Kapsel einer Orchidee kann mehrere tausend bis hin zu vier Millionen Samen enthalten. Diese Menge ist notwendig, um zu garantieren, daß bei der *anemochoren Verbreitung*, d.h. der Verbreitung durch den Wind, wenigstens einige der Samen ihre anspruchsvollen Keimungsbedingungen vorfinden. Dazu gehört das Vorhandensein bestimmter Wurzelpilze (Mykorrhizen), wie das nächste Kapitel zeigen wird.

Hat der Samen günstige Keimungsbedingungen gefunden, benötigt er mindestens drei, oft aber über zehn Jahre für die Entwicklung bis zur blühfähigen Pflanze (vgl. *Senghas 1993, Kümpel 1996*), wenngleich inzwischen von einigen auch die Meinung vertreten wird, daß die Entwicklung nicht immer ganz so lange braucht (*Wikipedia 2023*).

Dies erklärt, neben anderen Gründen, die langen Zeiträume, die zwischen Erlöschen von Arten bei Störung der Orchideenbiotope und Wiederbesiedlung
vergehen, selbst dann, wenn ursprüngliche Standortbedingungen wieder erreicht werden.

2.7. Pilzsymbiosen

*„Als Symbiose bezeichnet man ein Zusammenleben artverschiedener Organis-
men in engem räumlichem Kontakt, bei dem beide Partner davon zumindest
zeitweise einen Nutzen ziehen".*

(nach Jacob et alii 1987).

Orchideen sind *mykotroph*, d.h. sie ernähren sich mit Hilfe von Pilzen aus der
Gruppe der *Fungi imperfecti* (unvollständige Pilze). Da die Beziehung von
wechselseitigem Nutzen ist, kann sie als Symbiose bezeichnet werden (vgl.
Buttler 1986).

Zunächst versuchen die Pilze zwar, als Parasit in die Orchidee einzudringen,
doch dieser Parasitismus wird von der Orchidee abgebremst und in eine Symbiose umgewandelt (vgl. *Kreutzer 1988*).

Die Pilze, die in die Orchidee eindringen, liefern ihr Wasser, Nährsalze und
wahrscheinlich organische Verbindungen. Von der Orchidee wiederum werden
die Pilze mit solchen organischen Verbindungen, über die der Pilz selbst nicht
verfügt, versorgt. Der Grad der Abhängigkeit der Orchidee vom Pilz wechselt
während verschiedener Phasen in ihrem Lebenszyklus. Als Embryo ist die
Pflanze noch ganz auf den Pilz angewiesen, da die winzigen Orchideensamen
zugunsten ihrer Flugfähigkeit kein Nährgewebe besitzen. Die Orchidee kann
nur mit Unterstützung des Pilzes keimen. Dies nennt man *Keim-Mykotrophie*.
Der Embryo entwickelt sich zu einem spindelförmigen, wenige Millimeter großen, bleichen Gebilde, dem *Protokorm*. Ist dieses erstarkt, was mehrere Jahre

dauern kann, werden Wurzeln, Sprosse und Blätter angelegt. Die erwachsene Pflanze ernährt sich dann weitgehend selbständig, obwohl sie die Symbiose fast immer beibehält. Manche Arten, die ihre Fähigkeit, Blattgrün zu bilden, teilweise oder ganz verloren haben, wie beispielsweise die braune Vogel-Nestwurz (*Neottia nidus-avis*), bleiben ihr Leben lang vom Pilz abhängig (vgl. *Buttler 1986, Wikipedia 2021*).

Die im Untersuchungsgebiet sehr häufige Vogel-Nestwurz bildet ein Nest fleischig-verdickter Wurzeln aus, in denen sich die Pilzfäden besonders stark vermehren. Nach der Vermehrungsphase des Pilzes wird dieser von der Orchidee aufgelöst und verdaut. So kann die Orchidee die vom Pilz erzeugten Nährstoffe aufschließen (vgl. *Senghas 1993*).

Die Abhängigkeit von Pilzen einerseits bringt Orchideen wie der Vogel-Nestwurz eine weitgehende Unabhängigkeit von den Lichtverhältnissen andererseits, weshalb sie – wie auch im Pfullinger Gebiet – oft auch an extrem schattigen Standorten zu finden ist (vgl. *Buttler 1986*).

Bei der Verbreitung der Orchideen ist diese Abhängigkeit von Pilzen, neben den übrigen Standortfaktoren, stets zu berücksichtigen. Nur mit dem Wissen um die symbiotischen Abhängigkeiten kann man verstehen, warum sich Orchideen nicht verpflanzen lassen und weshalb sie an manchen Stellen nicht vorkommen, obwohl Pflanzengesellschaft, Bodenverhältnisse und andere Standortbedingungen ein Vorkommen ermöglichen müßten, während andere Standorte mit anscheinend genau denselben Voraussetzungen von zahlreichen Orchideenpflanzen besiedelt werden.

2.8. Gründe für den Schutz heimischer Orchideen

„Blumen, die wir selten sehen,
haben es uns angetan.
Wir bewundern Orchideen
und verachten Löwenzahn."

*Frantz Wittkamp (*1943, Künstler und Autor)*

2.8.1. Zeigerwert für den Naturschutz

An dieser Stelle wirft sich bei der Themenstellung berechtigterweise die Frage auf, warum es gerade die heimischen Orchideen sind, deren Vorkommen erfaßt wurden, und nicht etwa der oben erwähnte Löwenzahn.

Indes, die Wahl der Orchideen erfolgte keineswegs ohne besonderen Grund. Für den Naturschutz sind die Orchideen von großer Bedeutung. Mit ihrer komplizierten Entwicklung, der Symbiose mit Pilzen und ihrer engen Bindung an bestimmte Bestäuber reagieren sie auf anthropogene, d.h. vom Menschen verursachte Umweltveränderungen ganz besonders empfindlich (vgl. *Reineke 1983, Kümpel 1991, Lärcher et alii 1996*).

Orchideen sind die ersten Arten, die bei der Beeinträchtigung eines Biotops verschwinden (vgl. *Presser 1995*).

Ein großer Teil der Orchideenarten besiedelt außerdem Biotope, die in hohem Maße bedroht sind, beispielsweise extensiv genutzte Feuchtgebiete und Magerrasen. So haben Orchideen eine Art Zeigerwert für den Naturschutz (vgl. *Reineke 1983, Kümpel 1991*).

Diese Zeigerwerte für bestimmte, immer seltener werdende Standortverhältnisse wie z.B. Stickstoffarmut, können konkreter in *Heinz Ellenbergs „Zeigerwerte von Pflanzen in Mitteleuropa" (1992)* abgelesen werden. Aus diesen ist zu ersehen, daß die meisten heimischen Orchideen in der von 1 bis 9 reichenden

78

Skala hohe Werte für den Kalkgehalt (meist Werte über 7) erhalten, d.h. also Basen- und Kalkzeiger sind. Hinsichtlich der Mineralstickstoffversorgung (Werte selten über 3) zeigen sie stickstoffarme Standortverhältnisse an. Dies heißt allerdings nicht, daß die Orchideen theoretisch nicht auch an Standorten mit anderen Bedingungen vorkommen könnten. Dort sind allerdings Konkurrenzpflanzen überlegen, so daß die Orchideen an solche Standorte ausweichen, die nicht immer ihrem physiologischen Optimum, dem bevorzugten Standort ohne Vorhandensein von Konkurrenz, entsprechen müssen. Standorte, auf denen die Orchideen (und überhaupt alle Pflanzen) im Gelände angetroffen werden, sind sog. ökologische Optima, also solche Standorte, die den Pflanzen unter dem Einfluß anderer Konkurrenzarten die besten Lebensbedingungen bieten (vgl. *Walter / Breckle 1983, Ellenberg 1992*).

So sind sich die meisten Fachleute über den Zeigerwert der Orchideen für den Naturschutz einig und meinen:

Die Orchideen sind „...*hochempfindliche Bioindikatoren eines weitgehend ungestörten Gleichgewichtes, aber auch zugleich einer gesunden Umwelt*" (*Kümpel 1991*).

„*Orchideen können als Indikator für (nahezu) intakte Verhältnisse in einem Lebensraum angesehen werden, wenngleich ihr Fehlen nicht zwangsläufig das Gegenteil bedeuten muß.*" (*Presser 1995*).

2.8.2. Artenschutz und andere Aspekte

„*Artenschutz bedeutet die Erhaltung von einzelnen Arten in möglichst überlebensfähigen Beständen*" (*Jedicke 1994*).

Nicht nur bestimmte Lebensräume verdienen Schutz, weil sie durch das Vorkommen von Orchideenarten als seltene Biotope ausgezeichnet werden, sondern umgekehrt sollten Lebensräume auch geschützt werden, *weil* sich in ihnen seltene Arten wie Orchideen finden. Die meisten Orchideenvorkommen sind schon allein aus Gründen des reinen Artenschutzes und aufgrund ihres Bedrohungsgrads schützenswert. Dazu kommt, daß mit dem Verschwinden mancher Orchideenarten oft auch gleichzeitig mehrere darauf spezialisierte Insektenarten ebenfalls aussterben. Es erfolgt also eine Kettenreaktion des Artenschwunds.

Schon Anfang der Neunzigerjahre waren weltweit etwa 20 000 Farn- und Blütenpflanzen vom Aussterben bedroht, schätzungsweise 10 % der damals bekannten Pflanzen. Auch von den insgesamt 30 000 bekannten Orchideenarten waren durch Zerstörung von Lebensräumen etwa 3000 Arten ausgestorben (vgl. *Senghas 1993*). Mit steigendem Druck auf sämtliche Naturlebensräume der Welt hat sich die Situation leider weiter zugespitzt. So ging der im Mai 2019 erschienene Report des Weltbiodiversitätsrats (IPBES-Artenschutzkonferenz in Paris) davon aus, daß von den weltweit acht Millionen Tier- und Pflanzenarten zwischen einer halben und einer Million Arten weltweit vom Aussterben bedroht sind. Fachleute schlagen zwar weiterhin Alarm, wie 2022 sowohl auf der 19. Weltartenschutzkonferenz in Panama als auch der Weltnaturschutzkonferenz im kanadischen Montréal wieder geschehen; dessenungeachtet geht global gesehen das Artensterben kaum gebremst weiter.

In der Bundesrepublik stehen 31 % der Pflanzen bestandsgefährdet oder gar ausgestorben (vgl. *rote-liste-zentrum.de 2022*).

Auch in Baden-Württemberg ist ein dramatisches Artensterben zu verzeichnen. Etwa ein Viertel aller untersuchten Tier- und Pflanzenarten ist offenbar vom Aussterben bedroht. (*nach LfU 2022*).

Daß, wie diese Arbeit zeigt, von ehemals 40 für die Mkg. Pfullingen bestätigten Orchideenarten etwa die Hälfte verschwunden ist, unterstreicht die Dramatik ebenfalls, wenn gleich jenen Menschen, die noch gar nie eine heimische Orchidee gesehen haben, die Artzahl von 20 noch immer überwältigend hoch erscheint.

Kürzel	Kategorie	D	BW	Alb
0	ausgestorben oder verschollen			2
1	vom Aussterben bedroht	1	2	1
2	stark gefährdet	9	7	6
3	gefährdet	16	12	9
V	Vorwarnliste	8	13	11
*	ungefährdet	6	6	10
#	nicht bewertet			1

Gefährdungsstatus der 40 heute und ehemals auf der Gemarkung Pfullingen nachgewiesenen Arten in Bezug auf Deutschland, Baden-Württemberg und die Region Alb (auf Grundlage der Roten Listen).

Doch Artenrückgang, der vom Menschen verursacht wird, ist indes keine Erscheinung, die sich nur auf unsere heutige Zeit beschränkt. Schon 1854 beklagte *R. Finckh*, ein Uracher Arzt, in den Jahresheften des Vereins für vaterländische Naturkunde in Württemberg den Rückgang von Orchideenarten:

„Einige Orchideen werden durch die Sammelwuth des Pöbels, der sie sich zu seinen Lieblingen erkohren hat, nach und nach vertilgt, so z.B. Cypripedium calceolus [Gelber Frauenschuh], und in hiesiger Gegend die Ophrys arachnites [= Ophrys holoserica, Hummel-Ragwurz] und Ophrys muscifera [= Ophrys insectifera, Fliegen-Ragwurz]...Es versteht sich von selbst, dass eine Menge von Exemplaren auch durch die zunehmende Bodenkultur nach und nach verschwindet..." (*Finckh 1854*, in: *Harms, Philippi, Seybold 1983*).

Noch vor 100 Jahren gab es an den Naturstandorten doppelt so viele Orchideenpflanzen wie heute (vgl. *Senghas 1993*).

Von den insges. 1682 in Baden-Württemberg vorkommenden Pflanzenarten sind 687 Arten (= 40,8 %) gefährdet. Weitere 158 (9,4 %) genießen nach der Landesartenschutzverordnung vom 18. Dezember 1980 einen besonderen Schutz. Von den 20 auf der Markung Pfullingen angetroffenen Orchideenarten fallen 12 Arten in eine Gefährdungskategorie der Roten Liste. Der Rest genießt ebenfalls Schutz nach der Landesartenschutzverordnung.

In den Tabellen im Anhang wie auch der späteren Diskussion der einzelnen Arten wird der Gefährdungsgrad auf Bundes- und Landesniveau, sowie für die Region Schwäbische Alb angegeben. Dies erfolgt auch bei den früher vorgekommenen und heute im Rahmen der Kartierung nicht mehr bestätigten Arten, damit Handlungsträger in Naturschutz und Planung ablesen können, welche Bedeutung eventuelle Neufunde dieser Arten haben.

Neben den rein ökologischen Gründen, die eine Notwendigkeit des Orchideenschutzes rechtfertigen, gibt es noch solche Argumente, die unter dem Begriff *„psychosoziale Aspekte des Artenschutzes"* zusammenzufassen sind und etwas mit dem seelischen Wohlbefinden des Menschen zu tun haben. Sie gehen davon aus, daß der Mensch nicht nur Landschaftsbilder und -elemente zu erleben sucht, sondern vor allem einzelne Tier- und Pflanzenarten (*Räser 1990*).

„Die von Arten und Biotopen ausgehenden emotionalen Nutzenstiftungen...sind von großer Bedeutung für die Psyche und damit das Wohlbefinden der Menschen..." heißt es auch in einer Schrift des *Umweltbundesamts 1991*.

Daß Naturschutz über Arten wie Orchideen und deren Vorkommen bei der breiten Bevölkerung und Planungsträgern auf mehr Interesse stößt, als dies möglicherweise über andere, weniger populäre und minder attraktive Arten der Fall wäre, steht außer Frage. Orchideen sind innerhalb der Pflanzenwelt sozusagen Sympathieträger, ähnlich wie innerhalb der Insektenwelt etwa die Schmetterlinge. Die meisten Leute assoziieren Orchideen mit etwas Schönem, Kostbaren oder Seltenem (so sprechen wir etwa bei seltenen Studienfächern von „*Orchideenfächern*"), selbst wenn viele von ihnen die Orchidee im Gelände gar nicht als solche erkennen würden (vgl. *Reineke 1983*).

Es wäre nun allerdings falsch, jegliche Naturschutzplanung nur an den Orchideen auszurichten, wie es ebenso verkehrt ist, nur Schmetterlinge oder Vögel in den Vordergrund natur- und artenschützerischer Interessen zu stellen. Daß diese Art von Einseitigkeit von entsprechenden Interessengruppen und Liebhaberverbänden vorangetrieben wird, ist menschlich und verständlich, führt aber letztendlich nicht zu einem effektiven Schutz der Lebensräume in ihrer Gesamtheit. Vorkommen von Artengruppen - seien es nun Orchideen oder andere Pflanzen und Tiere - können aber wichtige Indikatoren bei der Bewertung eines Biotops sein.

Auf der Weltnaturkonferenz, die im Dezember 2022 im kanadischen Montréal stattfand, verpflichteten sich die teilnehmenden Staaten, mehr Geld in den Artenschutz zu investieren (*NABU 2022*).

Aber natürlich gibt es schon seit langem auch einige andere Rechtsgrundlagen für den Arten- und Biotopschutz, wie das folgende Kapitel zeigt.

2.8.3. rechtliche Grundlagen

„Eckpfeiler der Erhaltung und Förderung von Orchideen sind Forschung, Flächenschutz, Biotoppflege und -gestaltung, nicht zuletzt aber auch die Achtung und Kontrolle von Gesetzen und Verordnungen“.

(Kümpel 1991)

Neben den bereits aufgeführten, sachlichen Gründen, die einen Schutz der Orchideen notwendig erscheinen lassen, gibt es nicht zuletzt auch konkrete rechtliche Grundlagen, auf die sich die Notwendigkeit eines Arten- und Biotopschutzes bzw. im vorliegenden Fall konkret eines Orchideenschutzes stützen kann.

Schon das *Reichsnaturschutzgesetz von 1935* stellte viele Orchideenarten unter Schutz, dabei jedoch längst nicht alle. Geschützt wurden, wie häufig zu einer Zeit, da der Naturschutz noch in den Kinderschuhen steckte, nur solche Arten, die auffällig und äußerlich attraktiv, also „schön“ waren (vgl. *Haber 1972*).

Für den Arten- und Biotopschutz sind insbesondere folgende Gesetze von Belang:

- das *Washingtoner Artenschutzübereinkommen / CITES.*

- die *EU-Artenschutzverordnung*

- die *Flora-Fauna-Habitat-Richtlinie (FFH).*

- das *Bundesnaturschutzgesetz (BNatSchG)*

- die *Naturschutzgesetze des Landes Baden-Württemberg (NatSchG)*

3. Gefährdungspotentiale auf der Markung Pfullingen

Wenn von Natur-, Arten- und Biotopschutz auf der Pfullinger Markung die Rede ist, kommt man an einer Diskussion der Gefährdungspotentiale, die Orchideenvorkommen und deren Biotope bedrohen, nicht vorbei.

Neben den natürlichen sind es meist durch den Menschen bedingte Ursachen, die für einen Rückgang der seltenen Pflanzen oder die Zerstörung ihrer Biotope verantwortlich sind. Wenngleich letztendlich einer von vielen auf die Pflanzen einwirkenden Faktoren (siehe Abb. S. 85), ist der Mensch derjenige, der heutzutage Arten am meisten und in verschiedenster Form negativ zu beeinflussen vermag.

Bei den Halbtrockenrasen, die für die Fragen des Orchideenschutzes eine besondere Rolle spielen, gab es in Süddeutschland seit 1860 Flächenverluste von 50 bis 100 % (vgl. *Umweltbundesamt 1991*).

84

> | **Klimafaktoren** | **Pflanze** | **Biologische Faktoren** |
>
> 
>
> Temperatur   Bestäuber
>
> Niederschlag   Konkurrenten
>
> Lichtverhältnisse   Schmarotzer
>
> Luftfeuchtigkeit   Bodenorganismen
>
> Wind   Mensch
>
> **Bodenfaktoren**
>
> Bodenstruktur – Mineralstoffe – Wassergehalt – Kalkgehalt – Säuregehalt

Die verschiedenen, auf Pflanzen einwirkenden Standortfaktoren. Einer davon, jedoch ein sehr wesentlicher, ist der Mensch (nach Kümpel 1996).

Auf der Schwäbischen Alb wurde von 1900 bis 1980 ein Rückgang der Halbtrockenrasen um 48 % festgestellt, davon allein 32 % seit 1960 (vgl. *Jedicke et alii, 1993*).

Lt. *Umweltbundesamt (1991)* lagen die Ursachen für das Verschwinden von Halbtrockenrasen auf der Schwäbischen Alb zu 47 % in der natürlichen Sukzession zu Waldgesellschaften, zu 26 % in der Aufforstung und zu 17 % in der Intensivierung landwirtschaftlicher Nutzung. 10 % gingen u.a. auf das Konto von Bebauung.

Die Hauptursachen, die für das Verschwinden der Halbtrockenrasen und somit der Haupt-Orchideenstandorte auf der Schwäbischen Alb verantwortlich sind, kamen und kommen auch auf der Markung Pfullingen, wenngleich mit anderer Gewichtung zum Vorschein.

3.1. natürliche Ursachen des Rückgangs heimischer Orchideen

3.1.1. Eingeschränkte Vermehrung

Trotz der hohen Samenproduktion ist die Vermehrung der Orchideen durch Samen nur in geringem Umfang möglich. Grund hierfür ist, neben den anspruchsvollen Keimungsbedingungen, oft schon allein die Tatsache, daß Bestäuber fehlen, weil auch deren Populationen, bedingt durch verschiedene - teils natürliche, teils anthropogene Einflüsse - stark schwanken (vgl. *Haber 1972*).

Im Vergleich zu der folgenden Ursache des Rückgangs von Orchideenbeständen kommt diesen vermehrungstechnischen Schwierigkeiten, zumindest bei größeren Populationen, sicherlich nur eine untergeordnete Bedeutung zu.

3.1.2. Sukzession

„Die Aufeinanderfolge von einzelnen Pflanzengesellschaften bezeichnet man als Sukzession und die Gesellschaften selbst als ihre Stadien" (*Walter 1979*).

Pflanzengemeinschaften zeigen kein statisches, sondern ein dynamisches, ökologisches Gleichgewicht. Grund hierfür sind Änderungen gewisser Außenfaktoren, so z.B. das Absinken des Grundwasserspiegels und eine damit verbundene Austrocknung des Bodens. Die Artenzusammensetzung der Vegetation

Sukzessionsphase			
1	**2**	**3**	**4**
zu beobachtende Erscheinungen			
Rasches Aufkommen von Schlehentrieben (*Polycormon*-Vermehrung). Sie bilden 30 cm hohe, lockere Bestände. Rückgang typischer Pflanzen des Halbtrockenrasen	Bildung von 50-80 cm hohen, relativ dicht schließender Bestände. Infolge Lichtmangel kommt es zu einer weiteren Verarmung der Feldschicht	Etablierung dominanter Schlehengebüsche mit peripherer Verjüngung über Wurzelausläufer. Gebüsch-Deckungsgrad liegt bei 100 %.	Verstärktes Aufkommen breitblättriger Straucharten im Schutz des Schlehengebüschs. Durch Überwachsen und Beschattung kommt es zum Absterben von *Prunus spinosa*.
Rückgang der Artenzahl gegenüber dem Ausgangsbestand um:			
30 %	55 %	90 %	90 %
Radiale Ausbreitungsgeschwindigkeit			
---	ca. 30-50 cm / Jahr		---

Phasen der Verbuschung aufgelassener Trockenrasen mit Schlehdorn
(nach Briemle 1988)

ändert sich sukzessive, d.h. fortschreitend, und solche Arten, die sich den veränderten Lebensbedingungen nicht anpassen können, werden durch andere ersetzt (vgl. *Walter / Breckle 1983*). Die obige Tabelle zeigt Phasen der Verbuschung durch Schlehdorn (*Prunus spinosa*); die folgenden Fotos ein Sukzessionsbeispiel aus dem Lippental zwischen Pfullingen und Unterhausen.

Nun wurde bereits angesprochen, daß sich in unserem Klimabereich ohne die wirtschaftende Tätigkeit des Menschen Waldgesellschaften einstellen würden. Daher sind viele ehemals extensiv genutzte Flächen, die heute nicht mehr bewirtschaftet werden und Orchideenbestände beherbergen, von der Verbuschung bedroht. Bleibt der Grasschnitt oder die Beweidung - in diesem Fall ein

Ein Halbtrockenrasen im Lippental zwischen Pfullingen und Unterhausen 1987

vom Menschen gesteuerter Außenfaktor - aus, stellt sich zunächst Grasfilz ein, in dem die Orchideen kaum noch hochkommen können. Sie leiden unter Beschattung und Konkurrenzdruck. Diese Situation verstärkt sich, wenn im folgenden Pioniergehölze wie Schlehe (*Prunus spinosa*) und Roter Hartriegel (*Cornus sanguinea*), aber auch Weißdorn (*Crataegus monogyna*), Hundsrose (*Rosa canina*) und Haselsträucher (*Corylus avellana*) aufkommen. Später stellen sich Baumgehölze ein (vgl. *Ilg in Neske 1982, Briemle 1988*).

Der Prozeß der Sukzession an sich ist natürlich und setzt immer dann ein, wenn die Pflege der Kulturlandschaft durch den Menschen unterbleibt.

Bei den Halbtrockenrasen ist das insbesondere deshalb der Fall, weil die frühere, extensive Beweidung mit Schafen nicht mehr praktiziert wird. Ursprünglich wurden schätzungsweise drei Viertel aller Halbtrockenrasen durch

derselbe Halbtrockenrasen 1996 mit beginnender Verbuschung mangels Pflege

extensive Beweidung genutzt. Nutzungsaufgabe ist der wichtigste Gefähr-dungsfaktor für die Halbtrockenrasen (vgl. *Umweltbundesamt 1991*).

Dem Menschen ist somit nur indirekt eine Schuld zuzuweisen, wenn er im Wissen um diesen Prozeß nicht die nötigen Pflegemaßnahmen durchführt. Dies ist freilich aus ökonomischen Zwängen und Gründen eines hohen Zeitaufwands nicht flächendeckend, sondern nur schwerpunktmäßig möglich. So berechnet man für das Mähen von Halbtrockenrasen mehrere hundert Euro pro Hektar. Eine Beweidung mit Schafen ist nur halb so teuer wie das Mähen, lohnt sich aber nur bei größeren Flächen. Ist die Sukzession jedoch schon so fortgeschritten, daß entbuscht werden muß, steigen die Kosten erheblich. Zudem ist die Rückführung in einen Halbtrockenrasen dann aufgrund veränderter Bodenfaktoren kaum noch möglich (vgl. *Umweltbundesamt 1991*). Andere Autoren (*Jedicke et alii 1993*) sind allerdings gegenteiliger Meinung. Dennoch sollte eine

Verbuschung, wo es geht vermieden oder zumindest schon im frühen Stadium bekämpft werden.

Insbesondere oberhalb der Ahlsbergsiedlung und an der Kleinen Wanne gingen durch mangelnde Pflege und die natürliche Sukzession viele Orchideenstandorte verloren. Andere Standorte könnten im Stadium noch nicht zu sehr fortgeschrittener Sukzession durch eine Wiederaufnahme der Bewirtschaftung bzw. Pflege gerettet werden, denn: *„Die meisten Orchideenbiotope sind [...] aus dem Zusammenwirken zwischen der Natur und maßvollen Nutzungsformen des Menschen entstanden"* (*Künkele 1982*).

3.2. anthropogen bedingte Ursachen

„Es ist das erste Massensterben, das nicht auf Naturkatastrophen wie gigantischen Vulkanausbrüchen oder kosmischen Ereignissen basiert - sondern auf dem Wirken einer einzigen Art: dem Menschen."

Dr. Christof Schenck, Direktor der Frankfurter Zoologischen Gesellschaft 2022, über das Artensterben

Dr. Schenck vermutet dabei, daß jeden Tag 150 Arten von unserem Planeten verschwinden. Lt. Weltbiodiversitätsrat findet sich eine Million an Tier- und Pflanzenarten vom Aussterben bedroht. Bei den Pflanzen werden dabei insbesondere – neben Kakteen und Palmen – Orchideen hervorgehoben, die als Ware gehandelt werden (vgl. *Elsner 2022*), wenngleich dies sicherlich hauptsächlich subtropische und tropische Arten betrifft. Aber auch die heimischen Orchideen waren und sind durch den Menschen bedroht, wenngleich die Ursachen überwiegend andere sind.

3.2.1. Flächenverbrauch und Zersiedlung der Landschaft

„Man muß die Menschen wieder dazu erziehen, daß sie eine Blume schöner finden als Beton."

Konrad Lorenz (1903 – 1989), Zoologe und Verhaltensforscher

Allein zwischen 1950 und 1989 hat sich die Siedlungsfläche Baden-Württembergs versechsfacht. Zur Zeit der Kartierung (1996) lag der Anteil der Verkehrs- und Siedlungsflächen bei 10 %. Inzwischen sind 14,6 % der Landesfläche von Baden-Württemberg bebaut. Jeden Tag wurde 2021 im „Ländle" eine Fläche von 6,2 ha verbraucht, was – um eine konkretere Vorstellung zu haben – mehr ist als die Schönberg-Hochwiese und fast der Fläche des LSG Georgenberg entspricht! Gleichwohl ist der Verbrauch schon geringer geworden. Vor 2008 lag er durchweg bei über 8 ha und sank bis auf 3,5 im Jahr 2016. Seit 2018 ist er wieder schrittweise von 4,5 auf 6,2 im Jahr 2021 angestiegen. Im Landkreis Reutlingen liegt der Anteil der Verkehrs- und Siedlungsfläche bei 13,4 %. 2009 lag er bei 11,7 % (vgl. *Statist. Landesamt 1995 und 2022*).

Demgegenüber stehen nur 1,92 % der Fläche des Landkreises Reutlingen unter Naturschutz (vgl. *Wikipedia 2021*).

Wurden in Pfullingen im Jahr der Orchideenkartierung bereits 13,4 % der Gemarkungsfläche durch Siedlungs- und 6,7 % durch Verkehrsflächen eingenommen, waren es 2020 schon 15,1 und 7,3 % (lt. *Stat. Landesamt*)

Daß es nicht mehr sind, ist u.a. dem reich gegliederten Relief zu verdanken. Doch auch hier wurden durch verstärkte Ausweisung von Wohn- aber auch Gewerbeflächen viele Biotope vernichtet, zunächst vorwiegend die das Siedlungsgebiet umgebenden Streuobstwiesen, aber auch Trockenrasen mit Orchideenbeständen. Die Abbildungen auf den S. 92 / 93 verdeutlichen das Wachstum der Stadt Pfullingen zwischen 1826 und 1995 und lassen in diesem Zeitraum eine besondere Ausdehnung der Siedlungsfläche seit 1950 erkennen.

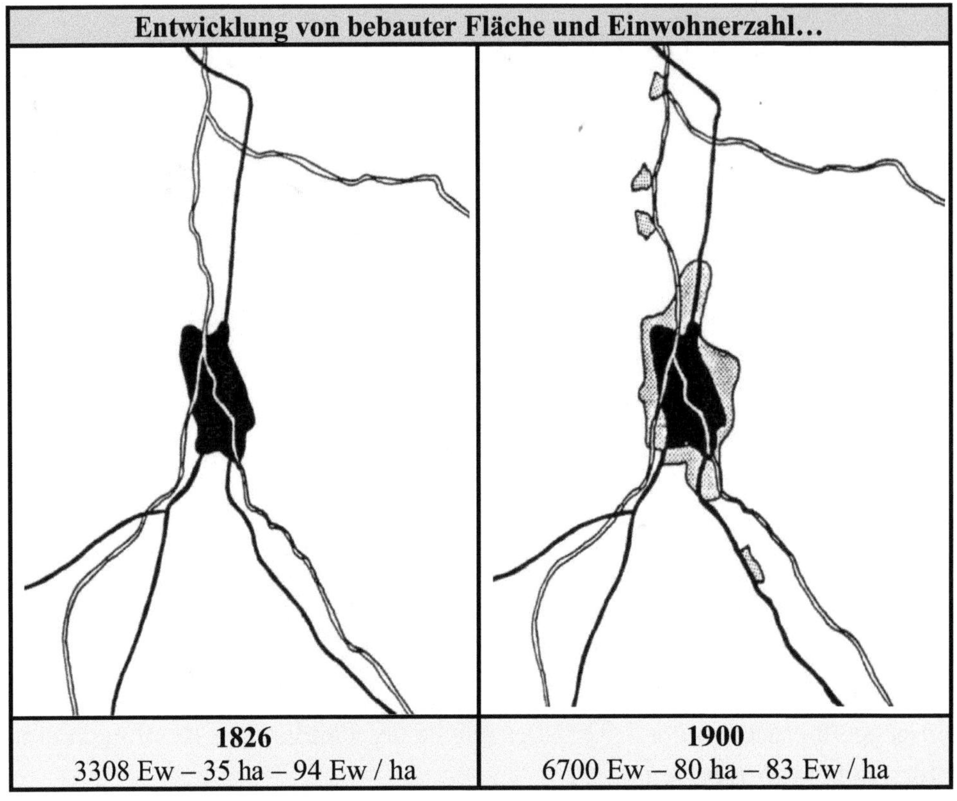

Ende der siebziger Jahre wurde der Ahlsberg bebaut. Unsinnigerweise wurde das Baugebiet jedoch nicht an die schon bestehenden Siedlungsflächen angegliedert, sondern viel zu weit davon entfernt im oberen Bereich des Unterhangs der Wanne ausgewiesen. Dadurch gingen Standorte (u.a. der gefährdeten Pyramiden-Hundswurz, *Anacamptis pyramidalis*) verloren, die bei einer vernünftigen und zunächst einmal an die übrige Siedlungsfläche anschließenden Bebauung hätten geschont werden können. Vermutlich ging es vorrangig um die schöne Aussicht für einige Privilegierte. Zu Beginn der achtziger Jahre kam das Wohngebiet Brühl hinzu; Ende der achtziger Jahre der Hartweg und als größere Fläche der Kühnenbach. Seit 1996, dem Jahr der Kartierung, gab es weitere Überbauungen von Flächen. Während die neuen Wohngebiete im Talacker

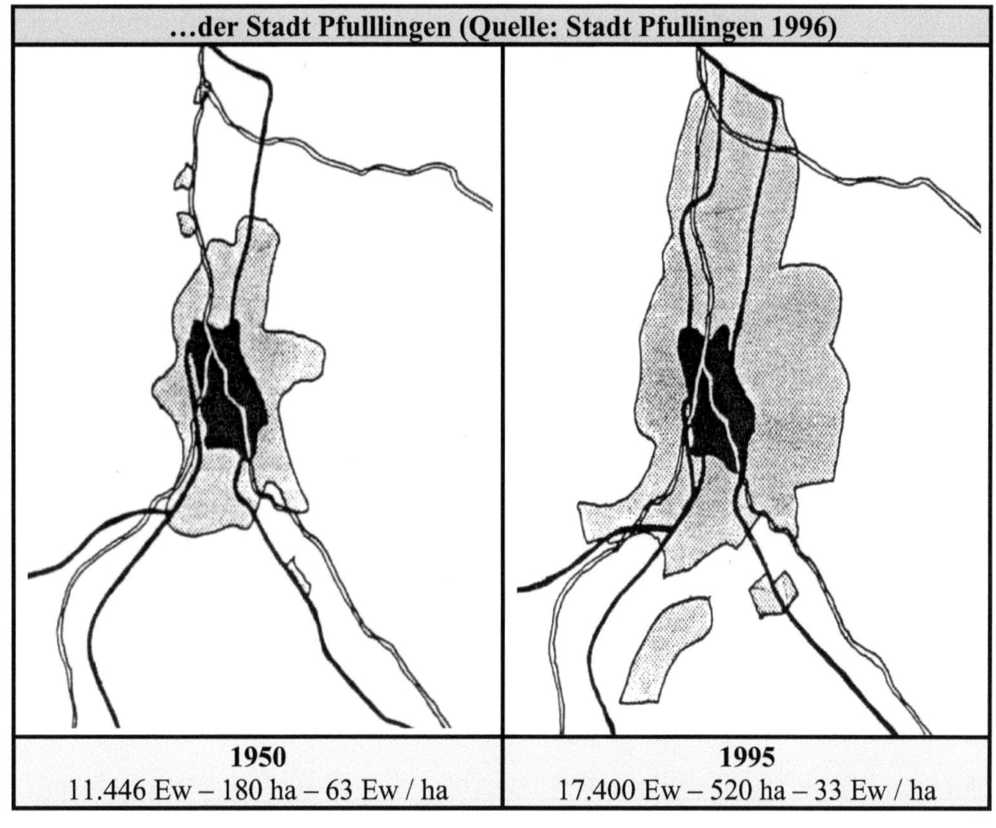

oder auf Weil / Schafstall, sowie Gewerbeflächen Richtung Arbachtal keine Orchideenstandorte gefährdeten, rückte das 10 ha große Neubaugebietes „Vor Buch" bedrohlich nahe an die Trockenrasen des NSG Kugelberg heran und sorgt dort vermutlich für mehr örtliche Besucher. Planungen am Roßwag gefährdeten auf ähnliche Art und Weise Orchideenvorkommen nordöstlich der Tennisanlagen.

Daß es sich bei jüngsten Wohnbauflächenausweisungen nicht um Planungen zum Wohl der Allgemeinheit, sondern für eine kleine Bevölkerungsschicht handelt, darf auch im Rahmen dieser Arbeit nicht verschwiegen werden, insbesondere deshalb, weil Eingriffe in die Landschaft über die Ausnahmeregelungen der bestehenden Rechtsgrundlagen zugelassen und mit Gründen des „Gemeinwohls" rechtfertigt werden (vgl. 24 a, Art.4, Abs. 1). Was dieses Gemeinwohl ist, sollte in Zukunft jedoch präziser definiert und kritischer diskutiert werden, vor allem dann, wenn eine dauerhafte und endgültige Zerstörung von wertvollen Biotopen befürchtet werden muß. Unsere Nachkommen werden es uns danken, wenn sie noch artenreiche und erholsame Natur genießen können, ohne dafür erst eine Flugreise unternehmen zu müssen!

3.2.2. Landwirtschaft als Gefahrenfaktor

Der mit Abstand größte Verursacher des Artenrückgangs ist die Landwirtschaft. Vom Landwirt als Naturschützer kann nur in wenigen Fällen noch oder wieder die Rede sein (vgl. *Kaule 1986, Opaschowski 1991*). Dabei hilft es freilich wenig, die Landwirte an den Pranger zu stellen, solange sie letztendlich nur Spiegel politischer Schwächen und auf Billigstprodukte ausgerichtetes Konsumverhalten vieler Einzelner von uns ist.

Mit dem Wandel der Gesellschaft von der bäuerlichen zur Industrie- und weiter zur Dienstleistungs- und digitalen Informationsgesellschaft, sowie dem gleichzeitigen Aufbau eines vereinten Europas ging ein tiefgreifender Wandel in der Land(wirt)schaft einher. Betriebsgrößen nahmen zu und die Landschaft wurde an die verstärkte Technisierung und Mechanisierung angepaßt. Landwirtschaftsbetriebe wurden als Aussiedlerhöfe aus der Stadt in den Außenbereich verlagert (vgl. *Borcherdt 1991*) - Entwicklungen, die auch in Pfullingen zu verfolgen waren.

Die Viehweide am Scheibenberg war noch im Jahr dieser Aufnahme (1986) ein Standort für seltene Pflanzen. Durch Umwandlung in eine Fettwiese ging dieser leider verloren.

Den Orchideenbeständen drohen vielerorts durch die Landwirtschaft Gefahren, insbesondere durch Nutzungsänderung der Biotope und Überdüngung.Unter Nutzungsänderungen versteht man eine Änderung der Bewirtschaftungsform, beispielsweise, wenn eine Schafweide oder ein Trockenrasen durch massive Düngung und häufige Mahd in eine Fettwiese umgewandelt wird. Beispiel im Untersuchungsgebiet sind die Wiesen am Nordhang des Scheibenbergs, die fast bis Ende der achtziger Jahre als Schafweide genutzt wurden (siehe Foto oben). Durch großflächiges Aufbringen von Mist wurde ein Biotop, der u.a. Wuchsort für Silberdistel (*Carlina acaulis*) und Deutschen Enzian (*Gentiana germanica*) war, vernichtet. Eine ähnliche Situation zeigte eine Fläche im Maustäle an der Stuhlsteige. Sie war schon zum Zeitpunkt der Kartierung durch Nutzungsänderung als Standort für Orchideen bis auf einen kleinen Rest wertlos geworden.

Da die meisten Orchideenarten und viele andere Pflanzen der Trockenrasen nährstoffarme und insbesondere stickstoffarme Wachstumsbedingungen benötigen, wirkt sich eine Überdüngung der Standorte besonders verhängnisvoll aus. So war, wie auf einem Kalktrockenrasen im Lkr. Starnberg (Bayern)

95

beobachtet wurde, nach einer Düngung ein Rückgang von ehemals 44 Gefäß-
pflanzenfamilien auf nurmehr 14 zu verzeichnen (vgl. *Ringler 1987*).

Auch die Orchideen verschwinden schon nach wenigen Vegetationsperioden
vollständig. Dies ließ sich insbesondere auf dem Pfullinger Gielsberg studieren,
dessen nordöstlicher Teil, durch die frühe Ausweisung als flächenhaftes Naturdenkmal (1964) immer noch die typische Halbtrockenrasenflora zeigt, während andere Geländestücke, z.T. parzellenscharf zu erkennen, sich in Fettwiesen mit „Allerweltspflanzen" verwandelt haben.

Nachdem 1992 der gesamte Pfullinger Gielsberg zum Naturschutzgebiet ausgewiesen wurde, kann sich durch zunehmende Ausbreitung der Halbtrockenra-
senarten längerfristig vielleicht wieder überall eine Halbtrockenrasenflora einstellen.

Bei allen Rasengesellschaften mit Orchideenbeständen sollte eine Düngung
strikt unterbleiben, denn bereits über die Luft wird schon reichlich Stickstoff
zugeführt: im Schnitt sind dies 30 kg pro Jahr und Hektar (vgl. *Daiss, Hennecke, Schneider 1988,* sowie *Wikipedia 2023*).

Auf der Weltnaturkonferenz von Montréal im Dezember 2022 konnten sich die
teilnehmenden Staaten darauf einigen, eine Halbierung der Pestizide und Dün-
gemittel anzustreben, gleichwohl es noch an konkreten Plänen zu einer Umset-
zung mangelt (*NABU 2022*).

Selbst wenn eine Düngung ausbleibt, hat die Landwirtschaft damit längst noch
nicht alles für die Erhaltung der Orchideen getan: wird zu oft oder zu früh im
Jahr gemäht, kommen nur wenige der Pflanzen zum Blühen und können anschließend Samen ausbilden (vgl. *Sautter 1995*).

Über den Zeitpunkt der Mahd von Halbtrockenrasen divergieren die Meinun-
gen jedoch sehr, je nachdem auf welche Artengruppen beim Artenschutz der
Schwerpunkt gelegt wird (*Umweltbundesamt 1991*).

Soll der Schwerpunkt auf dem Orchideenschutz liegen, sollte nicht vor Anfang
Oktober gemäht werden, weil erst danach alle Orchideenarten ihre Samenver-
breitung abgeschlossen haben (vgl. *Nitsche 1994*). Die Tabelle im Anhang XI
gibt Überblick über die Samenreife der Arten des Untersuchungsgebiets.

Ein annehmbarer Kompromiß bei größeren Flächen ist, verschiedene Teilflächen mosaikartig verschieden zu pflegen, bzw. zu verschiedenen Terminen zu
mähen, da beispielsweise beim Schmetterlingsschutz andere, frühere Mahdter-
mine günstiger sind (*Umweltbundesamt 1991, Jedicke et alii 1993*).

3.2.3. Gefährdungspotential Forstwirtschaft

Orchideenvorkommen innerhalb des Waldes gehören zu den am wenigsten bedrohten. Insgesamt läßt sich sogar sagen, daß sich das Artenspektrum zugunsten der Waldorchideen verschoben hat (vgl. *Künkele 1982*, siehe auch 1.2.1.).

Vor allem an den steilen Hängen des Albtraufs, wo eine andere Nutzung des
Geländes außer der forstwirtschaftlichen nicht ökonomisch ist, sind Orchideenstandorte sicherer als irgendwo sonst, vorausgesetzt, sie werden bei Waldarbei-
ten nicht ständigen mechanischen Beschädigungen ausgesetzt.

Auch der Verbiß der Waldorchideen durch Schalenwild, wie sie z.B. bei den
Waldvöglein-Arten (Gattung *Cephalanthera*) auftritt (vgl. *Presser 1995*), ist
als großes Gefährdungspotential wohl eher zu vernachlässigen.

Die Gefahr der Forstwirtschaft für die heimischen Orchideen liegt woanders,
nämlich dort, wo bisher freie Flächen, auf denen Orchideen vorkommen, aufgeforstet werden. Dies ist besonders dort der Fall, wo die Aufforstung in Na-

delgehölz-Monokulturen erfolgt. Schon 1929 bemerkte O. Elwert: „*Ein schlimmer Feind unserer Orchideen ist die Aufforstung der Bergwiesen, speziell an den Abhängen der Alb, durch Forchen und Fichten*" (*Elwert 1929*).

Dadurch gingen auch auf Pfullinger Markung einige wertvolle Orchideenstandorte verloren, so z.B. Feuchtwiesen im Gewann Wasserteich, Küche und Wolfsgrube. Im Jahr der Kartierung wurde auf diese Art ein Vorkommen des Gefleckten Knabenkrauts (*Dactylorhiza maculata*) 50 m nordöstlich des Schützenhauses zerstört.

Von den 1205 ha Waldfläche der Pfullinger Markung (*Stat. Landesamt 2021*) ist aktuell allerdings nur knapp ein Fünftel mit Nadelgehölzen bestanden. Schon Mitte der Neunzigerjahre zeichneten sich in der lokalen Forstwirtschaft eher positive Entwicklungen ab: 1995 wurden 32 ha der Wälder am Nordhang des Pfullinger Gielsbergs als Bannwaldgebiet unter Schutz gestellt. Eine forstwirtschaftliche Nutzung erfolgte dort, wo das Weiße Waldvöglein (*Cephalanthera damasonium*) vorkommt, nicht mehr. Schonwaldgürtel (insges. 37 ha) mit stark reduzierter forstwirtschaftlicher Nutzung leiten zu den intensiver land- und forstwirtschaftlich genutzten Flächen über (vgl. *GEA 15. Mai 1992, GEA 21.April 1994, Dahlhelm 1995, Scheib 1995*).

Der Schutzstatus zahlreicher Waldflächen kommt den Waldorchideen entgegen. Ansonsten bleibt zu hoffen, daß der Druck auf die Wälder, sei es durch die Energiepolitik (Nachfrage nach Brennholz etc.), aber auch durch den Klimawandel, der unabhängig vom Schutzstatus alle Wälder betrifft, nicht zu stark wird.

3.2.4. Das Freizeitverhalten des Menschen

„Leben ist nicht genug... Sonnenschein, Freiheit und eine kleine Blume gehören dazu."

Hans Christian Andersen

Ja, aber dabei sollte darauf geachtet werden, daß das Leben der kleinen Blumen nicht dem Lebenshunger der Menschen zum Opfer fällt!

Unter den Verursachern des Artenrückgangs nahmen schon vor dreißig Jahren Tourismus und Erholung die dritte Stelle ein (vgl. *Opaschowski 1991* nach Daten des *Umweltbundesamts 1989*). Weniger geworden ist dies indes nicht, wenngleich andere belastende Faktoren inzwischen vielleicht stärker zu Buche schlagen und sicherlich ein großer Teil der Besucher heute gegenüber Naturschutz- und Umweltfragen sensibler geworden ist.

Der Trauf der Mittleren Alb ist, wie die Kennzeichen der auf Wanderparkplätzen abgestellten Fahrzeuge zeigen, ein beliebtes Naherholungsgebiet für den Wochenend- und Tagestourismus. Viele Besucher kommen aus dem benachbarten Reutlingen, aber insbesondere während der Wochenenden des Sommerhalbjahres wird das Gebiet viel von Bewohnern der Kreise Stuttgart, Waiblingen, Ludwigsburg und Esslingen aufgesucht. Die Menschen kommen in die Region zum Wandern, Grillen, aber auch zur Ausübung von sportlichen Tätigkeiten (Radfahren, Klettern). Dabei wird - wenn auch meist aus Unkenntnis und ohne Absicht - viel Schaden angerichtet. Was den seltenen Pflanzen wie den Orchideen schadet, ist insbesondere ein häufiger Vertritt. Dies kann letztendlich dazu führen, daß sich anstelle der Halbtrockenrasen-Gesellschaften mit ihren geschützten Arten eine *Trittrasen-Gesellschaft* einstellt. Sie ist das Endstadium der Sukzession bei ständiger, mechanischer Beanspruchung von Rasengesellschaften und konnte z.B. an einigen, häufig betretenen Stellen auf

Hinweisschilder wie hier im NSG Ursulahochberg können helfen, das Verhalten der Besucher in geordnete Bahnen zu lenken, machen aber andererseits auch erst aufmerksam.

der Wanne studiert werden. Orte mit entsprechender Freizeit-Infrastruktur (Grillplätze, Spielplätze, Schutzhütten und Aussichtsturm) wie Wanne und Schönberg, die freilich irgendwo auch für die Belange von Freizeit und Erholung gedacht waren, stehen immer unter einem gewissen Druck durch Besucher, v.a. solchen unwissender Art. Hier muß sicher auch weiterhin Kontrolle, aber auch Aufklärung der Bevölkerung geleistet werden, denn nur wenn die Besucher die seltenen Pflanzen auch als solche erkennen, können sie zu deren Schutz beitragen. Informationstafeln, die einst vom Schwäbischen Albverein auf Ursulahochberg und Pfullinger Gielsberg zu diesem Zweck angebracht wurden, waren schon damals bei den Kartierungsarbeiten zwischenzeitlich abgeblättert, verblichen oder mutwillig zerstört. Sie sollten, wo notwendig, immer wieder erneuert oder überhaupt aufgestellt werden.

Häufig wird von Seiten der Naturschutzverbände argumentiert, daß seltene Pflanzen oft viel besseren Schutz genießen, wenn niemand ihre Standorte

100

Hangabschüssige Trampelpfade wie hier am Sonnenbau im NSG Kugelberg werden durch Starkregen zu immer tieferen Rinnen ausgespült (siehe rote Pfeile).

kennt. Dies dürfte bei einer weiteren Komponente des Freizeitverhaltens, dem Natur(foto)tourismus der Fall sein. Naturfreunde, die scharenweise einfallen, um auf dem Bauch liegend Orchideen zu fotografieren oder rücksichtslos durchs Unterholz streifen auf der Jagd nach dem letzten Exemplar einer Art, richten, ohne es zu wollen, großen Schaden an. Ein Beispiel dafür ist der Sonnenbau. Nach damaliger Auskunft von *H. Ilg (1996)* soll es dort, bevor später Flächen abgesperrt und Hinweisschilder aufgestellt wurden, wesentlich mehr Exemplare der Ragwurz-Arten (Gattung *Ophrys*) gegeben haben. Danach entstanden immer mehr Trampelpfade, die sich, wo sie zum Hanggefälle verlaufen, in Größenordnungen von Dezimetern eingetieft haben. Das Niederschlagswasser fand in den Trampelpfaden geeignete Abflußrinnen und spülte sie weiter aus. Die Schäden sind, wie das Foto oben zeigt, insbesondere nach der Vegetationsperiode zu erkennen. Wenngleich die Sperrung von Wegen aufgrund fehlender Kontrollmöglichkeiten scheinbar nicht sinnvoll erscheint, sollten immer wieder Anstrengungen in diese Richtung unternommen werden. Entsprechende Hinweisschilder locken zuweilen aber erst recht noch viel mehr Liebhaber an.

Die Vorkommen am Sonnenbau sind inzwischen längst überregional bekannt. Orchideenfreunde kommen z.T. sogar von Berlin bis hierher. Hier gilt es abzuwägen.

Fotografen haben leider oft die Angewohnheit, sich nicht die zahlreichen, am Wegesrand stehenden Orchideen für ihre Aufnahmen auszusuchen, sondern mitten ins Gelände zu schreiten und somit für weitere Besucher Trampelpfade vorzuzeichnen. Dabei werden noch nicht blühende Exemplare häufig zertreten oder beim Fotografieren in Bauchlage zerdrückt. Besonders augenscheinlich war und ist diese Art von Gefährdung vielleicht noch immer auf dem Pfullinger Gielsberg, wo zur Blütezeit die Exemplare der Rosa Kugel-Orchis (*Traunsteinera globosa*) allein schon mithilfe der neu entstandenen Trampelpfade aufgefunden werden konnten. Um die Pflanzen war in einem Radius von 1 - 1,5 m die Vegetation flachgedrückt.

Solche Entwicklungen beschränken sich nicht allein auf einzelne Naturschutzgebiete im Untersuchungsgebiet. Andere, geschützte Flächen der Region, wie z.B. der *Große Bühl* bei Ohnastetten oder der *Jusi* bei Kappishäusern, beide ebenfalls wertvolle Orchideenstandorte, erleben an manchen Wochenenden einen Ansturm von mehreren hundert Besuchern (vgl. *Reyher 1995*).

Gerade vor diesem Hintergrund hat der Autor zunächst lange darüber nachgedacht, ob dieses Buch überhaupt erscheinen soll, sich dann jedoch entschieden, daß die positiven und aufklärerischen Aspekte eventuelle negativen Folgen in der heutigen Zeit überwiegen sollten, zumal in der digitalisierten Welt durch entsprechende Foren und Plattformen viele Pflanzenstandorte ohnehin keine Geheimnisse mehr bleiben.

Es ist zu überlegen, ob hinsichtlich des Freizeitverhaltens noch weitere Aufklärungsarbeit geleistet werden könnte, zumal letztere Gruppe (Naturfotografierende), die ja im Grunde genommen Interesse an der Natur zeigt, für Fragen des Naturschutzes in der Regel empfänglich sein müßte. Grundsätzlich gilt: Jeder Mensch, der sich neu für die Natur begeistern kann, bedeutet auch eine Chance für deren Schutz!

3.2.5. Andere Gefährdungspotentiale

Verschwinden scheinbar individuenstarke und gesunde Populationen ohne erkennbaren Grund, so muß angenommen werden, daß dies einer zunehmenden Luftbelastung und dem sauren Regen zuzuschreiben ist. Der säurehaltige Niederschlag löst den Kalk aus dem Bodensubstrat. Eine Versauerung des Bodens tritt ein, insbesondere dort, wo dieser ohnehin nur schwach basisch ist. Dies widerspricht den Standortansprüchen der meisten Orchideenarten (vgl. *Presser 1995*). Dieser Faktor ist, wenn Rückgänge im Beobachtungsgebiet verzeichnet werden, nicht auszuschließen, da dieses unmittelbar neben einem Verdichtungsraum von (2023) knapp 140.000 Einwohnern liegt (Reutlingen und Pfullingen gemeinsam).

Auch auf die über die Luft erfolgende Stickstoffdüngung wurde bereits hingewiesen.

Gefährdungspotentiale lokaler Art wie etwa das Schwabenbergfest haben sich inzwischen erledigt. Das Schwabenbergfest auf der Wanne wurde seit 1896 zwar nur im zweijährigen Rhythmus durchgeführt, doch wurden dabei zeitweilig Besucherzahlen von bis zu 12 000 Menschen erreicht (vgl. *Gätz, W. in: Pfullingen feiert seine neue Stadtmitte, Sonderbeilage des Echaz-Boten vom 25.6.1983*). Seit Jahren findet es – gut für die Orchideen! - nicht mehr statt.

Schließlich sind unter den Gefährdungspotentialen anthropogener Art noch jene „falschen Orchideenfreunde" zu nennen. Über sie klagte im 19. Jahrhundert, wie bei *Künkele (1982)* zu lesen, schon ein Oberamtsarzt in Urach, der von der Hummel-Ragwurz (*Ophrys holoserica*) berichtete:

„Wird nach und nach ausgerottet, da der Pöbel eine besondere Vorliebe für diese Pflanze hat und dieselbe sehr häufig ausgrabt, um sie in Gärten zu versetzen“.

Auch im Jahr der Kartierung gab es damals offenbar immer wieder solche Personen, die, wie *Kallmeyer und Ziesche (1996)* sich treffend ausdrücken, glauben „*...ein natürliches Vorkommen in den eigenen Garten verlegen zu müssen, um es zu erhalten“.* Diesen ist freilich schwer beizukommen, es sei denn, daß man sie auf frischer Tat ertappt. Heutzutage mag sich inzwischen herumgesprochen haben, daß wilde Orchideen im eigenen Garten nicht angehen und man mit einer Art aus dem Blumengeschäft mehr Freude hat.

Bei manchen, die Pflanzen nur pflücken, spielt wieder schiere Unwissenheit mit. So wurde der Autor auf dem Pfullinger Gielsberg einmal Anfang der Neunzigerjahre von einer Spaziergängerin angesprochen, die einen Blumenstrauß gepflückt hatte und wissen wollte, mit welchen Pflanzen sie es zu tun hätte. In dem Strauß befanden sich u.a. mehrere Exemplare der vom Aussterben bedrohten Rosa Kugel-Orchis (*Traunsteinera globosa*). Man kann heutzutage, da Natur rar geworden ist, eben nicht mehr handeln, wie es etwa der schwäbische Dichter *Josef Eberle (1901-1986)*, besser bekannt unter seinem Pseudonym *Sebastian Blau,* in seinem Gedicht „*Juni“* so schön in Mundart beschreibt:

> *„Laufet, Kender, holet Sträuß!*
> *Uf dr Wies blüaht älles zemme‘,*
> *geal ond raot ond blo ond weiß –*
> *därfets nao grad nemme’!*
>
> *Aber tapfer! sust geits Heu,*
> *ond dean Salbei ond dean Esper*
> *ond dia Wicke’ ond dean Klai*
> *frißt en Ochs zom Vesper!“*

Auch wenn die Orchideenwiese dann doch am nächsten Tag schon beweidet oder gemäht wird!...

3.3. Wechselwirkungen

All die erwähnten, anthropogen bedingten Ursachen des Rückgangs von Orchideenarten wirken selten einzeln, sondern sind untereinander verzahnt, bedingen sich gegenseitig und gehen mit natürlichen Ursachen des Rückgangs einher. So hat das Wirtschaften, Siedeln und Freizeitverhalten des Menschen nicht nur einen Rückgang der Orchideen zur Folge. Auch andere Pflanzen- und Tierarten sind davon betroffen. Deren Rückgang wiederum kann das Verschwinden der Orchideenarten verstärken, wenn es sich beispielsweise um wichtige Bestäuberinsekten handelt, die bedroht werden, deren Rückgang aber auch, wie anfangs erwähnt, natürliche Gründe haben kann. Umgekehrt kann das Verschwinden einer Orchideenart auch das Aussterben oder den Rückgang von Insektenarten nach sich ziehen. Auch solche indirekten Wirkungen sind also zu bedenken, wenn es um den Schutz von Einzelarten oder Gesamtlebensräumen geht, in denen die Orchideen letztendlich nur einer von vielen Bausteinen eines sehr komplexen Gefüges sind. Schutzmaßnahmen setzen freilich am sinnvollsten zunächst dort an, wo ein Gefährdungspotential sehr direkt erkennbar ist und erfolgreich ausgeschaltet werden kann.

4. Definitionen und Hinweise zur Methodik der Kartierung von 1996

Auch wenn die umfangreichen Karten im A3-Format nur im Zusammenhang mit der Original-Diplomarbeit einzusehen sind – sollen dennoch im folgenden noch einige Begriffe, sowie das methodische Vorgehen bei der Kartierung von 1996 näher erläutert werden. Daneben folgen einige Erklärungen zu dem bei der Ausarbeitung der historischen Nachweise verwendeten Quellenmaterial.

4.1. Exemplar, Exemplarzahl

Unter einem *Exemplar* versteht man jene Pflanzen, die bereits einmal einen oberirdischen Trieb gebildet haben und somit in unseren Wahrnehmungsbereich eingetreten und noch nicht abgestorben sind. Die Exemplarzahl gibt somit die Summe aller Individuen in einem Gebiet zu einem bestimmten Zeitpunkt an (*Rennwald 1985*).

Bei der Kartierung von 1996 wurden damals - zum einen aus zeitlichen Gründen, zum anderen aus Gründen des Naturschutzes (Vertritt vieler Pflanzen bei der Suche der unauffälligen, nichtblühenden Orchideen) - vor allem die blühenden Exemplare gezählt, so daß Angaben zu Exemplarzahlen i.d. Regel Mindestanzahlen sind, wenn es sich bei den Standorten nicht um kleine Flächen oder punkthafte Vorkommen handelt. Bei einem größeren Bestand, z.B. von 300 Exemplaren, ist es auch letztendlich unerheblich, ob dieser nun exakt 300 oder 330 Exemplare umfaßt.

Exemplarzahlen können, wie auch andere Autoren beobachteten, manchmal ohnehin stark schwanken. Es gibt „Orchideenjahre", deren Ursachen weitgehend unbekannt sind, wenngleich sie, wie *Kümpel (1996)* andeutet, wahrscheinlich durch Klima und Witterung ausgelöst werden. So hat man beobachtet, wie eine Population von 100 Exemplaren der Bienen-Ragwurz (*Ophrys apifera*) plötzlich quasi aus dem Nichts auftauchte, sich innerhalb von drei Jahren auf 280 Exemplare vermehrte, von denen jedoch schon ein Jahr später kein einziges mehr gesichtet wurde (vgl. *Haber 1972*).

Der Autor, der das Untersuchungsgebiet auch schon viele Jahre vor 1996 studierte, beobachtete, daß es überwiegend größere Bestände sind, die starken Schwankungen unterliegen, während kleine Bestände (unter 50 Exemplare) oft über Jahre auf die Zahl genau konstant bleiben.

4.2. Population; Begriffe für Orchideenvorkommen

Die *Population* spielt für den praktischen Naturschutz eine Rolle, weil mit deren abnehmender Größe oder Aufteilung auch ihre Empfindlichkeit schwankt. Populationen mit hoher Exemplarzahl bergen auch eine größere genetische Vielfalt und damit eine größere Resistenz gegenüber Umwelteinflüssen. Die Schwierigkeit liegt darin, Populationen voneinander abzugrenzen. *Seybold (1980)* verlangt aus langjähriger Erfahrung, daß zwei Populationen einen Abstand von mehr als einem Kilometer haben müssen; liegen sie näher beisammen, werden sie als Teilpopulationen oder Einzelstandorte bezeichnet. Dieser Definition wurde auch hier gefolgt.

So bilden beispielsweise die räumlich eng beieinanderliegenden Vorkommen der Pyramiden-Hundswurz (*Anacamptis pyramidalis*) auf der Hochzeitswiese, dem Sonnenbau und der großen Wiese im Gewann Vor Buch eine Population mit drei Teilpopulationen.

Zu berücksichtigen ist bei einer Kartierung auf Gemarkungsbasis, daß Populationen freilich nicht an den Grenzen der kommunalen Verwaltung halt machen. Durch die starke Reliefgliederung der Markung Pfullingen in Täler, Stufenflächen und Ausliegerberge, sowie in stark intensiv und extensiv genutzte Bereiche, lassen sich Populationen jedoch ganz gut ausgliedern.

Die Frage ist auch, wie man mit *Einzelvorkommen* umgehen soll. *Rennwald (1985)* merkt an, daß eine Art mit weniger als einem Exemplar pro km^2 auf lange Sicht keine Überlebenschance hat. Bei der Kartierung wurden jedoch auch solche Funde vermerkt, weil nie Sicherheit besteht, ob man nicht weitere Exemplare übersehen hat und somit die jeweilige Orchideenart nicht doch häufiger als angenommen ist (vgl. *Rennwald 1985*).

Zudem haben Beobachtungen auf einem Kalkmagerrasen in einem Naturschutzgebiet bei Osnabrück gezeigt, daß kleine Rückzugsareale mit wenigen

Individuen für die Neubesiedlung potentiell geeigneter Standorte ausreichen (vgl. *Koch u. Bernhardt 1996*).

Ist von Orchideenvorkommen, unabhängig von Exemplarzahl oder Population die Rede, sollen sie neutral als *Orchideenvorkommen, Orchideenbestände* oder *Wuchsorte von Orchideen* bezeichnet werden. Der Begriff *(Orchideen-)Standort* hingegen betont die ökologischen Gegebenheiten des Wuchsortes (z.B. feucht, besonnt), während sich der Begriff *Fundort* mehr auf die geographische Lage (z.B. „200 m südwestlich des Schönbergturms") eines Vorkommens bezieht.

4.3. Die Abgrenzung des Untersuchungsgebiets

Das Untersuchungsgebiet umfaßte alle innerhalb der Markung Pfullingen liegende und als Orchideenstandort in Frage kommende Flächen.

Bei der Suche und Kartierung der Pflanzen im Gelände wurde von Anfang an schwerpunktmäßig vorgegangen. Gar nicht oder nur oberflächlich wurden folgende Flächen der Markung untersucht:

- die Siedlungsflächen, die mit ihrer Bebauung und den intensiv genutzten Gärten heimischen Orchideen keinerlei Lebensbedingungen bieten.

- landwirtschaftlich intensiv genutzte Flächen, auf denen aufgrund mechanischer Beanspruchung des Bodens (Ackerland) oder eines erhöhten Düngereintrags („Fettwiesen") Orchideen nicht gedeihen. Dazu zählen - neben der vorwiegend als Ackerland genutzten Braunjura-Gamma-Schichtstufenfläche der Röt - weite Teile der westlichen Markung, aber auch die Talaue entlang der Echaz zwischen Pfullingen und Lichtenstein-Unterhausen, sowie die ackerbaulich genutzten Niederungen zum Arbach hin.

- forstwirtschaftlich sehr intensiv genutzte Flächen (Fichtenforsten). Fichtenschonungen sind, vor allem wegen Lichtmangels, in den seltensten Fällen Orchideenstandorte. Lediglich die Vogel-Nestwurz (*Neottia nidus-avis*) wurde vereinzelt auch unter Fichten angetroffen. Nadelwälder, insbes. Fichtenschonungen, finden sich im oberen Bereich der Täler, wie in den Forstdistrikten Küche und Wasserteich, aber auch auf den Firsten der Braunjurastufen, wie dem Stellenbuckel oder dem Eschle.

4.4. Pflanzenbestimmung und Geländebegehung

Die Bestimmung der Orchideenpflanzen erfolgte im wesentlichen nach *Schmeil* und *Fitschens* „*Flora von Deutschland und seinen angrenzenden Gebieten*". In vielen Fällen wurde aber auch „*Orchideen*" von *Karl Peter Buttler* aus der Reihe *Steinbachs Naturführer* hinzugezogen.

Aus Gründen der Übersichtlichkeit wurden nur die Arten, nicht aber Bastarde, Unterarten oder Varietäten kartiert.

Bei der Kartierung wurde versucht, die Markung Pfullingen mit Ausnahme der unter 4.3. ausgegliederten Flächen in regelmäßigen Abständen immer wieder systematisch zu durchsuchen.

Die Geländearbeit hatte zwei Schwerpunkte:

1. Schon bekannte oder früher einmal erwähnte Orchideenvorkommen sollten bestätigt werden, um einen Überblick darüber zu erhalten, welche von ihnen noch vorhanden waren und in welchem Zustand sie sich befanden.

Dies brachte z.T. recht positive Ergebnisse. Vor allem kleinere Populationen werden, wenn sie ein oder zwei Jahre mit der Blüte aussetzen, vorschnell für erloschen erklärt.

2. Bisher unbekannte Vorkommen auf Flächen, die ähnliche Standortbedingungen bieten, sollten gesucht und gefunden werden.

Viele Arten erscheinen aufgrund fehlender Kenntnis aller Vorkommen seltener als sie wirklich sind. Dies gilt insbesondere für die optisch weniger ansprechenden bzw. unauffälligeren Arten wie beispielsweise das Große Zweiblatt (*Listera ovata*).

4.5. Karte und Wahl des Kartierungsrasters

Das Bearbeitungsgebiet, d.h. die gesamte Gemarkung Pfullingen, liegt vollständig auf dem Meßtischblatt 7521 Reutlingen (Top. Karte 1 : 25 000).

In der Original-Arbeit von 1996 wurde für jede im Untersuchungsgebiet vorkommende Orchideenart eine Raster-Verbreitungskarte im A3-Format erstellt und diese bei der Diskussion der einzelnen Arten an der entsprechenden Stelle in den Textteil eingefügt.

Die Karte wurde mit einem Kartierungsraster überzogen. Dieses Raster orientierte sich an dem der topographischen Karte aufgedruckten Gauß-Krüger-Koordinatensystem der Rechts- und Hochwerte. Dabei wurde jedes 1 x 1 km große Gauß-Krüger-Feld zunächst in 16 Quadratfelder von je 250 m Seitenlänge aufgeteilt. Diese wiederum wurden durch eine Kombination aus Zahlen von 1 bis 4 und Buchstaben von a bis d festgelegt. Die Zahlen orientierten sich am Hochwert, die Buchstaben am Rechtswert des Gauß-Krüger-Koordinatensystems. Jedes der 16 Felder wurde erneut in vier weitere Felder aufgeteilt. Diese erhielten, im Norden beginnend, von West nach Ost Zahlen von eins bis vier. So entstanden zuletzt in jedem der 1 km² großen Gauß-Krüger-Felder 64 weitere quadratische Felder, von denen jedes eine Seitenlänge von 125 m besaß.

Das 125 m - Raster hatte schon früher bei einigen großmaßstäblichen Kartierungen (Teck 1982, Neuffen 1984) Verwendung gefunden. Eine Kartierung auf

110

Gemarkungsbasis rechtfertigte die Wahl dieses Rasters, das, bei einer relativen Genauigkeit, trotzdem noch eine benutzer-freundliche Übersichtlichkeit besitzt und gute Aussagen über den Gefährdungsgrad zuläßt (vgl. *Reineke 1983*).

Bei allen Fundorten, sowohl den unter Kapitel 5 ausführlich beschriebenen als auch allen übrigen, wurden die Rasterfelder angegeben. Nur in Ausnahmefällen, bei punktuellen Vorkommen von sehr seltenen Arten, wurden zusätzlich auch so genau wie möglich die Gauß-Krüger-Koordinaten genannt. So kann bei Handlungsbedarf oder für wissenschaftliche Zwecke der Fundort im Gelände auch von Ortsfremden leicht wiedergefunden werden.

Ebenfalls für naturschutzplanerische Zwecke wurden in den Listen der Original-Arbeit die betroffenen Grundstücksparzellen angegeben, denn sie sind letztendlich die Einheit, auf der die Schutzmaßnahmen betrieben werden, und nicht irgendein Rasterfeld (vgl. *Bruder und Rennwald 1990*).

Da für konkretere Aussagen über Häufigkeit und Gefährdungsgrad die Exemplarzahl von Bedeutung ist, wurde auch diese in der kartographischen Darstellung berücksichtigt.

Dabei fand hinsichtlich der Bildung von Größenklassen das Schema von *Rennwald (1985, 1990)* mit einigen Abwandlungen seine Anwendung: Einzelfund, 2-9, 10-49, 50-99, über 100 Exemplare.

Rennwald (1985) selbst verwendete eine insgesamt neunstufige Skala und klassifizierte auch Orchideenvorkommen bis zu einer Exemplarzahl von 5000 genauer. Dies war bei einer Kartierung auf Gemarkungsbasis aber nicht nötig, weil sich im verwendeten 125 m - Raster Vorkommen mit Exemplarzahlen von 1000 und mehr Pflanzen gar nicht finden. Darüber hinaus gleichen Zählungen von Vorkommen mit Exemplarzahlen über hundert, wenn die betretungsrechtliche Verbote der Schutzgebiete eingehalten werden sollen, ohnehin eher Schätzungen, weshalb alle solche Funde zu einer Größenklasse zusammengefaßt wurden.

Bei der Kartierung wurde auch Wert darauf gelegt, frühere, in älterer Literatur oder von fachkundigen Personen genannte Orchideenvorkommen darzustellen. Dabei wurden erfaßt:

- frühere Vorkommen einer Orchideenart, die aufgrund einer Nennung durch entsprechende Literatur oder fachkundige Personen sehr wahrscheinlich sind.

- frühere Vorkommen einer Orchideenart, die in älterer Literatur zwar genannt sind, vom Autor jedoch für unwahrscheinlich oder fraglich gehalten werden.

- Vorkommen einer Orchideenart, die vor 1950 erloschen sind. *Künkele (1977)* spricht in solchen Fällen von historischen Nachweisen. Dabei geht die Lage des Fundorts aus älteren Quellen bzw. mündlichen Mitteilungen so präzise hervor, daß sie durch das Raster der Karte festgelegt werden kann.

- Vorkommen einer Orchideenart, die 1950 oder danach erloschen sind. Auch hier geht die Lage des Fundorts aus älteren Quellen, Beobachtungen des Autors oder mündlichen Mitteilungen anderer Beobachter so genau hervor, daß eine Lagebezeichnung durch das Raster möglich ist.

Die Darstellung der erloschenen Vorkommen sollte einerseits den Rückgang der Arten zeigen, andererseits auch solche Gebiete ausgrenzen, in denen die betreffende Art eines Tages wieder erscheinen kann, weil sie sich an schwer zugänglichen Stellen unbemerkt gehalten haben könnte.

Alle Karten sind gemeinsam mit der Original-Diplomarbeit an der Universität Tübingen einzusehen. Eine Übertragung in moderne, digitale Kartensysteme in

Zusammenhang mit einer neuen Kartierung wäre gewiß ein sinnvolles Projekt und Thema für Abschlußarbeiten im Bereich der Geo- oder Biowissenschaften.

4.6. Hinweise zum Quellenmaterial

Um Informationen zur Verbreitung von Orchideenarten in früherer Zeit zu erhalten, mußten verschiedene Quellen ausgewertet werden.

In der „*Flora von Württemberg*" (1834) von *Gustav Schübler* und *Georg v. Martens* taucht Pfullingen leider nirgends auf, was nicht heißt, daß zu dieser Zeit keine Orchideenvorkommen existierten. Schübler und Martens haben Pfullingen, zumindest was die Orchideenflora anbelangt, möglicherweise nur oberflächlich oder gar nicht untersucht. So ist davon auszugehen, daß das Untersuchungsgebiet damals aufgrund fehlender Beobachter nur sehr schlecht erfaßt wurde. Im Verzeichnis, das aus mehreren Dutzend Beobachtern, vornehmlich Ärzten, Apothekern, Lehrern und Pfarrern besteht, findet sich kein einziger aus Pfullingen (vgl. Schübler u. Martens 1834). In späteren Ausgaben (1865, 1882), die *Georg v. Martens* mit *Carl Albert Kemmler* verfaßte, tauchen hingegen einige Orchideenstandorte bei Pfullingen auf.

Erste konkrete Erwähnung von Orchideenvorkommen erfährt das Untersuchungsgebiet im Jahr 1898 in: „*Das Pflanzenleben der Schwäbischen Alb*" von *Robert Gradmann*, sowie 1900 in der „*Exkursionsflora für Württemberg und Hohenzollern*" von *Dr. Oskar Kirchner* und *Julius Eichler*.

Sowohl Gradmann, als auch Kirchner und Eichler halten sich mit ihren Angaben zu Fundorten sehr allgemein. Zwar wird „Pfullingen" sehr häufig als Fundort der verschiedenen Orchideenarten genannt, doch vor allem bei heute nicht mehr vorkommenden Arten wie dem Gelben Frauenschuh (*Cypripedium calceolus*) wäre eine präzisere Fundortsangabe wünschenswert und aufschlußreich gewesen. Die einzige genauere Fundortsangabe bei beiden findet sich zur Berg-

Waldhyazinthe (*Platanthera chlorantha*), wo der „Ursulaberg" als Fundort angegeben wird.

Grund für diese Oberflächlichkeit ist möglicherweise die Tatsache, daß viele Arten damals noch häufig waren und man daher eine gesonderte Nennung aller Orte ihrer Vorkommen schlichtweg für überflüssig hielt.

Präzisere Angaben finden sich 1913 in Kirchner und Eichlers zweiter Auflage der Exkursionsflora für Württemberg und Hohenzollern. Dabei ist jedoch fraglich, ob die Fundortsangaben der ersten Auflage von 1900 wirklich überprüft oder einfach nur übernommen wurden.

1929 erschien die „*Exkursionsflora der Universität Tübingen*" von dem Apotheker *Adolf Mayer*. Wenngleich auch bei ihm als Fundorte teilweise sehr verallgemeinernde Angaben wie „*Pfullingen*" oder „*Pfullingeralb*" auftreten, so gibt es andererseits auch genauere Hinweise. Mayer arbeitete mit Hilfe von insgesamt 44 Findern und Beobachtern, wobei sich die Tatsache, daß unter den hinzugezogenen Beobachtern auch ein Schullehrer aus Pfullingen (Boßler) und verschiedene Personen aus Reutlingen waren, auf die Fundortsangaben zum Untersuchungsgebiet positiv auswirkte.

Die nächste wichtige Quelle ist die „*Flora von Württemberg und Hohenzollern*" 1933 von *Karl* und *Franz Bertsch*. Die Autoren geben zwar nur wenige Orchideenvorkommen auf der Markung Pfullingen an, doch diese unterscheiden sich von jenen, die von den anderen, früheren Autoren genannt werden.

Im Rahmen der Ausweisung der Ursulahochbergwiese zum Naturschutzgebiet wurden im Sommer 1940 einige Botaniker mit Pflanzenaufnahmen betraut, deren Ergebnisse der damalige Kreisbeauftragte für Naturschutz *Hans Schlichenmaier* festgehalten hat.

Die 3. Auflage von Mayers Exkursionsflora von Württemberg und Hohenzollern 1950 hat wohl einige Fundortsangaben von früher ohne weitere Nachprüfung übernommen - andere, wie z.B. von der Pyramiden-Hundswurz (*Anacamptis pyramidalis*) oder der Wohlriechenden Händelwurz (*Gymnadenia odoratissima*), werden hingegen präziser ausgeführt.

Sehr allgemein hält sich die 4. Auflage von Robert Gradmanns Pflanzenleben der Schwäbischen Alb 1950. Tritt Pfullingen als Orchideenfundort überhaupt auf, so wird fast nirgends näher darauf eingegangen.

In den letzten Jahrzehnten wurden Fundortsangaben in Publikationen, die der breiten Öffentlichkeit zugänglich sind, meist vermieden. Dies geschah und geschieht hauptsächlich aus Gründen des Schutzes, um Vorkommen seltener Arten nicht für jedermann auffindbar zu machen.

Aufschlußreich sind dagegen Akten der Naturschutzbehörden, sowie andere Diplomarbeiten, die das Thema anschneiden:

1981 begannen die Vorarbeiten für die Ausweisung des Naturschutzgebiets Kugelberg. Das Gebiet wurde noch im selben Jahr von der zuständigen Bezirksstelle für Naturschutz und Landschaftspflege Tübingen durch *Wilfried Läderbusch*, sowie *Ewald Jansen* und 1982 im Rahmen einer Diplomarbeit von *Oliver Reim* (Fachhochschule Nürtingen) einer näheren Begutachtung unterzogen.

Ebenfalls 1981, durch Ewald Jansen, erfolgten Untersuchungen zu einer geplanten Erweiterung des Naturschutzgebiets Pfullinger Gielsberg. Das Thema wurde 1990 / 91 von *Margret Heideker* im Rahmen einer umfangreichen Diplomarbeit (ebenfalls FH Nürtingen) aufgegriffen.

Daneben erschienen in der lokalen Presse (Reutlinger Generalanzeiger bzw. Echaz-Bote) immer wieder Artikel zum Thema Naturschutz in und um Pfullingen.

Schließlich seien noch die mündlichen Mitteilungen von Kennern der lokalen Flora erwähnt. Viele interessante und wertvolle Informationen konnten von *Herrn Helmut Ilg (1926-2018)*, ehem. Studiendirektor am Pfullinger Friedrich-Schiller-Gymnasium, bezogen werden.

Für die Ausgabe dieses Buches konnten für Aktualisierungen und Überarbeitungen auch ergiebige Quellen im Internet genutzt werden, die in dieser Form damals noch nicht zur Verfügung standen. Dies gilt auch für Fundnachweise nach 1996.

Besonders interessant in diesem Zusammenhang waren und sind dabei die interaktiven Verbreitungskarten der *floristischen Kartierung des Naturkundemuseums Stuttgart,* wo innerhalb der Meßtischblätter die Fundorte der vier Quadranten nach chronologischer Abfolge eingesehen werden können. Oft reicht das Datenmaterial bis ins 19. Jahrhundert zurück. Die vier Quadranten des Meßtischblattes 7521 Reutlingen sind: 7521/1 – Reutlingen Süd / Pfullingen, 7521/2 – Schwäbische Alb / Eningen u. A., 7521/3 – Schwäbische Alb / Genkingen, und 7521/4 – Lichtenstein / Holzelfingen. Die Angabe der Meßtischblatt-Quadranten (abgekürzt MTB) spielt da und dort auf den zusammenfassenden Tabellen im Anhang eine Rolle.

Ebenfalls im Internet einsehbar sind die *Biotopkartierungen des Landes Baden-Württemberg*, sowie die Kartierungen von 2004 und 2010 des *Arbeitskreises für heimische Orchideen (AHO) Baden-Württemberg*. Bei den AHO-Kartierungen wurden Fundmeldungen innerhalb von Gauß-Krüger-Feldern von 1 km² Größe erfaßt.

Zurückgegriffen für die Zeit ab 1996 wurde auch auf Beobachtungen der Naturfreunde-Plattform *www.naturgucker.de*, auf welcher auch der Autor nachträglich viele Beobachtungen (nicht nur von Orchideen) eingestellt hat.

Für eine vollständige Übersicht über alle Quellen sei auf das Quellenverzeichnis verwiesen.

5. Flächen mit Orchideenvorkommen im Untersuchungsgebiet

In diesem Kapitel werden die wichtigsten Gebiete mit Orchideenvorkommen detaillierter beschrieben werden. Dazu wurden solche Gebiete ausgewählt, in denen bei der Kartierung auf engem Raum mehrere Orchideenarten nebeneinander angetroffen wurden.

5.1. Der Pfullinger Gielsberg

Eigentlich heißt der Berg laut Meßtischblatt offiziell Pfullinger Berg. Bei Fundortsangaben (so z.B. Naturkundemuseum Stuttgart) taucht die Angabe „Bergwiese Pfullingen" auf. Der Pfullinger Berg wird in Pfullingen aber allgemein Gielsberg genannt. Dies hat in der Vergangenheit immer wieder zu Mißverständnissen geführt, da es auch auf der benachbarten Markung Sonnenbühl-Genkingen, östlich des Pfullinger Berges, einen Gielsberg gibt. Worauf sich Fundorte in älterer Literatur beziehen, ist somit leider nicht immer eindeutig. In dieser Arbeit sei der Pfullinger Berg oder Gielsberg als *Pfullinger Gielsberg* bezeichnet, um ihn damit klar und deutlich vom Genkinger Gielsberg abzugrenzen.

Der Pfullinger Gielsberg liegt im Südwesten der Pfullinger Markung auf einer Höhe von rund 720 m. Nach Norden hin fällt der Berg zum Albvorland ab, nach Süden wird er vom Gönninger Wiesaztal begrenzt. Nach Westen, ebenfalls auf Markung Reutlingen-Gönningen schließt sich der Stöffelberg an, während der Pfullinger Gielsberg nach Osten hin von dem rund 100 m höheren Genkinger

Der Gielsberg heißt auf offiziellen Karten „Pfullinger Berg“. Die naturgeschützte Hochwiese ist Lebensraum für eine ganze Reihe von Orchideenarten.

Gielsberg überragt wird.Der Pfullinger Gielsberg ist eine Schichtflächenverebnung des Weißjura Beta, der Wohlgeschichteten Kalke. Örtlich steht der Weißjura Gamma (d.h. die Aptychenmergel) an.

Der größte Teil des Pfullinger Gielsbergs ist unbewaldet. Die Hochwiesen werden von Halbtrockenrasen-Gesellschaften, die im östlichen Teil zunehmend von Glatthafer durchsetzt sind, eingenommen. Baum- und Gebüschgruppen verleihen der Hochfläche ein stellenweise parkartiges Aussehen.

An Orchideen wurden bei der Kartierung 1996 in den Rasengesellschaften folgende Arten angetroffen:
- Zweiblättrige Waldhyazinthe (*Platanthera bifolia*)
- Mücken-Händelwurz   (*Gymnadenia conopsea*)
- Rosa Kugel-Orchis   (*Traunsteinera globosa*)
- Kleines Knabenkraut (*Orchis morio*)
- Brand-Knabenkraut   (*Orchis ustulata*)
- Männliches Knabenkraut   (*Orchis mascula*)

In den Gebüschgruppen fand sich das Weiße Waldvöglein (*Cephalanthera damasonium*).

Nachdem das Gebiet schon 1941 für den Naturschutz sichergestellt worden war, wurde 1964 zunächst der 10,2 ha große, nordöstliche Teil der Hochwiese als flächenhaftes Naturdenkmal ausgewiesen. Weite Bereiche außerhalb, z.T. parzellenscharf zu erkennen, wurden durch Düngung geschädigt. 1992 erfolgte die Ausweisung der restlichen Flächen als Naturschutzgebiet unter dem Namen „Hochwiesen-Pfullinger Berg", das jetzt eine Fläche von 68,8 ha umfaßt (vgl. u.a. *Neske 1982, Schedler 1991, Sautter 1995, Regierungspräsidium Tübingen 1995*).

Die Rückführung der geschädigten Bereiche in Halbtrockenrasen kann noch Jahre dauern, weil die Vegetation die hohen Nährstoffvorräte im Boden aufbrauchen muß. Dies kann nur geschehen, wenn regelmäßig gemäht und das Mähgut abtransportiert wird, so daß die nährstoffbedürftigeren Pflanzen nach und nach als Konkurrenzarten ausscheiden. Aufgrund der Nähe zu noch intakten Halbtrockenrasen und des Vorhandenseins von dementsprechenden Samen im Boden sollte eine Rückführung jedoch möglich sein (vgl. *Umweltbundesamt 1991*).

Probleme bereiten dem Naturschutzgebiet und seinen Orchideenbeständen fallweise Reiter, Mountain-Biker und Naturfotografen. Insbesondere an Sonntagen waren früher Wandergruppen von 10 - 15 Personen, die sich um eine Orchidee gruppierten und dabei zehn weitere zertraten, eine häufige Erscheinung. Nach damaligen Aussagen der AG Naturschutz Pfullingen hatte es im Jahr der Kartierung auf dem Pfullinger Gielsberg noch nie zuvor so viele Trampelpfade gegeben. Diese seien hauptsächlich auf Naturfotografen zurückzuführen gewesen (vgl. *Schenk 1995*).

Eine, wenngleich auch unpopuläre Möglichkeit, weitere Besucherzahlen zu reduzieren, wäre die Schließung des Wanderparkplatzes, denn der Pfullinger

Die Waldwiese unterhalb der Lache ist in erster Linie für ihren Trollblumenbestand bekannt. Aber auch mehrere Orchideenarten gedeihen dort.

Gielsberg erfreut sich nicht zuletzt deshalb so großer Beliebtheit, weil Spaziergänger direkt vom Parkplatz aus ohne die Überwindung von Steigungen über die Hochwiesen spazieren können.

5.2. Die Lache im Kaltenbronnen

An dem nach Norden exponierten Hang des Pfullinger Gielsbergs liegt auf 630 m Höhe die Lache, ein flacher Waldsee, der das größte natürliche stehende Gewässer der Markung Pfullingen ist. Das Feuchtgebiet wie seine Umgebung sind durch eine Gleitschollen-Rutschung in der Späteiszeit entstanden. Geologie und Böden wurden durch *Terhorst & Kösel (2008)* umfangreich untersucht. Nördlich der Lache, im Hangbereich unterhalb, befindet sich eine Waldlichtung, deren Wiese fünf Orchideenarten beherbergt:

- Großes Zweiblatt (*Listera ovata*)
- Vogel-Nestwurz (*Neottia nidus-avis*)
- Zweiblättrige Waldhyazinthe (*Platanthera bifolia*)

- Gefleckte Fingerwurz (*Dactylorhiza maculata*)
- Männliches Knabenkraut (*Orchis mascula*)

In den angrenzenden Wäldern finden sich auch Weißes Waldvöglein (*Cephalanthera damasonium*) und Vogel-Nestwurz (*Neottia nidus-avis*).

Sowohl die Lache selbst als auch die Waldwiese, eine Berg-Fettwiese (*Trisetetum arrhenatheretosum*), sind als Naturdenkmal (Nr.415.661 und 415.660) bereits gesichert. Sie befinden sich im Besitz der Stadt Pfullingen (vgl. *Goerlich 1978*).

Eine Gefährdung der Orchideenvorkommen war damals im Rahmen der Kartierarbeiten nicht zu erkennen. Der Trampelpfad, der die Wiese quert, war nur wenig begangen.

Die Wiese darf nicht beweidet werden und sollte, um die Orchideenbestände zu erhalten, nach der Vegetationsperiode gemäht werden. Das Mähgut muß abgeräumt werden (vgl. *Landratsamt Reutlingen 1992*).

5.3. Rutschung auf den Hangenden Wiesen

Der Osthang des Scheibenbergs ist durch Rutschungen geprägt, die offenbar einmal vor ca. 173.000 Jahren und ein weiteres Mal gegen Ende der letzten Eiszeit erfolgten. Die Ergebnisse der äußerst detaillierten geo(pedo)logischen Untersuchungen sind - wie auch jene für das Gebiet der Lache - bei *Terhorst & Kösel (2008)* nachzulesen. In einem Teil des Rutschungsgeländes befindet sich im Gewann Hangende Wiesen, direkt am Waldweg Nr. 303, ein Orchideenvorkommen, das vier Arten beherbergt:
- Zweiblättrige Waldhyazinthe (*Platanthera bifolia*)
- Gefleckte Fingerwurz (*Dactylorhiza maculata*)
- Fliegen-Ragwurz (*Ophrys insectifera*)
- Blasses Knabenkraut (*Orchis pallens*)

In diesem Rutschungsgelände am Scheibenberg wurden vier verschiedene Orchideenarten angetroffen. Die Geologie sorgt für ein kleinräumliches Mosaik an Standorten.

Da diese Orchideenarten auf frischen bis feuchten Standorten siedeln, bietet die feuchte Rutschung gerade an dieser Stelle günstige Wachstumsbedingungen.

Der Standort besitzt keinen Schutzstatus, ist aber auch nicht direkt gefährdet. Er liegt an keinem offiziellen Wanderweg und auch der Autor hat ihn nur durch gezieltes Suchen entdeckt.

Der Ort sollte von zu starker Verbuschung (insbes. durch Rote Heckenkirsche, *Lonicera xylosteum*) freigehalten werden, denn außer *Orchis pallens* benötigen alle anderen dort vorkommenden Orchideenarten genügend Licht. Zudem sollte, um mechanische Beschädigung der Orchideenpflanzen zu vermeiden, darauf geachtet werden, daß der Standort nicht etwa als Lagerplatz für Holz benutzt wird.

Ob das damals gefundene Einzelexemplar der Fliegen-Ragwurz Teil einer größeren Population oder ein herangewehtes Einzelexemplar war, müßte neuerlich untersucht werden. Ersterer Fall wäre aber möglich, weil an manchen Stellen einige der sich sehr spät belaubenden Eschen (*Fraxinus excelsior*) für mosaikartig günstige Lichtverhältnisse sorgen.

5.4. Der Georgenberg

Der Georgenberg ist ein isolierter Bergkegel zwischen Pfullingen und Reutlingen. Der Berg ist eine der durch das Zurückweichen der Weißjura-Schichtstufe freigelegten Schlotfüllungen des Schwäbischen Vulkans (siehe Kap.1.1.1.) und besteht aus Basalttuff (Melilithit). Darauf hat sich eine mittlere bis mäßig tiefe, braune Rendzina gebildet (*vgl. Bodenkarte 1990*). Vom 13. bis 19. Jahrhundert – mit einem Höhepunkt im 16. Jahrhundert - wurden große Teile des Georgenbergs als Weinberg genutzt (*vgl. topogr. Karte 1909, Uni Tübingen 2019/20 u.a.*), doch nach deren Aufgabe um 1900, u.a. als Folge der Reblaus, hat sich auf dem Georgenberg ein Trockenhanggesträuch mit Schlehe (*Prunus spinosa*), Hartriegel (*Cornus sanguinea*) und Liguster (*Ligustrum vulgare*) eingestellt. Im unteren Bereich kommen höherwüchsige Haselsträucher (*Corylus avellana*) und Hainbuche (*Carpinus betulus*) vor. In der Krautschicht fanden sich bei der Kartierung 1996 vier Orchideenarten:

- Weißes Waldvöglein (*Cephalanthera damasonium*)
- Breitblättrige Stendelwurz (*Epipactis helleborine*)
- Großes Zweiblatt (*Listera ovata*)
- Vogel-Nestwurz (*Neottia nidus-avis*)

Die Orchideen kamen hauptsächlich am nordwestexponierten Hang des Georgenbergs vor. Dies läßt sich wahrscheinlich damit erklären, daß sie zu den Orchideenarten gehören, die mit weniger Licht auskommen (vgl. *Ellenberg 1992*).

*Für viele Pfullinger war der Georgenberg nach seiner Umgestaltung 2009-2011 ein unge-
wohnter Anblick. Neben Orchideen wachsen auf seinem Gipfel nun auch wieder Reben.*

Die Wuchsorte waren, trotz des Besucherstroms, den der Georgenberg zu tragen hatte, nur wenig gefährdet, da die meisten Orchideenpflanzen abseits der
Wanderwege standen und an den steilen Hängen nur schwer erreicht werden
konnten. Zudem handelte es sich bei den vorkommenden Arten um weniger
blühauffällige.

Seit 1958 ist der Georgenberggipfel Landschaftsschutzgebiet mit einer Größe
von 8 ha (vgl. *Müller 1975, Neske 1982*). 1996 wurde mit der Sperrung einiger
Pfade eine zusätzliche Sicherung des stark abtragungsgefährdeten Berges erreicht (vgl. *Schenk 1996*).

2009-2011 wurde der Gipfelbereich des Georgenbergs zwar umgestaltet und an
seiner Südseite wieder ein Weinberg angelegt, was aber die damals aufgenom-
menen Orchideenbestände nicht gefährdet haben sollte, da sie außerhalb dieses
Bereichs lagen. Sie müßten damit weiterhin existieren.

5.5. Die Kleine Wanne

Die Kleine Wanne, bei der es sich sehr wahrscheinlich um eine abgerutschte Scholle handelt, befindet sich am Nordhang der eigentlichen, großen Wanne. Früher waren weite Teile des nördlichen, oberen Unterhangs der Wanne bzw. des Ahlsbergs beweidete Halbtrockenrasen. Mit der Aufgabe dieser Bewirtschaftungsform wurden die meisten Flächen aufgelassen, sind danach der Verbuschung anheimgefallen oder befinden sich schon im Stadium eines Waldes. Noch in den siebziger Jahren war der Hang nördlich des Aussichtspunktes unterhalb der Kleinen Wanne unbewaldet und trug einen Halbtrockenrasen. Dieser ist inzwischen durch Aufforstung mit Kiefern vernichtet. Ein Rest davon befindet sich noch an der Oberkante der Absitzung beim Aussichtspunkt. Dort wurden bei der Kartierung folgende Arten festgestellt:

- Großes Zweiblatt   (*Listera ovata*)
- Zweiblättrige Waldhyazinthe (*Platanthera bifolia*)
- Mücken-Händelwurz   (*Gymnadenia conopsea*)

Der Standort sollte – was inzwischen vielleicht geschehen ist - auf keinen Fall der natürlichen Sukzession überlassen oder gar gezielt aufgeforstet werden. Dieser Rest eines ehemals großen Halbtrockenrasens muß unbedingt gesichert werden und sollte nach Möglichkeit einen Schutzstatus (z.B. Naturdenkmal) erhalten. Wenngleich die Orchideenpopulationen nicht groß sind, können sie auch in Zukunft von Beständigkeit sein, weil ein genetischer Austausch mit anderen Pflanzen auf weiteren Restflächen, die sich in der Nähe befinden, möglich ist.

5.6. Ahlsberg, unterer Sportpfad

Eine solche Restfläche des einst großen, beweideten Halbtrockenrasens am Ahlsberg liegt zwischen dem unteren Waldsportpfad Wanne und dem letzten Wohngebäude am Wanneweg. Hier wurden folgende Orchideenarten angetroffen:

- Großes Zweiblatt (*Listera ovata*)
- Mücken-Händelwurz (*Gymnadenia conopsea*)
- Helm-Knabenkraut (*Orchis militaris*)
- Pyramiden-Hundswurz   (*Anacamptis pyramidalis*)

Der Standort wurde von Verbuschung durch Feldgehölze und Baum-Jungwuchs aus den angrenzenden Wald- und Strauchgesellschaften bedroht. Manche Bereiche wurden von den Anwohnern korrekt Ende September gemäht, doch viele Flächen, die 1984 noch als Halbtrockenrasen kartiert wurden, waren 1996 bereits flächig mit Wald bestanden. Die eventuell heute noch verbliebenen Flächen sind vor der natürlichen Sukzession zu bewahren, um die sehr kleinen Orchideenpopulationen, noch zu retten.

Die Fläche ist ein besonders geschützter Biotop nach 24 a NatSchG und wurde unter der Nummer 7521-415-0710 im Rahmen der Biotopkartierung 1992/93 erfaßt (vgl. *Landratsamt 1992/93*).

5.7. Kleine Wanne II

Auf einer Waldlichtung östlich der Kleinen Wanne, 150 m südwestlich des Schützenhauses, dort, wo der nördliche Aufstiegspfad zur Wanne vom Waldsportpfad abzweigt, wurden auf einem Halbtrockenrasen folgende Orchideenarten beobachtet:

- Großes Zweiblatt (*Listera ovata*)
- Mücken-Händelwurz (*Gymnadenia conopsea*)
- Gefleckte Fingerwurz (*Dactylorhiza maculata*)

Dabei war vor allem die starke Population der Gefleckten Fingerwurz mit einer Exemplarzahl von über 100 bemerkenswert. Die Art ist eine Halblichtpflanze (vgl. *Ellenberg 1992*) und gedieh aber an dem teils schattigen, teils besonnten Standort gut.

Auch diese Wiese war eine Restfläche des ehemals großen Halbtrockenrasens am Ahlsberg. Den Orchideen drohten Vertritt durch Wanderer und Reiter, da dort auch ein Reitweg entlangführt. Größere Belastungen traten allerdings nur an Wochenenden auf. Eine Abgrenzung, um zumindest die Reiter von der Fläche fernzuhalten, wäre sinnvoll, sofern nicht bereits geschehen.

Ansonsten sollte – sofern es an der Stelle noch Orchideen gibt - angestrebt werden, durch Pflege (einmalige Mahd nach Ende der Vegetationsperiode) den Standort in seinem jetzigen Stadium zu erhalten.

5.8. Lindenallee

Am Ahlsberg, zwischen dem Wasserbehälter Roßwag und der Lindenallee, 100 m südwestlich des Jakob-Albrecht-Hauses, befindet sich ein Halbtrockenrasen (0,27 ha). Das Geländestück war Teil der großen Halbtrockenrasen-Weidefläche am Ahlsberg und diente eine Zeitlang als Festgelände. Heute liegt es zwar im Sport- und Freizeitpark, erfährt aber keine größere Nutzung. Folgende Orchideenarten wurden hier im Rahmen der 1996er-Kartierung gesehen:

- Großes Zweiblatt (*Listera ovata*)
- Mücken-Händelwurz (*Gymnadenia conopsea*)
- Gefleckte Fingerwurz (*Dactylorhiza maculata*)
- Hummel-Ragwurz (*Ophrys holoserica*)

Die einzige größere Bedrohung des Standorts war damals ein Trampelpfad, der mitten durch das Gelände führte, wobei die Pflanzen zertreten oder Besucher auf diese aufmerksam wurden. Dieser Trampelpfad müßte – falls nicht ebenfalls inzwischen geschehen – gesperrt werden, da es rings um das Geländestück genügend andere, befestigte Wege gibt.

Der Trockenrasen wurde unter der Biotopnummer 7521-415-0705 bereits im Rahmen der Biotopkartierung erfaßt (vgl. Landratsamt 1992/93).

5.9. Volkmarsteich, Reitplatz

Beim Reitplatz, der auf der Oberkante einer abgerutschten Scholle im Gewann
Volkmarsteich (Meßtischblatt Reutlingen: Rechtswert 3517010, Hochwert
5367925) liegt, wurden bei den Kartierarbeiten im Wald auf einer Fläche von
nur 25 m² vier Orchideenarten gefunden:

- Weißes Waldvöglein (*Cephalanthera damasonium*)
- Großes Zweiblatt (*Listera ovata*)
- Vogel-Nestwurz (*Neottia nidus-avis*)
- Gefleckte Fingerwurz (*Dactylorhiza maculata*)

Die Arten hatten zwar jeweils eine geringe Exemplarzahl, aber die Artzahl
zeigte, daß dort auf engstem Raum für Orchideen günstige Wuchsbedingungen
herrschen. Möglicherweise kommen genau dort die für die Symbiose wichtigen
Pilze vor. Der Standort sollte beobachtet werden, um festzustellen, ob es sich
um stabile Bestände oder lediglich ein zeitweiliges Vorkommen handelt.

Das Geländestück liegt direkt an einem Waldweg und schien damals zumindest
hin und wieder als Wendeplatz für Fahrzeuge zu dienen.

5.10 Roßwag

Am nordöstlichen Unterhang der Wanne im Gewann Roßwag, 600 m südwestlich des Schönberg-Freibads, befindet sich unterhalb der Tennisanlagen eine
900 m²große, trockene, trespenreiche Fettwiese, die um eine Quellmulde herum

Am Roßwag befindet sich eine Feuchtwiese (rot umrandet) mit Orchideenvorkommen.

vernäßt ist und in ihrem unteren Bereich von Weidengebüsch begrenzt wird. Hier waren folgende Orchideenarten zu finden:

- Echte Sumpfwurz (*Epipactis palustris*)
- Mücken-Händelwurz (*Gymnadenia conopsea*)
- Fleischfarbene Fingerwurz (*Dactylorhiza incarnata*)

Das Gelände liegt an der Grenze zwischen dem tonigen Braunjura Delta und dem Weißjura-Hangschutt, der den Braunjura im oberen Hangbereich überdeckt. Das den Weißjura-Schutt rasch durchdringende Wasser sammelt sich auf den wasserundurchlässigeren Gesteinen des Braunen Jura und tritt daher an Stellen wie dieser als Quelle aus. Der Quellbereich selbst wird von Seggen- und Binsengesellschaften besiedelt. Im weniger nassen, aber noch deutlich feuchten Bereich gedeihen zahlreiche Exemplare der feuchtigkeitsliebenden Fleischfarbenen Fingerwurz (*Dactylorhiza incarnata*). Die Population der Fleischfarbenen Fingerwurz zeigte sich, nach Beobachtungen des Autors, über Jahre hinweg in derselben Stärke. Ansonsten wurde die Art im Untersuchungsgebiet nur noch im Gewann Vor Buch (vgl. Abschnitt 5.17.) gesehen.

Entlang eines Grabens zwischen dem Geländestück und dem angrenzenden Feldweg wurde die ebenfalls feuchtigkeitstolerante Mücken-Händelwurz

(*Gymnadenia conopsea*) und mit einer Exemplarzahl von über 100 die Echte Sumpfwurz (*Epipactis palustris*) angetroffen. Auch sie hat auf der Markung Pfullingen sonst wahrscheinlich nur noch im Gewann Vor Buch und Wasen Standorte.

Alle vorkommenden Arten vertragen keine hohen Stickstoffgaben (vgl. *Ellenberg 1992*).Von einer Düngung jeglicher Art sollte daher an den Standorten abgesehen werden. Dabei ist darauf zu achten, daß eine solche auch nicht im oberen Bereich des Hanges stattfindet, da Nährstoffe in gelöster Form (insbes. Stickstoff) auf der Oberfläche oder im Boden hangabwärts getragen werden können und so an die Stellen gelangen, an denen man sie vermeiden will.

Ebenso sollte eine Beweidung mit Großvieh unterbleiben, da die Orchideen einer Trittbelastung dieser Art nicht standhalten und die Hufe der Tiere den feuchten Boden verdichten und die gesamte Pflanzengesellschaft negativ verändern können.

Die Wiese sollte jährlich gemäht werden, denn vor allem die Echte Sumpfwurz benötigt eine jährliche Mahd, um gut gedeihen zu können (vgl. *Presser 1995*).

Auch das Mähgut sollte abtransportiert werden, da sich sonst, aufgrund der Feuchte, ein faulender Filz einstellt, der den Orchideen schadet.

Die Wiese wurde unter der Biotopnummer 7521-415-0713 im Rahmen der Biotopkartierung erfaßt (vgl. *Landratsamt 1992 / 93*).

Im Jahr der Geländebeobachtungen wurde die Feuchtwiese erstmals von den örtlichen Naturschutzverbänden mit Pflöcken und Schildern („Bitte nicht betreten!") markiert.

5.11. Lippental

Im oberen Bereich an einem nordöstlichen Unterhang des Schönbergs, 600 m nordöstlich des Schönbergturms, wurden bei der Kartierung auf einem Geländestück am Waldrand mehrere Orchideenarten gemeinsam gefunden:

- Weißes Waldvöglein (*Cephalanthera damasonium*)
- Großes Zweiblatt   (*Listera ovata*)
- Zweiblättrige Waldhyazinthe (*Platanthera bifolia*)
- Mücken-Händelwurz   (*Gymnadenia conopsea*)
- Gefleckte Fingerwurz (*Dactylorhiza maculata*)
- Helm-Knabenkraut   (*Orchis militaris*)

Reste eines am Waldrand gelegenen Halbtrockenrasens befanden sich hier in verschiedenen Sukzessionsstadien. Sträucher unterschiedlicher Größe, insbesondere Gemeiner Schneeball (*Viburnum opulus*), Liguster (*Ligustrum vulgare*) und Hartriegel (*Cornus sanguinea*), sowie Baumgehölze, darunter vor allem Buche (*Fagus sylvatica*), Esche (*Fraxinus excelsior*) und Feldahorn (*Acer campestre*) sorgten für eine unterschiedliche Beschattung des Geländes. Deshalb fanden sich an diesem Standort schattentolerantere Orchideen wie das Weiße Waldvöglein (*Cephalanthera damasonium*) und lichtliebendere Arten wie die Mücken-Händelwurz (*Gymnadenia conopsea*) auf engem Raum vereint. Quellaustritte und vernäßte Stellen im Wechsel mit trockenen Standorten erklären das Vorkommen von trockenheitsliebenden Arten wie Helm-Knabenkraut in unmittelbarer Nähe von feuchtigkeitsbedürftigen Orchideen wie der Gefleckten Fingerwurz.

Einige Jahre vor den Kartierarbeiten beobachteten der Autor, sowie *Helmut Ilg* (nach mündl. Mitteilung 1995) hier auch Hummel-Ragwurz (*Ophrys holoserica*), Brand-Knabenkraut (*Orchis ustulata*) und Pyramiden-Hundswurz (*Anacamptis pyramidalis*). Diese drei Arten wurden 1996 nicht mehr aufgefunden. Es ist anzunehmen, daß die drei Arten, die lichtliebender als die übrigen sind, aufgrund der Nutzungsauflassung und fortgeschrittenen Sukzession verschwunden sind. Das Geländestück sollte, falls nicht inzwischen der weiteren Sukzession anheimgefallen, zugunsten der selteneren, lichtempfindlichen Arten gepflegt werden. Solche Pflegemaßnahmen müssen schwerpunktmäßig vor allem bei der Auslichtung der Strauchgehölze, der Beseitigung des Grasfilzes, sowie des aufkommenden Schwarzdorns (*Prunus spinosa*) und der Hainbuche (*Carpinus betulus*) ansetzen. Ein damit verbundener Rückgang des Waldvögleins oder des Zweiblatts an diesem Standort kann akzeptiert werden, da diese beiden Arten, im Gegensatz zu den übrigen, sonst überaus häufig sind und auch im angrenzenden Wald vorkommen.

Der Standort wurde bereits im Rahmen der Biotopkartierung unter Biotopnummer 7521-415-716 aufgenommen (vgl. *Landratsamt 1992 / 93*).

5.12. Die Wanne

Südlich der Stadt Pfullingen liegt, auf 690 - 700 m Höhe, die Wanne als Teil eines großen Ausliegers, der unter dem früher im Volksmund weitgefaßten Überbegriff Ahlsberg auch den Wackerstein, das Sättele, den Schönberg und den Lippentaler Hochberg umfaßte. Wie auch der Pfullinger Gielsberg, ist die Wanne eine Schichtflächen-Verebnung des Weißjura Beta, die sich galerieartig nach Süden um den westlichen Teil des Schönbergs herum fortsetzt.

Die Wanne, wie auch ihre südliche Fortsetzung, werden von einem Halbtrockenrasen eingenommen, auf dem sich folgende Orchideenarten, z.T. in großer Zahl, finden:
- Zweiblättrige Waldhyazinthe (*Platanthera bifolia*)
- Mücken-Händelwurz (*Gymnadenia conopsea*)
- Rosa Kugel-Orchis (*Traunsteinera globosa*)
- Kleines Knabenkraut (*Orchis morio*)
- Brand-Knabenkraut (*Orchis ustulata*)
- Männliches Knabenkraut (*Orchis mascula*)

Blick über die Wanne – im Hintergrund die Achalm. Die Wanne ist ein beliebtes Naherholungsgebiet, aber auch wichtiger Standort u.a. des Kleinen Knabenkrauts.

In den angrenzenden Haargersten-Buchenwäldern kommen stellenweise Vogel-Nestwurz (*Neottia nidus-avis*), das Blasse Knabenkraut (*Orchis pallens*) und das Männliche Knabenkraut (*Orchis mascula*) vor.

Für Pfullingen und die Region ist die Wanne Naherholungsgebiet und wird daher gern als Spiel- und Liegewiese genutzt. Dort befinden sich einige Grillplätze, Schutzhütten und ein Spielplatz. Weitere Beanspruchung erfährt die Wanne durch Nutzung von Drachenseglern, die von einem Steilabbruch an der östlichen Traufkante aus starten, während die Belastung durch das früher alle zwei Jahre stattgefunden habende Schwabenbergfest weggefallen ist.

Gefahren können den Orchideenbeständen, auch denen im angrenzenden Wald nahe der Schutzhütten und Grillstellen, hauptsächlich durch Vertritt drohen, aber auch durch Besucher, welche die Orchideen als geschützte Pflanzen nicht erkennen und pflücken.

Da die Wanne bequem mit dem Privatwagen erreichbar ist, wird sie auch in Zukunft ein beliebtes Naherholungsgebiet bleiben. Ein Kompromiß zwischen Naturschutz und Freizeitnutzung ist zu finden. Hilfreich wäre, als ein Anfang, die Anbringung einer Tafel mit Hinweisen zu den geschützten Pflanzen, insbesondere den Orchideen. Die Ausweisung der Wanne-Hochwiese zum Naturschutzgebiet oder flächenhaften Naturdenkmal wäre wünschenswert, wird aber, mit dem Gegenargument, daß bereits die Hochwiesen von Schönberg, Ursulahochberg und Pfullinger Gielsberg unter Schutz stünden und man wenigstens auf einer Hochwiese Freizeitnutzung tolerieren müsse, schwer zu verwirklichen sein. Solange die Besucherzahl nicht wesentlich steigt oder zugunsten des Fremdenverkehrs der Mähturnus verändert wird, halten sich die Bedrohungen vielleicht auch im Rahmen des Hinnehmbaren.

5.13. Der Schönberg

Südlich an die Wanne schließt sich der Schönberg an, der die Wanne um eine Höhe von fast 100 Höhenmetern überragt. Geologisch betrachtet gehört er zur Schichtflächenverebnung des Weißjura Delta / Epsilon.

Die Hochfläche des Schönbergs ist zur Hälfte bewaldet. Während die mit Nadelgehölzen bestandenen Flächen als Orchideenstandorte uninteressant sind, bieten die Haargersten-Buchenwälder (*Hordelymo-Fagetum*) an manchen Stellen günstige Wachstumsbedingungen für das Blasse Knabenkraut (*Orchis pallens*) und das Männliche Knabenkraut (*Orchis mascula*).

Die waldfreie Fläche wird von einem Halbtrockenrasen eingenommen, auf dem sich folgende Orchideenarten finden:
- Mücken-Händelwurz   (*Gymnadenia conopsea*)
- Kleines Knabenkraut (*Orchis morio*)
- Brand-Knabenkraut   (*Orchis ustulata*)

Während die Waldstandorte, falls nicht eine grundlegende Änderung der Bewirtschaftung erfolgt, wenig gefährdet sind, werden die Orchideenarten der

Die Schönbergwiese, vom Schönbergturm aus gesehen.

Hochwiese, obwohl 1993 als flächenhaftes Naturdenkmal (4,8 ha) ausgewiesen, durch Freizeitnutzung bedroht. Der bereits 1906 erbaute Schönbergturm (im Volksmund allgemein als *d'Onderhos'* – die Unterhose bekannt) ist, insbesondere an Wochenenden, ein vielbesuchtes Ausflugsziel. Grillmöglichkeiten und Spielgeräte verstärken die Attraktivität. Aktivitäten der Besucher beschränken sich dabei nicht nur auf diesen Bereich. *Helmut Ilg* (nach mündl. Mitteilung 1995) beklagte damals insbesondere den Vertritt des stark gefährdeten Brand-Knabenkrauts (*Orchis ustulata*). Daher wurde die orchideenreichste Fläche der Schönbergwiese 1996 erstmals durch Hinweisschilder abgegrenzt, was ein guter Anfang für den Orchideenschutz auf dem Schönberg war. Auch eine Ruhebank an den westlichen Felsen wurde entfernt, was weniger Besucher dazu verleitet, zu dieser ihren Weg zu nehmen und dabei quer über den Halbtrockenrasen zu schreiten.

5.14. Der Wasen

Der Wasen ist ein nordwestexponierter Hang des Ursulabergs und liegt 50 m westlich des Waldcafés bei der Skihütte des VfL Pfullingen. Der Wasen ist ein an den Wald angrenzender Halbtrockenrasen, der immer wieder von größeren Gehölzgürteln unterbrochen wird. Im Untergrund steht der Weißjura Alpha an (vgl. *geolog. Karte 1988*), auf dem sich ein mittlerer bis mäßig tiefer Pararendzina-Pelosol ausgebildet hat (vgl. *Bodenkarte 1990*).

Auf dem Trockenrasen wurden bei der Kartierung 1996 folgende Orchideenarten aufgefunden:
- Weißes Waldvöglein (*Cephalanthera damasonium*)
- Echte Sumpfwurz (*Epipactis palustris*)
- Großes Zweiblatt (*Listera ovata*)
- Zweiblättrige Waldhyazinthe (*Platanthera bifolia*)
- Mücken-Händelwurz (*Gymnadenia conopsea*)
- Wohlriechende Händelwurz (*Gymnadenia odoratissima*)
- Gefleckte Fingerwurz (*Dactylorhiza maculata*)
- Fliegen-Ragwurz (*Ophrys insectifera*)
- Hummel-Ragwurz (*Ophrys holoserica*)
- Helm-Knabenkraut (*Orchis militaris*)

Daneben kamen Bastarde zwischen Hummel- und Fliegen-Ragwurz vor.

Obwohl in unmittelbarer Nähe des als Ausflugsziel bekannten Waldcafés (heute: Das Fritz) gelegen, leidet der Wasen - im Gegensatz zum Pfullinger Gielsberg, der Wanne und dem Schönberg - vergleichsweise weniger unter Besuchern. Die Steilheit des Geländes läßt dieses als Spiel- und Lagerwiese weniger attraktiv erscheinen. Besucher, die das Gelände begehen, halten sich eher an die vorgegebenen Pfade. Eine ständige Bildung von neuen Trampelpfaden

*Am Wasen unweit des ehem. Waldcafés kommen mindestens zehn verschiedene Orchideen-
arten vor. Der Wasen ist somit ein überregional bedeutender Orchideenstandort.*

durch die Besucher wie beim Sonnenbau konnte während der damaligen Kartierung nicht oder nur in geringem Ausmaße festgestellt werden. Auch die Nutzung als Skiwiese durch den VfL Pfullingen scheint keine Bedrohung mehr darzustellen, da die Winter mit dem Klimawandel immer weniger Schnee bringen, so daß diese Nutzung nur noch äußerst selten stattfindet und sich das Wintersportgeschehen in andere Bereiche verlagert hat.

Der Wasen wurde zur Zeit der Kartierung 1996 jedes Jahr gegen Ende der Vegetationsperiode von der Skiabteilung des VfL Pfullingen gemäht. Er wurde im Rahmen der Biotopkartierung unter der Nummer 7521-415-0810 erfaßt (vgl. *Landratsamt 1992/1993*).

Mit zehn verschiedenen Orchideenarten innerhalb eines 125 m - Rasterfelds gehört der Wasen in Baden-Württemberg zu den Spitzenreitern gleicher Rasterfeldgröße und wird nur noch vom NSG Eichhalde (bei Bissingen / Teck) mit 11 Arten pro 125 m - Rasterfeld übertroffen (vgl. *Hoffmann et alii 1982*). Der Wasen ist somit ein überregional bedeutsamer Orchideenstandort.

Die „Hochzeitswiese". Im Hintergrund Pfullingen mit Georgenberg und Röt.

5.15. Die „Hochzeitswiese"

Im Gewann Frauenhalde, 300 m SSW des Waldcafés, befindet sich ein Geländestück, auf dem im Rahmen der Kartierung folgende Orchideenarten angetroffen wurden:

- Großes Zweiblatt (*Listera ovata*)
- Mücken-Händelwurz (*Gymnadenia conopsea*)
- Bienen-Ragwurz   (*Ophrys apifera*)
- Helm-Knabenkraut (*Orchis militaris*)
- Pyramiden-Hundswurz   (*Anacamptis pyramidalis*)

Der in seinen steilsten Partien um 25-30° geneigte und nach Westen exponierte Hang, der im Untergrund aus Weißjura-Schutt besteht, trägt einen Halbtrockenrasen und einen älteren Streuobstbestand. Ab 1993 wurden auf dem Gelände von Bürgern bei familiären Anlässen wie Hochzeiten u.ä. junge Bäume gepflanzt, was dem Flurstück den Namen Hochzeitswiese eingetragen hat. Im

138

unteren Bereich des Hanges treten Quellen aus, um die sich Sauergrasgesell-schaften (mit *Carex*-Arten) angesiedelt haben.

Die Orchideenvorkommen auf der Hochzeitswiese waren bei der Kartierung weitgehend ungestört, da auch die übrigen, umliegenden Geländestücke über-wiegend extensiv bewirtschaftet wurden. Da weite Teile des Hanges vom ober-halb verlaufenden Feldweg Nr. 256 nicht eingesehen werden können, erfolgte auch kaum Vertritt durch Naturtouristen.

Einziges Problem war die Mahd, die 1995 schon Anfang Juli erfolgte, so daß viele Exemplare der erst zu dieser Zeit in Blüte stehenden Pyramiden-Hunds-wurz keine Früchte und Samen mehr ausbilden konnten. Hier sollte, so der Standort noch intakt ist, nicht vor Anfang August, besser jedoch erst gegen Ende der Vegetationsperiode gemäht werden.

Langfristig ist darauf zu achten, daß so lichtempfindlichen Arten wie die Pyra-miden-Hundswurz nicht beschattet werden.

5.16. Der Sonnenbau

500 m südlich des Waldcafés liegt der Sonnenbau, ein – wie der Flurname aus-sagt – südwestexponierter, sonniger Hang des Ursulabergs auf Weißjura-Schutt und mittlerem bis mäßig tiefem Pararendzina-Pelosol mit Halbtrockenrasen, unterbrochen von einem Gesträuch, bestehend aus Schlehe (*Prunus spinosa*), Hasel (*Corylus avellana*) und Liguster (*Ligustrum vulgare*). In der Nähe des Sonnenbaus wurde früher auch Wein kultiviert, was die Wärme des Gebietes zusätzlich belegt (vgl. *Meiser 2021*).

Der Sonnenbau ist Teil des 1987 ausgewiesenen, 53,6 ha umfassenden Natur-schutzgebiets Kugelberg. An Orchideen kommen hier folgende Arten vor:

- Großes Zweiblatt (*Listera ovata*)
- Zweiblättrige Waldhyazinthe (*Platanthera bifolia*)
- Mücken-Händelwurz (*Gymnadenia conopsea*)
- Fliegen-Ragwurz (*Ophrys insectifera*)
- Hummel-Ragwurz (*Ophrys holoserica*)
- Helm-Knabenkraut (*Orchis militaris*)
- Pyramiden-Hundswurz (*Anacamptis pyramidalis*)

Der Sonnenbau leidet insbesondere während der Vegetationsperiode und an Wochenenden unter hohen Besucherzahlen. Zu dieser negativen Erscheinung trägt die Tatsache bei, daß sich der Wanderparkplatz am Waldcafé, nur 300 m vom Sonnenbau entfernt befindet und die Anfahrt mit dem Privatwagen sehr erleichtert.

Die Orchideenvorkommen schienen schon immer überregional bekannt zu sein. Folge war und ist eine starke Begehung des Geländes, wobei die schon vorhandenen Pfade ausgetreten und andere, neue Pfade gebahnt werden. Die zur Hangneigung verlaufenden Pfade hatten sich in den Jahren vor der Kartierung zu tiefen Rinnen ausgewaschen (siehe auch Foto S. 101), was dann die örtlichen Naturschutzverbände veranlaßte, Gegenmaßnahmen zu ergreifen und einige Pfade durch Absperrungen ganz zu schließen bzw. dort, wo sie Gehölzgruppen durchqueren, nicht mehr durch Pflege offenzuhalten. Seitdem sind einige der tiefen Rinnen wieder etwas zugewachsen.

Auch am Sonnenbau bleiben viele Naturfreunde – vor allem wenn alleine und unbeobachtet - insbesondere beim Fotografieren nicht auf den ohnehin zahlreichen Pfaden und zertreten dabei viele der kleinen, unscheinbaren Ragwurz-Arten (*Ophrys spec.*) oder Exemplare anderer Orchideenarten, die noch nicht zur Blüte gelangt sind.

Für die Erholung der Orchideenbestände und der übrigen, seltenen Arten - es kommen auch vier Enzianarten vor! - wäre es sinnvoll, das Gelände eine Ve-

getationsperiode lang für
Besucher zu sperren oder
zumindest größere Teil-
sperrungen zu veranlas-
sen. Frage ist allerdings,
wer die Einhaltung der
Sperrung kontrollieren
könnte und wollte, denn
oft wird, wie der Natur-
schutzbund damals klagte,
nicht einmal eine Sper-
rung einzelner Pfade
respektiert. Inzwischen ist
vielleicht mit mehr Ein-
sicht und Achtsamkeit zu
rechnen.

Am Sonnenbau: Bitte auf den Wegen bleiben!

5.17. Vor Buch, große und kleine Wiese

300 m nordwestlich des Kugelbergs, auf einem der südwestlichen Unterhänge des Ursulabergs, liegen im Gewann Vor Buch eine größere und eine kleinere Wiese, die beide Halbtrockenrasengesellschaften angehören. Im geologischen Untergrund steht Weißjura-Schutt an.

Die große Wiese (auf dem Foto S. 142 die Nr.1) liegt zwischen dem Feldweg Nr.30 und einem nordöstlich, oberhalb davon verlaufenden Waldweg. Hier wurden bei der Kartierung 1996 folgende Orchideenarten gesehen:

- Echte Sumpfwurz (*Epipactis palustris*)
- Großes Zweiblatt (*Listera ovata*)
- Zweiblättrige Waldhyazinthe (*Platanthera bifolia*)
- Mücken-Händelwurz (*Gymnadenia conopsea*)

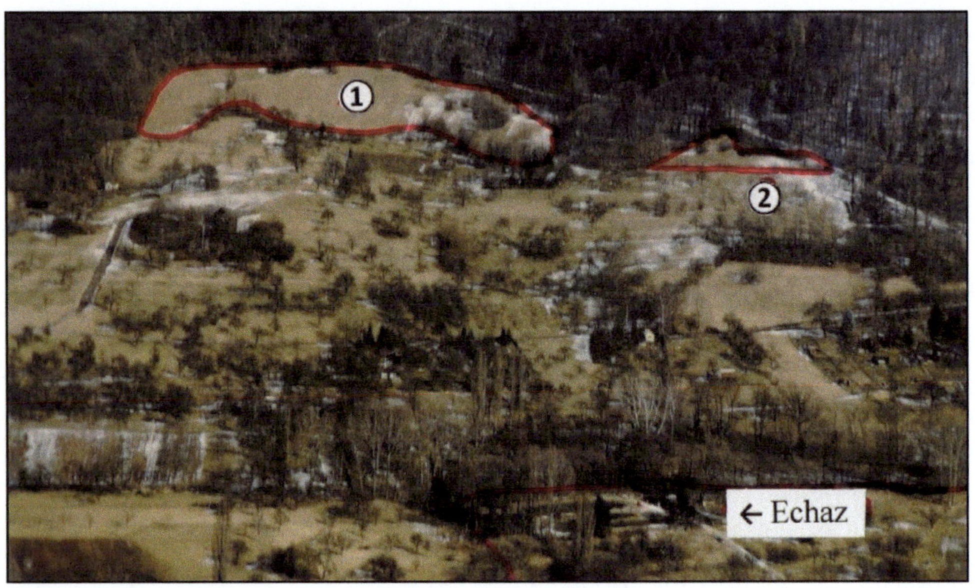

Blick vom Schönbergturm ins Echaztal. Im oberen Bildteil die beiden Halbtrockenrasen im Gewann Vor Buch (rot umrandet). Unten der Lauf der Echaz (rot nachgezeichnet).

- Wohlriechende Händelwurz (*Gymnadenia odoratissima*)
- Fleischfarbene Fingerwurz (*Dactylorhiza incarnata*)
- Gefleckte Fingerwurz (*Dactylorhiza maculata*)
- Hummel-Ragwurz (*Ophrys holoserica*)
- Helm-Knabenkraut (*Orchis militaris*)
- Pyramiden-Hundswurz (*Anacamptis pyramidalis*)

Die kleine Wiese (auf dem Foto die Nr. 2) befindet sich direkt am Feldweg Nr.30.

Hier waren folgende Orchideenarten zu finden:
- Großes Zweiblatt (*Listera ovata*)
- Zweiblättrige Waldhyazinthe (*Platanthera bifolia*)
- Mücken-Händelwurz (*Gymnadenia conopsea*)
- Wohlriechende Händelwurz (*Gymnadenia odoratissima*)

142

- Bienen-Ragwurz (*Ophrys apifera*)
- Helm-Knabenkraut (*Orchis militaris*)

Beide Wiesen sind durch einen Gehölzgürtel voneinander getrennt.

Die hohe Artenzahl an Orchideen auf den beiden Flächen läßt sich damit erklären, daß in dem Bereich Quellen austreten und sich daher Standorte mit verschiedensten Feuchtigkeitsbedingungen auf engem Raum miteinander vereint finden. Aus diesem Grunde waren Trockniszeiger wie Pyramiden-Hundswurz und Feuchtezeiger wie Echte Sumpfwurz fast nebeneinander zu finden.

Die beiden orchideenreichen Flächen im Gewann Vor Buch erfahren Schutz durch das Naturschutzgebiet Kugelberg und sind auch durch Besucher wenig gefährdet, da sie abseits der häufig begangenen Wanderwege liegen und von den anderen, entlangführenden Feldwegen nur schwer einzusehen sind. Aufgrund ihrer hohen Artenzahl - beide Rasenflächen beherbergen zusammen 11 Orchideenarten - sind die Halbtrockenrasen im Gewann Vor Buch, ähnlich wie der Wasen, ein überregional und für das Land Baden-Württemberg bedeutsamer Orchideenstandort.

5.18. Die Ursulahochberg-Wiese

Der Ursulahochberg ist Teil eines Ausliegers, der neben dem Ursulahochberg selbst auch den Ursulaberg und den bereits auf der Markung Lichtenstein-Unterhausen gelegenen Immenberg umfaßt. Der bis zu 789 m hohe Ursulahochberg wird im Norden vom Arbachtal und im Süden vom Zellertal begrenzt. Im Osten ist er über einen schmalen Sattel mit dem Übersberg verbunden. Im Westen schließt sich der um hundert Meter niedrigere Ursulaberg an.

Auch im NSG Ursulahochbergwiese stießen immer wieder die Interessen von Freizeitnutzung mit denen des Naturschutzes zusammen.

Der Ursulahochberg gehört der Schichtstufenfläche des Weißjura Delta / Epsilon an. Der unbewaldete Teil der Hochfläche wird von einem Halbtrockenrasen eingenommen. Hier wurden folgende Orchideenarten angetroffen:

- Zweiblättrige Waldhyazinthe (*Platanthera bifolia*)

- Mücken-Händelwurz (*Gymnadenia conopsea*)

- Gefleckte Fingerwurz (*Dactylorhiza maculata*)

- Rosa Kugel-Orchis (*Traunsteinera globosa*)

- Kleines Knabenkraut (*Orchis morio*)

- Brand-Knabenkraut (*Orchis ustulata*)

Die 9 ha große, von Nadelwäldern umgebene Wiese wurde bereits 1933 zu einem Pflanzenschutzgebiet erklärt. Seit 1941 steht sie unter Naturschutz (vgl. *Regierungspräsidium Tübingen 1995*).

Vertritt durch Freizeitnutzung und Fotografen, die sich nicht an die vorgegebenen Pfade halten, kommen vor, doch dies in geringerem Umfang als es beim Pfullinger Gielsberg oder beim Sonnenbau beobachtete wurde. Dies hängt vor allen Dingen damit zusammen, daß die Hochwiese nur durch einen steilen Aufstieg erreichbar ist, was sie für den ungeübten Sonntagsspaziergänger weniger attraktiv macht.

Probleme bereitete zum Zeitpunkt der Kartierung eine Grillstelle auf der höchsten Kuppe der Hochwiese, wo immer wieder unkontrolliert Freizeitaktivitäten stattfanden. Nachdem 1996 der Bereich um die Grillstelle eingezäunt worden war und Hinweisschilder angebracht wurden, mag es Besserung gegeben haben. Es könnte allerdings – sofern nicht bereits geschehen - überlegt werden, die Grill- und Raststätte völlig zu entfernen.

6. Diskussion der einzelnen Arten

In diesem Kapitel sollen alle Orchideenarten des Untersuchungsgebietes vorgestellt werden. Diskutiert werden dabei auch jene Arten, die nach älteren Quellen auf der Markung Pfullingen vorkamen und heute erloschen bzw. verschollen sind. Die Orchideenarten werden nach der Reihe ihrer systematisch-taxonomischen Anordnung besprochen. Neben dem vollen deutschen und wissenschaftlichen Namen wird noch der englische Name angegeben. Darunter steht der Gefährdungsgrad für Deutschland nach dem *Rote-Liste-Zentrum der gefährdeten Tier- und Pflanzenarten für Deutschland (Stand 2022)*, sowie für Gesamt-Baden-Württemberg und nach der Region Schwäbische Alb, folgend der *LfU Baden-Württemberg (Stand 1999)*. Der Gefährdungsgrad für Deutschland ist mit D, jener für Baden-Württemberg mit BW und die Region Schwäbische Alb mit Alb gekennzeichnet. Sind alle drei Gefährdungsgrade identisch, steht nur ein einmaliger, nicht weiter differenzierter Vermerk.

Als Ergebnis der Gefährdungsanalyse werden in den deutschen Roten Listen seit dem Jahr 2009 zehn Kategorien unterschieden:

0   *ausgestorben oder verschollen*
Arten, die im Bezugsraum verschwunden sind oder von denen keine wild lebenden Populationen mehr bekannt sind. Die Populationen sind entweder nachweisbar ausgestorben, in aller Regel ausgerottet (die bisherigen Habitate bzw. Standorte sind so stark verändert, daß mit einem Wiederfund nicht mehr zu rechnen ist) oder verschollen, das heißt, aufgrund vergeblicher Nachsuche über einen längeren Zeitraum besteht der begründete Verdacht, daß ihre Populationen erloschen sind.

1   *vom Aussterben bedroht*
Arten, die so schwerwiegend bedroht sind, daß sie in absehbarer Zeit aussterben, wenn die Gefährdungsursachen fortbestehen. Ein Überleben im Bezugsraum kann nur durch sofortige Beseitigung der Ursachen oder wirksame Schutz- und Hilfsmaßnahmen für die Restbestände dieser Arten gesichert werden.

2   *stark gefährdet*
Arten, die erheblich zurückgegangen oder durch laufende bzw. absehbare menschliche Einwirkungen erheblich bedroht sind. Wird die aktuelle Gefährdung der Art nicht abgewendet, rückt sie voraussichtlich in die Kategorie „vom Aussterben bedroht" auf.

3   *gefährdet*
Arten, die merklich zurückgegangen oder durch laufende bzw. absehbare menschliche Einwirkungen bedroht sind. Wird die aktuelle Gefährdung der

Art nicht abgewendet, rückt sie voraussichtlich in die Kategorie „Stark gefährdet" auf.

G   *Gefährdung unbekannten Ausmaßes*
Arten, die gefährdet sind. Einzelne Untersuchungen lassen eine Gefährdung erkennen, aber die vorliegenden Informationen reichen für eine exakte Zuordnung zu den Kategorien 1 bis 3 nicht aus.

R   *extrem selten*
Extrem seltene bzw. sehr lokal vorkommende Arten, deren Bestände *in der Summe* weder lang- noch kurzfristig abgenommen haben und die auch nicht aktuell bedroht, aber gegenüber unvorhersehbaren Gefährdungen besonders anfällig sind.

V   *Vorwarnliste*
Arten, die merklich zurückgegangen sind, aber aktuell noch nicht gefährdet sind. Bei Fortbestehen von bestandsreduzierenden Einwirkungen ist in naher Zukunft eine Einstufung in die Kategorie „gefährdet" wahrscheinlich.

D   *Daten unzureichend*
Die Informationen zu Verbreitung, Biologie und Gefährdung einer Art sind unzureichend, wenn die Art bisher oft übersehen bzw. nicht unterschieden wurde oder erst in jüngster Zeit taxonomisch untersucht wurde oder taxonomisch nicht ausreichend geklärt ist oder mangels Spezialisten hinsichtlich einer möglichen Gefährdung nicht beurteilt werden kann.

*   *ungefährdet*
Arten werden als derzeit nicht gefährdet angesehen, wenn ihre Bestände zugenommen haben, stabil sind oder so wenig zurückgegangen sind, daß sie nicht mindestens in Kategorie V eingestuft werden müssen.

♦   *nicht bewertet*

Für diese Arten wird keine Gefährdungsanalyse durchgeführt.

In derselben Zeile der Gefährdungsgrade nach den Roten Listen für Deutschland steht auch noch der Kürzel für die internationale Gefährdung nach den Rote-Liste-Kategorien der *International Union for Conservation of Nature* (*IUCN*; bis 2008 Weltnaturschutzunion), wie er im Januar 2023 unter *www.iucnredlist.org* abgerufen wurde Die IUCN hat folgende Kategorien ausgegliedert:

NE	*not evaluated*	nicht bewertet
DD	*data deficient*	Datenmangel
LC	*least concern*	nicht gefährdet
NT	*near threatened*	Vorwarnstufe
VU	*vulnerable*	gefährdet
EN	*endangered*	stark gefährdet
CR	*critically endangered*	vom Aussterben bedroht
EW	*extinct in wild*	in freier Natur ausgestorben
EX	*extinct*	ausgestorben

Bis auf wenige Ausnahmen fallen alle diskutierten Arten international gesehen in die Kategorie *least concern (LC)*, wenig gefährdet, da viele Orchideenarten außerhalb von Deutschland (so etwa im Mittelmeergebiet) sehr häufig vorkommen. Wichtiger sind daher die Rote-Liste-Einstufungen für Deutschland bzw. Baden-Württemberg und die Alb. Für die Kategorie LC gilt: „Ein Taxon ist nicht gefährdet, wenn es nach den Kriterien beurteilt wurde und nicht in die Kategorien vom Aussterben bedroht, stark gefährdet, verletzlich oder potentiell gefährdet eingestuft wurde. Weitverbreitete und häufige Taxa werden in diese Kategorie eingestuft."

Zwei Arten – der Gelbe Frauenschuh (*Cypripdium calceolus*) und das Kleine Knabenkraut (*Orchis morio*) – fallen in die Kategorie *near threatened (NT)*, Vorwarnstufe, für welche die IUCN festgelegt hat:

„Ein Taxon ist potentiell gefährdet, wenn es nach den Kriterien beurteilt wurde, aber zur Zeit die Kriterien für vom Aussterben bedroht, stark gefährdet oder verletzlich nicht erfüllt, jedoch nahe an der Grenze für eine Einstufung in eine Gefährdungskategorie liegt oder die Grenze wahrscheinlich in naher Zukunft überschreitet."

Eine Art, die Einknollige Honigorchis (*Herminium monorchis*) ist bei der IUCN wegen Datenmangel (DD) nicht weiter bewertet.

Die nach den Gefährdungsgraden angegebenen Blütezeiten bei den heute noch vorkommenden Orchideenarten bezieht sich auf das Untersuchungsgebiet und beruht auf Beobachtungen des Autors für den Zeitraum 1985-1996. Dabei wurde für die Zeitangaben Anfang, Mitte und Ende eines Monats folgendes festgelegt:

Anfang eines Monats:	1. - 10.
Mitte	11. - 20.
Ende	21. - 30. / 31. Kalendertag

Die Blüte setzt aufgrund von Höhenstufung und Hangausrichtung zuerst auf den südwestexponierten Hängen in Tallage und zuletzt auf den nordostexponierten Berghängen ein. Bei den im Untersuchungsgebiet verschollenen Orchideenarten erfolgt die Angabe der Blütezeiten nach *Presser (1995)*.

Danach erfolgt eine allgemeine Beschreibung der Art, hauptsächlich nach ihren Standortansprüchen (dazu vgl. dazu *Oberdorfer 1990*). Auf physiologische Merkmale sei nur dort eingegangen, wo sie für den Schutz der jeweiligen Art von Bedeutung sind.

Abbildungen und Fotografien sollen Vorstellungen vom Aussehen der Art geben. Sollen allerdings - von Seiten der Behörden oder der Naturschutzvereinigungen - weitere Geländearbeiten erfolgen, ist gute Bestimmungsliteratur mit Farbfotos oder noch professioneller mit Bestimmungsschlüssel unerläßlich.

Den allgemeinen Beschreibungen der jeweiligen Art folgt eine kurze Auswertung des Quellenmaterials für das Untersuchungsgebiet.

Anschließend werden die Ergebnisse zu Verbreitung und Schutz der Art im Untersuchungsgebiet dargestellt.

Dabei stehen im Vordergrund:

- Angaben zu Häufigkeit der jeweiligen Art im Untersuchungsgebiet.

- Regelmäßigkeiten bei der Verbreitung, soweit erkennbar.

- Grad und Art der Bedrohung im Untersuchungsgebiet.

- Vorschläge zum Schutz der Art, wo notwendig.

Da die Aufführung aller einzelnen Fundorte sehr lange Listen ergaben, muß bei tiefergehenden Untersuchungen bzw. erneutem wissenschaftlichen Arbeiten nach wie vor das Original der Diplomarbeit eingesehen werden. Dort sind die auf den Raster-Verbreitungskarten eingetragenen Fundorte für die jeweiligen Arten in der Reihenfolge von West nach Ost und Nord nach Süd aufgelistet. Standortfaktoren, wie z.B. Höhenlage, Exposition, geologischer Untergrund oder Pflanzengesellschaft können dort nachgeschlagen werden; desweiteren sind die genauen Exemplarzahlen zu ersehen. In dieser Ausführung der Arbeit

150

werden Hinweise auf Fundorte aus verschiedener Literatur, Ergebnisse der 1996er-Kartierung, sowie auch Fundmeldungen nach 1996 diskutiert. Bei den Ortsangaben sei auch immer wieder auf das Kapitel 5 verwiesen, sowie v.a. auf die Tabellen am Ende des Buches, die der zusammenfassenden Übersicht dienen.

6.1. Gattung Frauenschuh (*Cypripedium*)

Die Gattung Frauenschuh (*Cypripedium*) zählt etwa 50 Arten und kommt vor allem in den kühleren Gegenden der Nordhalbkugel vor, so in Nordamerika (dort der Weiße Frauenschuh, *Cypripedium candidum*), Afrika, Europa und Asien (hier vor allem in der VR China). Die Pflanzen wachsen terrestrisch und sind teilweise sehr widerstandsfähig gegenüber Kälte. Der Großteil der Arten ist durch Zerstörung der Habitate bzw. illegale Wildentnahmen stark gefährdet. Der botanische Name leitet sich vom griechischen Κύπρις *Kypris* = Aphrodite / Venus und τό πέδιλον *pedilon* = Schuh ab, da die Blüte an einen Schuh erinnert. Die Arten werden daher im Volksmund auch als Frauen- oder Venusschuhe bezeichnet (vgl. *Wikipedia-Artikel 2023*).

6.1.1. Gelber Frauenschuh (*Cypripedium calceolus*)

Lady's Slipper Orchid

gefährdet (3); IUCN: (NT)

Blütezeit: Mitte Mai bis Ende Juni

Der *Gelbe Frauenschuh*, der im Volksmund auch manchmal *Marien-Frauenschuh* oder *Kriemhilds Helm* genannt wird, wächst in gras- oder krautreichen, mehr oder minder lichtreichen Laub- und Nadelwäldern, aber auch im Gebüsch. Er bevorzugt mäßig-frischen bis wechselfrischen, meist kalkhaltigen und

Gelber Frauenschuh *(Cypripedium calceolus)*

neutral bis mäßig sauren, oft modrig-humosen Lehm- oder Tonboden. Die Orchidee ist eine Halbschattenpflanze und sog. Kessel-Fallenblume (siehe 2.6.), die in seggenreichen Buchenwäldern, Kiefernmischwäldern, aber auch anderen Pflanzengesellschaften zu finden ist (vgl. *Oberdorfer 1990*). Die Pflanze lebt mit einem Pilz deGattung *Rhizoctonia* in Symbiose (vgl. *Zehm 2019*).

Der Gelbe Frauenschuh ist gefährdet. 1893 zählte man in Baden-Württemberg noch 149 Frauenschuh-Vorkommen. Von diesen waren 1993 schon 71 erloschen (vgl. *Schneider 1993*). Dies liegt vor allem daran, daß die auffällige Art schon früher hemmungslos ausgegraben wurde (vgl. *Elwert 1929, Presser 1995*). In manchen Bundesländern ist die Pflanze vom Aussterben bedroht (vgl. *Zehm 2019*).

Auf der Markung Pfullingen gibt es heute vermutlich keine Vorkommen mehr; in der näheren Umgebung, westlich davon am Albtrauf, jedoch schon (*vgl. FVA 2022*).

Für das Gebiet des MTB 7521/1 gibt es lt. *Naturkundemuseum (2023)* aus dem Jahr 1830 eine Beobachtung durch *Heinrich Joseph Sautermeister* mit Herbarbeleg. *Von Martens und Kemmler* erwähnen 1865 als Fundort den Gießstein bei Unterhausen und geben 1882 auch Pfullingen an. 1895 wird Pfullingen erneut von *Edmund Klemm* als Fundort mit Herbarbeleg genannt. *Gradmann (1898)* erwähnt Pfullingen, ohne jedoch den Fundort genauer anzugeben. Für die Quadranten 1-3 von MTB 7521 gibt es offenbar Funde unbekannter Beobachter für den Zeitraum 1900-1944. Präzisere Angaben macht *Mayer (1904)* und nennt als Fundorte den Hochberg (ob Lippentaler Hochberg?). 1913 fügt er diesem Fundort noch den Schönberg hinzu. Dabei taucht bei *Mayer* auch der Georgenberg als Fundort auf, der - neben Schönberg und Ursulahochberg - von ihm auch in seiner zweiten Auflage von 1929 aufgeführt wird. Auch gab es, nach den Berichten von *Mayer* eine Subspezies, die jedoch seit 1927 als ausgestorben gilt.

Erwähnenswert ist noch 1925 eine Beobachtung durch *Karl Himmelein* am Ursulaberg; wieder mit Herbarbeleg.

Nach mündlicher Mitteilung von *Helmut Ilg (1995)* soll der Gelbe Frauenschuh auf dem südlichen, bewaldeten Teil des Schönbergs bis zu Beginn der dreißiger Jahre vorgekommen sein. Möglicherweise ist eine Intensivierung der forstwirtschaftlichen Nutzung dieses Gebietes für das Erlöschen des Vorkommens verantwortlich.

In seiner 3. Auflage 1950 führt *Mayer* folgende Fundorte an: Schönberg, Ursulaberg und Hochberg. Bei letzterem ist erneut nicht klar, ob es sich um den Ursulahochberg oder den Lippentaler Hochberg handelt. Daneben relativiert *Mayer (S.112)* auch bereits: *„wird an manchen dieser Orte leider nicht mehr gefunden"*.

Beobachtungen Mitte der Sechzigerjahre gab es bei Unterhausen (Beobachter unbekannt) und Holzelfingen (durch *W. Schmidt*).

Für MTB 7521/4 werden Beobachtungen für den Zeitraum 1970-1996 genannt.

Der Gelbe Frauenschuh ist gemäß den FFH-Richtlinien eine Pflanzenart von EU-weitem gemeinschaftlichem Interesse. Mögliche ehemalige Standorte müssen daher unbedingt kontrolliert und beobachtet werden. Sollten noch oder wieder Vorkommen existieren, so sind diese möglichst diskret den zuständigen Behörden bzw. den örtlichen Naturschutzverbänden zu melden. Derzeit lief bzw. läuft über den AHO und im Rahmen der Waldbiotop-Kartierung der *Forstlichen Versuchsanstalt Baden-Württemberg* auch eine landesweite Kartierung der Frauenschuh-Vorkommen (*FVA 2022)*. Näheres unter *www.fva-bw.de oder www.orchids.de* Dort sind auch detaillierte Pflegehinweise zu finden, falls neuerlich Funde dieser wunderhübschen Orchidee gemacht würden.

6.2. Gattung Waldvöglein (*Cephalanthera*)

Die Gattung wurde 1817 von dem französischen Botaniker Professor *Louis Claude Marie Richard* begründet. Der Name setzt sich aus dem griechischen κεφαλή *cephalae* = Kopf, ανθηρός *antheros* = blühend und dem lateinischen *ruber* = rot zusammen und deutet darauf hin, daß die Anthere (d.h. der Staubbeutel) der Columna (Staubbeutel-Säule) wie ein Kopf aufsitzt. Die 18 Arten sind überwiegend in Eurasien und Nordafrika verbreitet. (*Wikipedia 2023*).

6.2.1. Rotes Waldvöglein (*Cephalanthera rubra*)

Red Cephalanthera

D / BW: Vorwarnliste (V) - Alb: ungefährdet (*); IUCN: nicht gefährdet (LC)

Blütezeit: Mitte Mai bis Ende Juni

Das *Rote Waldvöglein*, auch *Purpur-Waldvöglein* oder *Rote Waldlilie* genannt, wächst zerstreut in Buchen-, Eichen-, und Kiefernwäldern, aber auch in Fichtenmischwäldern. Es bevorzugt mäßig frische, basenreiche, milde und humose, lockere Sand- und Lehmböden. Die Orchidee ist eine Mull- und Moderpflanze, verträgt Halbschatten bis Schatten und wird von Bienen bestäubt (vgl. *Oberdorfer 1990*).

In den Alpen ist die Art bis 1500 m, vereinzelt auch bis 1900 m Höhe zu finden (vgl. *Baumann & Künkele 1998*).

Die roten Blüten werden trotz ihres fehlenden Nektars von Scherenbienen der Gattung *Chelostoma* angeflogen. Offenbar verwechseln die Bienen die Blüten mit blau blühenden Glockenblumen-Arten der Gattung *Campanula* derselben Standorte.

Rotes Waldvöglein (*Cephalanthera rubra*)

Ansonsten werden die Pflanzen meist von Fliegen bestäubt, aber auch Selbstbestäubung kommt häufiger vor, weil die Pollenpakete nach unten weisen und die Narben berühren. Das Rote Waldvöglein blüht oft mehrere Jahre hintereinander nicht (vgl. *Oberdorfer 2001*).

Von einstmals 206 Vorkommen in Baden-Württemberg waren 1993 nur noch 128 übrig (vgl. *Schneider 1993*). *Mayer* gibt viele Fundorte an, an denen die Art auch bei der Kartierung durch den Autor leider nirgendwo mehr gesehen

Rotes Waldvöglein (*Cephalanthera rubra*)

wurde. Dies sind (1904): Wanne, Wackerstein, Schönberg, Stuhlsteige, Gielsberg und Ursulaberg, bzw. (1913) Ursulaberg und Übersberg.

Von 1967 bis 2008 liegen Beobachtungen v.a. von *W. Schmidt* und *V. Hoffmann* auf den verschiedenen Albausliegern des Beobachtungsgebiets vor.

Helmut Ilg (nach mündl. Mitteilung 1996) fotografierte die Art zwar Ende der 70er Jahre (vgl. Foto *Ilg in Neske 1982, S.50*), erinnerte sich aber nicht mehr genau an den Fundort und gab ohne Sicherheit den Ursulahochberg an. Verschiedene kundige Privatpersonen, die während der Kartierarbeiten 1995 / 96 im Gelände angetroffen wurden (u.a. der ehem. Stadtrat *Wilhelm Koch, 1930-2019*), wollten das Rote Waldvöglein insbesondere für die bewaldete Weißjura-Beta-Verebnung des Ursulabergs bestätigen, doch auch dort wurde die Orchidee trotz intensiver Suche in zwei aufeinanderfolgenden Vegetationsperioden nicht gefunden.

Vom AHO wird die Art ab 2000 für den Ursulaberg, die beiden Hochberge, sowie Schönberg, Wanne und Wackerstein bestätigt.

Möglicherweise war die Orchidee schon zu Zeiten der oben zitierten, älteren Quellen nicht besonders häufig, denn über die Stärke der Populationen ist leider nichts bekannt. Es ist nämlich anzunehmen, daß das Rote Waldvöglein aufgrund seines hohen Ozeanitäts-Anspruchs (vgl. *Ellenberg 1992*) nach Südosten hin ohnehin eine natürliche Verbreitungsgrenze hat.

Allgemein beklagt der AHO, daß die Umwandlung von Standorten in Monokulturen das Rote Waldvöglein hat selten werden lassen.

6.2.2. Weißes Waldvöglein (*Cephalanthera damasonium*)

White Cephalanthera

ungefährdet (*); IUCN: nicht gefährdet (LC)

Blütebeginn: Ende Mai

Das *Weiße Waldvöglein*, auch *Bleiches Waldvöglein* oder *Breitblatt-Waldvöglein* genannt, wächst zerstreut in Buchen- und Buchen-Tannenwäldern, seltener auch im Eichenwald. Die Pflanze bevorzugt mäßig-frischen, basen- und meist kalkreichen, milden bis mäßig sauren Stein- oder Lehmboden. Die Orchidee ist eine Mullboden- und Schattenpflanze. Sie ist Selbstbestäuber und Charakterart der seggenreichen Buchenwälder, kommt aber seltener auch in anderen Buchenwald-Gesellschaften vor. Wegen ihres geringeren Lichtbedarfs ist das Weiße Waldvöglein auch in halbwüchsigen Fichtenforsten zu finden (vgl. *Oberdorfer 1990, Presser 1995*).

In Deutschland steigt die Art bis auf Höhen um 1100 m (vgl. *Baumann & Künkele 1998*).

Die Pflanzen beziehen ihren Kohlenstoff über die Myzelien der umgebenden Bäume und stehen damit in ihrer Ernährung zwischen den autotrophen, grünen Pflanzen und den Vollschmarotzern wie der Vogel-Nestwurz (*Neottia nidus-*

Weißes Waldvöglein
(Cephalanthera damasonium)

avis). Vereinzelte Individuen bilden manchmal sogar gar kein Chlorophyll aus (vgl. *Gebauer 2004*).

Schneider führte schon 1993 für Baden-Württemberg einen Rückgang von 234 auf 188 Vorkommen an; betrachtet man aber die Zahl der Fundorte im Untersuchungsgebiet, so ist zu vermuten, daß die Art wesentlich häufiger auftaucht als allgemein angenommen. In weiten Bereichen der Schwäbischen Alb (wie z.B. im Landkreis Göppingen, vgl. *Hiller 1987*) war das Weiße Waldvöglein eine der häufigsten Orchideenarten und ist es vermutlich immer noch. Das bestätigten zumindest die Kartierarbeiten 1996. Offenbar aber geht die Art landesweit gesehen möglicherweise durch Stickstoffbelastung der Luft zurück.

In älteren Quellen wird das Weiße Waldvöglein durch *Mayer (1913)* für den Ursulaberg und *Schlichenmaier (1940)* für den Ursulahochberg genannt. Ab 1959 folgen viele Funde von verschiedensten Beobachten auf oder entlang aller Albauslieger.

Das Weiße Waldvöglein war 1996 auf der Markung Pfullingen neben Vorkommen auf dem Ursulaberg (vgl. *Mayer 1913*) und dem Ursulahochberg (vgl. *Schlichenmaier 1940*), an vielen anderen Stellen in drei Populationen mit insgesamt mindestens 163 Exemplaren verbreitet. Individuenstärkste Population war die an den westlichen Albausliegern der Markung mit mindestens 86 Exemplaren. Die größte Anzahl auf engerem Raum fand sich am Georgenberg mit 32 Exemplaren. Nach der Anzahl der Rasterfelder, in denen die Art auf der Markung Pfullingen vorkam, war das Weiße Waldvöglein die dritthäufigste Orchidee, während sie nach ihrer Exemplarzahl nur den zwölften Rang einnahm. Das heißt, daß die Art im Untersuchungsgebiet zwar sehr flächig verbreitet war, an ihren Standorten jedoch meist nur in wenigen Exemplaren vorkam. Auf 16 der 37 Rasterfelder (= 43 %) mit *Cephalanthera damasonium* wurde die Art nur als Einzelexemplar angetroffen; auf 34 Rasterfeldern (= 92 %) kamen nur 10 Exemplare oder weniger vor.

Das Weiße Waldvögelein (Cephalanthera damasonium) wächst überwiegend in Wäldern.

Das Weiße Waldvöglein wuchs nach den damaligen Untersuchungen bevorzugt an westlich exponierten Hängen mit einer Neigung von mehr als dreißig Grad. Die Höhenamplitude im Untersuchungsgebiet lag zwischen 530 m und 770 m, wobei die meisten Standorte ab 600 m zu finden waren.

Grund für die Bevorzugung der westexponierten Hänge ist wahrscheinlich, daß die Pflanze starke Trockenheit bevorzugt (vgl. *Ellenberg 1992*). Dies erscheint zunächst sehr widersprüchlich, werden diese westexponierten Hänge bei Niederschlägen aus vorwiegenden Westwetterlagen doch sehr stark durchfeuchtet. Andererseits unterliegen sie aber bei Wind einer raschen Austrocknung.

An den südwestexponierten Hängen kommt im Sommer eine starke Sonneneinstrahlung hinzu. An östlich exponierten Hängen war das Weiße Waldvöglein hingegen kaum anzutreffen. Anscheinend verträgt es die dort herrschende, kühle Feuchte nicht.

Die Vorliebe der Orchideenart für steile Hangneigungen im Untersuchungsgebiet läßt sich wahrscheinlich damit erklären, daß die Pflanze auf die geringmächtigen Rendzinen- und Syrosem-Böden ausweicht, um Konkurrenzpflanzen auszuschalten. An vielen ihrer Standorte wurde beobachtet, daß der Bedeckungsgrad des Bodens mit anderen Pflanzen äußerst gering war. Manchmal wurde das Weiße Waldvöglein fast gänzlich ohne Begleitpflanzen gefunden, insbesondere dort, wo es auf minimalem Bodensubstrat zwischen Weißjura-Schutt wuchs.

Aus der Höhenamplitude eine Bindung an eine gewisse Meereshöhe aus thermischen Gründen abzuleiten, wäre sicherlich verkehrt, denn *Künkele (1996)* legt die vertikale Verbreitung der Art für Baden-Württemberg für Höhen zwischen 95 und 950 m fest. Es ist wohl vielmehr zum einen die Tatsache ausschlaggebend, daß im Untersuchungsgebiet oberhalb von 600 m zusammenhängende Waldflächen vorkommen (das Weiße Waldvöglein ist eine Waldorchidee!), zum anderen aber auch, daß ab dieser Höhe überall im Beobachtungsgebiet die Gesteine oder der Gesteinsschutt des Weißjura anstehen und für den kalkreichen Untergrund sorgen, den die Pflanze braucht. In nur zwei der insgesamt 37 Rasterfelder lag der Standort nicht über Gesteinen des Weißen Jura.

Aufgrund der o.g. Standortansprüche war das Weiße Waldvöglein immer wieder in denselben Pflanzengesellschaften zu finden: über die Hälfte aller Fundorte lagen in Buchen- oder Eichen-Steppenheidewäldern, obwohl diese nur einen verhältnismäßig kleinen Teil der Wälder des Untersuchungsgebiets ausmachen.

Auffällig war, daß in 54 % der Rasterfelder das Weiße Waldvöglein zusammen mit der Vogel-Vogel-Nestwurz (*Neottia nidus-avis*) vorkam. Dies liegt daran, daß beide Arten hinsichtlich ihrer Ansprüche an Licht, Temperatur, Kontinentalität, Feuchte, Kalkbedarf, Stickstoffversorgung und Salztoleranz sehr ähnliches und bezüglich des Kalkbedarfs sogar absolut gleiches ökologisches Verhalten zeigen (vgl. *Ellenberg 1992*).

Daher können beide Arten auf engem Raum gemeinsam vorkommen, ohne unbedingt Konkurrenten sein zu müssen. Möglich wäre, daß beide Arten symbiotisch an denselben Pilz gebunden sind.

Eine Bedrohung des Weißen Waldvögleins im Untersuchungsgebiet war zum Zeitpunkt der Kartierung nicht zu befürchten, da die Nutzungsansprüche des Menschen an die Standorte der Art gering waren. Daran hat sich wohl auch zwischenzeitlich wenig geändert. Nur an wenigen Stellen, entlang von Wald- oder Wanderwegen droht eventuell weiterhin Belastung durch Vertritt.

Nach 1996 wurde das Weiße Waldvöglein auch weiterhin bis zum Erscheinen dieses Buches häufig entlang der Albauslieger Pfullingens von verschiedenen Beobachtern bestätigt.

6.2.3. Schwertblättriges Waldvöglein (*Cephalanthera longifolia*)

Long-Leafed Cephalanthera

Vorwarnliste (V); IUCN: nicht gefährdet (LC)

Blütezeit: April bis Juli

Das *Schwertblättrige* oder *Langblättrige Waldvöglein*, das dem Weißen Waldvöglein ähnelt (Laubblätter schmaler, lanzettlicher), kommt an halbschattigen

*Das Schwertblättrige Waldvöglein (Cephalan-
thera longifolia ist seltener als das ähnliche
Weiße Waldvöglein.*

Standorten vor und wächst auf basenreichen Böden (*Buttler 1986*). In
Deutschland steigt die Art bis auf
1300 m Höhe (*Baumann & Künkele
1998*).

Im Bereich vom Meßtischblatt 7521/2
wurde die Art zwischen 1945 und
1969, auf 7521/1 von 1970-1996
beobachtet, im Bereich 7521/2 von
1945-1969. Im Bereich 7521/3 wurde
die Art 1983-1985, 1987, 1992, sowie
im Jahr 2000 auch am Vorderen
Sättele und 2006 auf dem Pfullinger
Gielsberg (*Naturkundemuseum Stuttgart 2022*) gesehen. Während der
Kartierarbeiten 1996 wurde sie hingegen nicht festgestellt.

6.3. Stendelwurz (*Epipactis)*

Der Name *Epipactis* taucht erstmals bei *Theophrast von Eresos* (371 – 287 v.
Chr.), einem Philosophen und Botaniker der griechischen Antike, auf. Er be-
zeichnete damit jedoch nicht die heutige Orchideen-Gattung *Epipactis*.
Die Erstbeschreibung der Gattung *Epipactis* findet sich 1757 bei dem Göt-
tinger Botaniker *Johann Gottfried Zinn* in dessen *Catalogus Plantarum Horti
Academici et Agri Gottingensis* (vgl. u.a. *Zinn 1757*).

Die Arten der Gattung *Epipactis* wurden aufgrund von mangelnden taxonomischen Kenntnissen der Botaniker lange Zeit nicht richtig unterschieden (vgl. *Haber 1970*).

Diese Tatsache ist bei widersprüchlichen, älteren Angaben zu Fundorten von Arten dieser Gattung zu berücksichtigen.

6.3.1. Sumpf-Stendelwurz (*Epipactis palustris*)

Marsh Helleborine

gefährdet (3); IUCN: nicht gefährdet (LC)

Blütebeginn: ab Ende Juni

Die Pflanze ist auch unter dem Namen *Echte Sumpfwurz, Weiße Sumpfwurz* oder *Sumpf-Sitter* bekannt. Wie der Name verrät, wächst diese seltene Art meist gesellig in sumpfigem Gelände, in Flachmooren und Moorwiesen. Die Pflanze benötigt einen sicker- oder wechselnassen, basenreichen, neutralen bis milden Sumpf-Humusboden. Auch bezüglich des Standortfaktors Licht hat die Pflanze hohe Ansprüche. Sie verträgt keine Beschattung. Die Orchidee wird von Bienen bestäubt (vgl. *Oberdorfer 1990, Ellenberg 1992*).

In Deutschland ist die Pflanze bis in eine Höhe von knapp 1500 m zu finden.

Oft wächst die Orchidee in Begleitung vom Helm-Knabenkraut (*Aichele und Schwegler 2000*), wie etwa auf einem der Standort im Gewann Vor Buch.

Da die Samen der Sumpf-Stendelwurz keinerlei Nährgewebe für den Keimling besitzen, keimt sie nur durch die Infektion eines Wurzelpilzes. Die Bestäubung erfolgt durch Fliegen, Bienen und Grabwespen (vgl. *Wikipedia 2023*).

Sumpf-Stendelwurz (*Epipactis palustris*)

Die Zahl der Vorkommen in Baden-Württemberg ging von einst 199 auf 118 im Jahr 1993 zurück (*vgl. Schneider 1993*).

Die Art soll schon 1851 auf den Holzwiesen (der Waldwiese an der Lache), gefunden worden sein (nach *Mayer 1913*). 1899 wird das Vorhandensein für MTB 7521/3 bestätigt. *Mayer (1904)* führt die Wanne (gemeint ist möglicherweise der Quellsumpf im Gewann Roßwag) und den Ursulaberg als Fundorte an. 1913 ergänzt er die Fundorte um die bereits erwähnten Holzwiesen und nennt die „Bleiche" als Fundort, der leider nicht mehr lokalisiert werden kann. Nach 1963 tauchen regelmäßige Funde an den Hängen der Pfullinger Albausslieger auf.

Ein wertvolles Vorkommen der Sumpf-Stendelwurz in der Wolfsgrube wurde Anfang der 60er Jahre durch die Aufforstung einer Feuchtwiese mit Fichten zerstört. Diese Feuchtwiese lag südlich des Feldwegs 13/2, der die beiden oberen, am Hang gelegenen Feuchtbiotope verbindet.

Ein weiteres Vorkommen nahe dem erstgenannten unweit der Schillerlinde im Gewann Ober Umwegle erlosch zu Beginn der 90er Jahre. Trotz mehrmaliger Suche konnte die Echte Sumpfwurz dort nicht mehr nachgewiesen werden. Gründe für das Erlöschen waren eine zunehmende Verbuschung und das Ablagern von allerlei Grünmüll, aber auch anderem Unrat.

Während der Kartierarbeiten
des Autors konnten noch drei
Populationen (Gewann Roß-
wag, Wasen, Vor Buch) auf drei
Rasterfeldern mit insgesamt
mindestens 236 Exemplaren bestätigt werden. Größte Population war die auf der großen
Wiese im Gewann Vor Buch -
mit 112 Exemplaren gleichzeitig die größte Individuenzahl
pro Rasterfeld.

Ihren Standortansprüchen gemäß kam die Echte Sumpfwurz
im Untersuchungsgebiet an vernäßten und stark besonnten
Stellen vor, umgeben von ansonsten eher trockenen Rasengesellschaften. Diese Standortansprüche der Orchidee haben
dazu geführt, daß die Pflanze im
Untersuchungsgebiet sehr selten
geworden ist und nur noch an den

Die Sumpf-Stendelwurz kommt an feuchten Stellen u.a. im NSG Kugelberg vor.

drei genannten Fundorten angetroffen werden konnte. Bedingt durch die Tatsache, daß die drei Populationen mit den drei Fundorten identisch waren,
konnte die Art als sehr gefährdet betrachtet werden, weil die Vernichtung eines
Vorkommens das Erlöschen einer ganzen Population zur Folge hätte. Bei der
Population am Wasen konnte es sich auch um eine nicht dauerhafte Population
gehandelt haben, sondern lediglich um ein zeitweiliges Vorkommen, hervorge-
rufen durch die feuchte Witterung, denn in den Jahren vor der Kartierung wurde

165

die Art dort – zumindest vom Autoren - nicht angetroffen. Das Vorkommen am Wasen sollte daher einer erneuten Überprüfung unterzogen werden.

Nach 1996 wurde die Sumpf-Stendelwurz am häufigsten im NSG Kugelberg gesehen.

Die Populationen, so noch bestehend, und damit auch die erwähnten Feuchtgebiete müssen unbedingt erhalten werden.

Nach dem *Naturkundemuseum Stuttgart (2022)* wurde die Art im Jahr 2000 bei der Elisenhütte durch *Günter Holl* beobachtet.

6.3.2. Braunrote Stendelwurz (*Epipactis atrorubens*)

Dark-Red Helleborine

Vorwarnliste (V); IUCN: nicht gefährdet (LC)

Blütezeit: Ende Juni bis Anfang August

Die *Braunrote Stendelwurz* (*Rotbraune Stendelwurz, Dunkelrote Stendelwurz, Schwarzrote Stendelwurz, Braunroter* oder *Schwarzroter Sitter, Strandvanille* oder *Vanillestendel*), Orchidee des Jahres 2022, wächst zerstreut in lichten Kiefern-Steppen oder Eichen-Kiefern-Wäldern, zuweilen auch in lichtem Gebüsch. Sie steht an trockenen und warmen Standorten auf meist kalkreichen und nährstoffarmen, mild bis mäßig sauren, modrig-humosen Sand-, Kies- oder Steinböden. Die Orchidee verträgt Licht bis Halbschatten. Die Pflanze wird durch Bienen und Wespen bestäubt. Sie ist ein Kiefernbegleiter (vgl. *Oberdorfer 1990*).

In Deutschland steigt sie im Gebirge bis auf knapp 1900 m (*Baumann / Künkele 1998*).

166

Die gefährdete Art war früher auch
auf Sanddünen entlang der Küsten
häufig; daher – und wegen ihres intensiven Vanilleduftes - auch der
Name Strandvanille (*Aichele und
Schwegler 2000*).

Im Land Baden-Württemberg einst
mit 167 Vorkommen vertreten.
Schon 1993 waren es nurmehr 98
(vgl. *Schneider 1993*).

Nach *Mayer (1904)* soll die Braunrote Stendelwurz am Wackerstein,
an der Wanne, sowie am Ursula- und
Übersberg vorgekommen sein. 1913
erwähnt Mayer außerdem noch den
Schönberg als Fundort. Die Biotopkartierung des Landratsamts 1993
bestätigte die Art noch für einen

Braunrote Stendelwurz (*Epipactis atrorubens*)

Trockenrasen am Ahlsberg, für den Georgenberg und das Steinbruchgebiet am
Gailenbühl unweit der Lache. An all den erwähnten Orten wurde die Braunrote
Stendelwurz bei der Kartierung nicht mehr angetroffen.

Ab 2005 liegen vom *Naturkundemuseum Stuttgart (2022)* Beobachtungen aus
dem NSG Kugelberg und vom Ursula(-hoch?)berg vor.

2011 folgen im Rahmen von Biotopkartierungen Beobachtungen vom Steinbruch am Gailenbühl und der südl. Wanne.

Da die Braunrote Stendelwurz zu den Orchideenarten zählt, die sehr stickstoffarme Umweltbedingungen bevorzugen (vgl. *Ellenberg 1992*), ist das Verschwinden möglicherweise allein schon auf den erhöhten Stickstoffeintrag über
die Luft zurückzuführen.

6.3.3. Breitblättrige Stendelwurz (*Epipactis helleborine*)

Broad-Leafed Helleborine

ungefährdet (*); IUCN: nicht gefährdet (LC)

Blütebeginn: ab Ende Juni

Die *Breitblättrige Stendelwurz* (auch *Breitblättrige Sumpfwurz* oder *Breitblättrige Sitter*) gedeiht in krautreichen Eichen- und Buchenwäldern, sowie in Na-
delmisch- und Auenwäldern auf frischem, nährstoff- und basenreichem, mild
bis mäßig saurem, humosem, lockerem und tief- bis mittelgründigem Lehmboden. Die Orchidee ist eine Mullbodenpflanze und ein Lehmzeiger. Sie wird von
Wespen bestäubt (vgl. *Oberdorfer 1990*). Andere Bestäuber sind Bienen und
Fliegen. Die Samen der Frucht (bis zu 10.000!) können 10 km weit verbreitet
werden (*Wikipedia 2023*).

In Deutschland findet sich die Orchidee bis auf Höhen von 1400 m (*Baumann
und Künkele 1998*).

Trotz einiger Rückgänge ist die Breitblättrige Stendelwurz immer noch eine der
häufigsten Orchideen in Baden-Württemberg (vgl. *Schneider 1993, Nm 2023*).

Mayer (1904) nennt den Wackerstein und die Wanne als Fundorte. Er ergänzt
1913 die Beobachtungen um den Ursulaberg als Fundort.

Bei der Kartierung wurde lediglich eine Population festgestellt. Diese Population am Georgenberg, die auch bei der Biotopkartierung 1993 gesehen wurde, dürfte erst seit dem Ende seiner Nutzung als Weinberg existieren. Wie die topographische Karte Reutlingen 1 : 25 000 aus dem Jahr 1909 zeigt, war der Georgenberg damals – anders als zum Zeitpunkt der Kartierung 1996 - noch nicht verbuscht bzw. bewaldet. Ein Teil wurde noch als Weinberg genutzt, während die übrigen Flächen Ödland waren. Das heißt, daß der Georgenberg zu dieser Zeit für die Breitblättrige Stendelwurz keinen Standort bot und deshalb konnten auch *Kirchner*

Breitblättrige Stendelwurz *(Epipactis helleborine)*

und Eichler (1913) ihn für diese Art noch nicht als Fundort aufführen. Der Standort Georgenberg wird bis 2012 immer wieder mal aufgeführt. Überdies wird 1979 und 1985 noch das Maustäle genannt, sowie ab 1978 wiederkehrend (u.a. durch *AHO*) Standorte zwischen Pfullingen und Unterhausen (ob Lippental?). Für Übersberg, Ursula(hoch)berg und die übrigen Pfullinger Albauslieger werden Beobachtungen von *E. helleborine* ab 2000 durch den AHO angegeben.

Reim (1982) nennt das Gebiet des heutigen NSG Kugelberg als Standort für die Breitblättrige Stendelwurz und meint damit wahrscheinlich die bewaldeten Teile. Auch andere Beobachter bestätigen Gebiete wie Wasen oder Frauenhalde im NSG Kugelberg. Dort wurde die Art bei der Kartierung 1996 jedoch nicht angetroffen, möglicherweise aber auch aufgrund von betretungsrechtlichen Beschränkungen, die nicht verletzt werden sollten. Ansonsten tauchen die Westhänge des Ursulabergs bei verschiedenen Beobachtern immer wieder auf.

Der Autor hingegen konnte die Breitblättrige Stendelwurz im Untersuchungsgebiet nur in einer Population – jener am Georgenberg - feststellen. Sie zählte mindestens 32 Exemplare. Die Population am Georgenberg wuchs auf einem nach WSW ausgerichteten, über 30° steilen Hang auf Basalttuff in einem Trockenhanggesträuch, das sich bereits im Übergang zum Waldstadium befand.

Eine Gefährdung des Vorkommens am Georgenberg war zum Zeitpunkt der Kartierung nicht zu befürchten. Auch die an anderer Stelle erwähnte Umgestaltung des Georgenberggipfels 2009-2011 sollte die Population an sich nicht betroffen haben.

Kommt am Georgenberg vor:
Breitblättrige Stendelwurz

6.3.4. Violette Stendelwurz (*Epipactis purpurata*)

Violet Helleborine

D: Vorwarnliste (V) – BW / Alb: nicht gefährdet (*); IUCN: nicht gefährdet (LC)

Blütezeit: Juli bis September

Die Violette Stendelwurz wächst in schattigen Laubmischwäldern, aber auch Fichtenforsten bis 1000 m Meereshöhe auf frischen bis mäßig-feuchten, tiefgründigen Böden (vgl. *Buttler 1986*).

Gefährdet werden kann die Art durch Kahlschläge in Wäldern, sowie durch Rehe, welche die Blütenstände abfressen (vgl. *Wikipedia 2023*).

Die Violette Stendelwurz wurde (lt. *Naturkundemuseum Stuttgart 2023*) offenbar 1995 im Gebiet Klappersteigle-Übersberg-Göllesberg gesehen. Allgemein werden aus dieser Quelle auch Beobachtungen zwischen 1970 und 1996 auf den Quadranten 3 und 4 des Meßtischblattes 7521 angegeben.

Violette Stendelwurz (*Epipactis purpurata*)

Vermutlich jedoch ist die Art um das Echaztal erloschen.

6.4. Gattung Zweiblatt (*Listera*)

Von den über 30 Arten der Gattung Zweiblatt, die sich über die Nordhalbkugel verteilen, gibt es in Europa zwei: das Kleine Zweiblatt (*Listera cordata*), welches auch vom AHO zur Orchidee des Jahres 2023 gewählt wurde, und das Große Zweiblatt (*Listera ovata*).

Nach neueren Erkenntnissen werden die Arten allerdings nun der Gattung Nestwurz (*Neottia*) zugeordnet und heißen dann dementsprechend *Neottia cordata* bzw. *Neottia ovata* (*Wikipedia 2023*). Aus praktischen Gründen wird hier noch die alte Einteilung beibehalten.

6.4.1. Großes Zweiblatt (*Listera ovata*)

Common Twayblade

ungefährdet; IUCN: nicht gefährdet (LC)

Blütebeginn: meist Ende Mai

Das Große Zweiblatt findet sich sowohl in feuchten Laubmisch- und Auenwäldern, als auch unter Gebüsch und auf Bergwiesen. *Listera ovata* steht auf frischen bis wechselfeuchten, nährstoff- und basenreichen, mild bis mäßig sauren, meist tiefgründigen Böden. Die Pflanze ist Tonzeiger. Sie ist ein Tiefwurzler, verträgt Licht wie auch Halbschatten und findet sich in Hartholz-Auenwäldern (*Alno-Ulmion*), feuchten Eichen-Hainbuchen-(*Carpinion*) und Buchenwäldern (*Fagion*); daneben auch auf gedüngten Fettwiesen (*Arrhenatheretalia*) oder in Halbtrockenrasen-Gesellschaften (vgl. *Oberdorfer 1990*). In deutschen Gebirgen steigt sie bis auf 1900 m (*Baumann / Künkele 1998*).

Die Art ist zumindest zeitweilig an Wurzelpilze gebunden. Die Bestäubung erfolgt durch Schlupfwespen und Käfer (*Düll / Kutzelnigg 2011*).

Schneider (1993) räumt dem Großen Zweiblatt für seine Häufigkeit in Baden-Württemberg den dritten Rang ein. *Künkele (1996)* bestätigt die Art für alle Meßtischblätter Baden-Württembergs, und noch immer erstreckt sich die Verbreitung der Art über fast alle MTB-Quadranten des Bundeslandes (vgl. Nm *2023*). Die Häufigkeit der Orchidee ist dabei möglicherweise - ähnlich wie beim Weißen Waldvöglein (*Cephalanthera damasonium*) - noch zu niedrig angesetzt, weil durch das unauffällige Erscheinungsbild der Pflanze (kleine, grüne Blüten) viele Exemplare schlichtweg übersehen werden. *Presser (1995)* charakterisiert die Art als eine der häufigsten Orchideen in ganz Mitteleuropa. *Kallmeyer und Ziesche (1996)* nennen das Große Zweiblatt sogar einen Kulturfolger, da es selbst in Parkanlagen und an Straßenrändern angetroffen wurde.

Das Große Zweiblatt wird schon in älteren Quellen als häufig charakterisiert und ist auch heute nicht selten. Konkrete Hinweise auf Standorte im Beobachtungsgebiet geben, wohl

Großes Zweiblatt (*Listera ovata*)

nicht zuletzt aufgrund der Häufigkeit, nur wenige Literaturen: lediglich *Mayer (1913)* für die Wanne und *Schlichenmaier (1940)* für den Ursulahochberg. Bei Biotopkartierungen wurde das Große Zweiblatt 1993 auf dem Schönberg und in einem Feuchtgebiet E der Stadt gesehen. Der Autor selbst hat die Art (siehe Tabelle im Anhang XI) zwischen 1987 und 1996 in mehreren Teilen der Pfullinger Markung beobachtet.

Bei der Kartierung 1996 konnten vier Populationen (Lache, Georgenberg, Ahlsberg, Ursulaberg) festgestellt werden. Das Große Zweiblatt war auf 24 Rasterfeldern mit insgesamt mindestens 551 Exemplaren vertreten. Individuenstärkste Population war die am Ursulaberg mit mindestens 327 Exemplaren, wo auch am Wasen und am Sonnenbau mit je über 100 Exemplaren die höchste Anzahl pro Rasterfeld erreicht wurde. Sowohl nach der Anzahl der Rasterfelder

Das Große Zweiblatt ist eine sehr unauffällige Orchidee, aber wohl genau deshalb wesentlich häufiger als angenommen.

(Rang 5), wie auch nach der Exemplarzahl (Rang 4) gehörte das Große Zweiblatt somit zu den häufigsten Orchideen im Untersuchungsgebiet.

Das Große Zweiblatt kam bevorzugt an nördlich exponierten Hängen (NE - SE; 62 % aller Rasterfelder) mit einer Neigung von 10-20° vor. Die Art fand sich im Untersuchungsgebiet ausnahmslos in Höhen von über 500 m, war aber nur an einem Standort oberhalb 600 m anzutreffen. Als Pflanzengesellschaft bevorzugt die Orchidee insbesondere noch offene und gepflegte Halbtrockenrasen (37 % aller Rasterfelder) oder solche, die sich bereits im Stadium fortschreitender Sukzession befinden (25 %). Mit einer Ausnahme lagen alle Standorte über den Gesteinen des Weißjura, wobei insbesondere die auf Weißjura-Schutt dominierten (83 % aller Rasterfelder).

Grund für die Bevorzugung der nördlich ausgerichteten Hänge ist der im Gegensatz zu vielen anderen Orchideenarten geringere Lichtanspruch des Großen Zweiblatts. Die Art verträgt eine stärkere Beschattung, weshalb sie auch im Wald oder unter Gebüsch zu finden ist (vgl. *Ellenberg 1992*). An stark besonnten Standorten wie den nach Südwesten ausgerichteten Hängen des Ursulabergs kommt das Große Zweiblatt daher häufig im Schatten von Gehölzen oder Waldsäumen vor.

Die untere Höhengrenze hängt wahrscheinlich mit der früheren und heutigen Nutzung des Geländes zusammen. Oberhalb 500 m wurde das Gelände aufgrund der Entfernung von der Siedlung, aber auch durch die Hangneigung bedingt, extensiver genutzt. Solche heute oder früher extensiv genutzten Flächen bevorzugt die Orchidee offenbar als Standort.

Bei der oberen Höhengrenze, läßt sich zunächst vermuten, daß die Art mit ihrem geringen Kontinentalitätsanspruch (vgl. *Ellenberg 1992*) nicht gerne höher aufsteigt. Dagegen sprechen allerdings die Untersuchungen von *Künkele (1996),* der die Art für ganz Baden-Württemberg und sämtliche Höhenstufen bestätigte, sowie die aktuellen Karten des *Naturkundemuseums Stuttgart (2023).* Zudem haben andere Beobachter die Art im Beobachtungsgebiet nach 1996 auch auf den verschiedenen Pfullinger Albausliegern gesehen (siehe Tabellen), wo sie ja z.T. schon früher bestätigt wurden.

Das Abnehmen der Art im Untersuchungsgebiet in Höhen über 600 m erklärt sich möglicherweise durch eine Bindung an pelosolartige Böden (Tonzeiger!) und Hangschutt - Erscheinungen, die im wesentlichen an die Unter- und Mittelhänge der Weißjura-Alpha-Stufe gebunden sind (vgl. *Geologische Karte 1988, Bodenkarte 1990*). Aber auch die Tatsache, daß sich Halbtrockenrasen im Stadium fortschreitender Sukzession eigentlich nur in den Unter- und Mittelhangbereichen finden, erklärt die Höhenverbreitung.

Das Große Zweiblatt ist im Untersuchungsgebiet vermutlich auch heute nicht gefährdet. Sowohl Stärke und Anzahl der Populationen als auch die Tatsache, daß die Art höhere Stickstoffmengen verträgt (vgl. *Ellenberg 1992*), lassen einen Rückgang der Art auf der Markung Pfullingen eher nicht befürchten. Durch das Auflassen der für andere Orchideenarten wertvollen Halbtrockenrasen scheint das Große Zweiblatt zunächst sogar noch begünstigt zu werden.

Die äußerliche Unauffälligkeit des Großen Zweiblatts garantiert der Art zudem einen gewissen Schutz vor „falschen Orchideenfreunden" und Fototourismus, birgt aber auch die Gefahr eines Vertritts durch komplettes Übersehenwerden.

6.5. Gattung Nestwurz (*Neottia*)

Die Gattung Neottia umfaßt etwa 60 Arten, von denen sich 14 holomykotroph, d.h. parasitisch von Pilzen ernähren (*Govaerts 2003*). Diese Arten, wie auch die folgende Vogel-Nestwurz, bilden daher kein Blattgrün aus.

6.5.1. Vogel-Nestwurz (*Neottia nidus-avis*)

Bird's-nest Orchid

ungefährdet; IUCN: nicht gefährdet (LC)

Blütebeginn: ab Mitte Mai

Die *Vogel-Nestwurz*, auch *Vogelnest-Orchis* oder einfach *(Braune) Nestwurz* - nicht zu verwechseln mit den ähnlich aussehenden Sommerwurz-Gewächsen (Gattung *Orobranche*) - wächst in Buchen-, aber auch Eichen- oder Kiefern- mischwäldern. Ihre Unscheinbarkeit macht sie durch ihre Häufigkeit wett.

Die Pflanze besitzt kein Blattgrün und lebt *saprophytisch*, d.h. überwiegend von toter organischer Substanz. Die daher bräunlich gefärbte Orchidee steht auf frischem, nährstoff- und basenreichem, bevorzugt kalkreichem, mild bis mäßig saurem, humosem, lockerem und mittelgründigem Lehmboden. Die Pflanze ist ein Mullwurzler und lebt in Symbiose mit Wurzelpilzen (Mykorrhizen). Sie bildet - deshalb ihr Name - ein nestartiges Wurzelwerk aus. Die Schattpflanze bestäubt sich selber oder wird von Insekten bestäubt. Sie ist eine schwache Charakterart der (seggenreichen) Buchenwälder, findet sich jedoch auch im *Carpinion*, den Eichen-Hainbuchenwäldern (vgl. *Oberdorfer 1990, Pfündel et alii 2016*).

In seggenreichen Buchenwäldern kommt die Vogel-Nestwurz meist vergesellschaftet mit dem Weißen Waldvöglein (*Cephalanthera damasonium*) vor, da dieses ähnliche Standortansprüche hat.

Noch immer ist die Vogel-Nestwurz in Baden-Württemberg sehr häufig. Nur im nördlichen Schwarzwald scheint sie zu fehlen. Die Art wurde auch bei der Kartierung 1996 wirklich häufig festgestellt, allerdings erst auf den zweiten Blick.

Alte Angaben zum Fundort werden – wohl aufgrund der Häufigkeit - von den meisten Autoren nicht näher präzisiert. Allein *Mayer (1913)* nennt Ursulaberg, Schönberg, Wanne und

Vogel-Nestwurz (*Neottia nidus-avis*)

Gielsberg. Die Häufigkeit der Art liegt sicherlich darin begründet, daß ihre Farblosigkeit einerseits „falsche Orchideenfreunde" nicht zum Ausgraben der Pflanzen verleitet, andererseits auch die Pflanzengesellschaften, in denen die Orchidee vorkommt, nicht unmittelbar bedroht sind.

Die Vogel-Nestwurz wurde auf der Markung Pfullingen in drei Populationen auf 43 Rasterfeldern mit mindestens 364 Exemplaren kartiert. Individuenstärkste Population war dabei die am Ursulaberg mit 237 Exemplaren, wo sich auch die höchsten Exemplarzahlen pro Rasterfeld fanden.

Die Vogel-Nestwurz zeigt - aufgrund der ähnlichen ökologischen Ansprüche - ein ähnliches Verbreitungsmuster wie das Weiße Waldvöglein: Zwar nimmt die Art bei der Belegung der Rasterfelder den ersten Rang ein, doch hielt sich an den jeweiligen Standorten die Exemplarzahl insgesamt niedrig. Der Anteil an Rasterfeldern mit nur 10 und weniger Exemplaren war mit 81 % fast genauso hoch wie beim Weißen Waldvöglein (*Cephalanthera damasonium*).

Bei der großen Zahl an Fundorten fiel hinsichtlich der Verbreitung der Vogel-Nestwurz weiterhin folgendes auf:

- Wie das Weiße Waldvöglein bevorzugt die Vogel-Nestwurz offenbar westlich exponierte Hänge mit Neigungen über 30°.

- Die Art wurde, da sehr schattenertragend, im Untersuchungsgebiet meistens im Wald (93 % aller Rasterfelder) und mit allein einer Ausnahme immer an solchen Standorten angetroffen, wo im Untergrund die Gesteine oder der Schutt des Weißen Jura anstehen. Sie war daher nirgendwo unter einer Höhe von 510 m zu finden.

- Innerhalb der Waldstandorte im Untersuchungsgebiet fielen zwei Pflanzengesellschaften auf, in denen die Vogel-Nestwurz mit großer Häufigkeit zu finden war: zum einen waren dies die in nördliche Richtungen exponierten Hangbuchenwälder, wo viele Konkurrenzpflanzen durch die längere Beschattung ausfallen. Als zweite bevorzugte Pflanzengesellschaft der Vogel-Nestwurz zeigten sich die Steppenheidewälder (Eichen- und Buchen-Steppenheidewälder) an den nach Westen bis Süden ausgerichteten Hängen. Hier unterliegt der Boden durch die intensive Sonneneinstrahlung starker Austrocknung. An den steilsten Partien ist der Boden von geringer Mächtigkeit (Kalkschutt-Rendzinen, Syroseme). An manchen Stellen fehlt er fast ganz. An solchen Standorten war die Vogel-Nestwurz oft ohne andere Konkurrenzpflanzen zu finden.

- An knapp der Hälfte der kartierten Standorte wuchs die Vogel-Nestwurz gemeinsam mit dem Weißen Waldvöglein (*Cephalanthera damasonium*).

Eine Gefährdung der Vogel-Nestwurz war im Untersuchungsgebiet nicht zu erkennen, was vermutlich auch weiterhin gilt, denn auch nach 1996 wurde die Art für die Mkg. Pfullingen noch über viele Jahre hin bis 2022 registriert. Die zerstreute Verbreitung der Art über Flächen, an die der Nutzungsanspruch gering ist, läßt einen Rückgang eher nicht befürchten.

Da die Vogel-Nestwurz zu den Orchideenarten zählt, welche mäßige Stickstoffmengen vertragen (vgl. *Ellenberg 1992*), ist auch bei zunehmender Stickstoffdüngung durch die Luft kein Rückgang dieser Art zu erwarten. Vereinzelte mechanische Beschädigungen durch die Forstwirtschaft oder Wanderer an Wegrändern dürften kaum ins Gewicht fallen.

6.6. Drehwurz (*Spiranthes*)

Die weltweit verbreitete Gattung Drehwurz umfaßt 33-50 Arten, hauptsächlich des holarktischen Florengebietes - d.h. Eurasien und Nordamerika - mit Schwerpunkt auf letzterem (*Chen et alii, 1994*).

6.6.1. Herbst-Drehwurz (*Spiranthes spiralis*)

Autumn Lady's-tresses

stark gefährdet (2); IUCN: nicht gefährdet (LC)

Blütezeit: August bis Oktober

Herbst-Drehwurz (*Spiranthes spiralis*)

Die weißlich blühende Orchidee wird auch *Herbst-Wendelähre* oder *Herbst-Schraubenstendel* genannt. Ihr wissenschaftlicher Name leitet sich von altgr. σπεῖρα *speira* für „Spirale" und ἄνθος *anthos* für „Blüte" ab. Die Pflanze findet sich auf Magerrasen – sowohl auf sauren, als auch neutralen und kalkhaltigen Böden. Sie steigt bis auf 1200 m Meereshöhe ins Gebirge (vgl. *Buttler 1986*).

Die Orchidee wächst gerne dort, wo eine Schafbeweidung stattfindet.

Als Bestäuber sind Bienen (u.a. Honigbiene) und eventuell Hummeln tätig (*Pridgeon et alii 2003*).

Nach der floristischen Kartierung von Baden-Württemberg des *Naturkundemuseums Stuttgart* wird für den Quadranten 1 des Meßtischblattes 7521 die Meldung eines unbekannten Beobachters aus dem Jahr 1899 angegeben. Weitere Hinweise fanden sich nicht. Die Art dürfte daher im Echaztal erloschen sein. Durch ihre besonderen Standortansprüche ist die Pflanze wohl auch allgemein sehr selten geworden, obwohl (vgl. *Wikipedia 2023*) einer ihrer Verbreitungsschwerpunkte das Vorland der Schwäbischen Alb sein soll.

6.7. Gattung Netzblatt (*Goodyera*)

Die Gattung *Goodyera* zählt etwa hundert Arten, von 60 in Südostasien vorkommen und einige aufgrund ihrer hübsch gezeichneten Blätter als Zierpflanzen beliebt sind. *Goodyera*-Arten kommen quer durch alle tropischen Gebiete (pantropisch), sowie durch alle nordischen Gebiete (zirkumboreal) vor. Auf dem europäischen Festland gibt es indes nur eine Art; eine weitere kommt auf der portugiesischen Insel Madeira vor (vgl. *Wikipedia 2023*).

Die Gattung wurde zu Ehren von *John Goodyer (1592–1664)*, der ein bekannter englischer Botaniker war, benannt (vgl. *Genaust 2012*).

Kriechendes Netzblatt (*Goodyera repens*)

6.7.1. Kriechendes Netzblatt (*Goodyera repens*)

Creeping Lady's-tresses

D: gefährdet – BW / Alb: Vorwarnliste (V); IUCN: nicht gefährdet (LC)

Blütezeit: Juni bis September

Die 10-30 cm hohe, weißlich blühende Orchidee wächst oft halbschattig in moosreichen Nadelwäldern (insb. unter Kiefern), steigt bis auf 2000 m Meereshöhe und steht auf mäßig trockenen bis feuchten, basenreichen Böden (vgl. *Buttler 1986*).

Obwohl die Art – mit Ausnahme des Mittelmeerraums – in ganz Europa verbreitet ist (vgl. *Wikipedia 2023*), war und ist sie im Beobachtungsgebiet wahrscheinlich aufgrund der kalkhaltigen Untergründe nur selten bzw. inzwischen gar nicht mehr vorhanden.

Das Kriechende Netzblatt wurde lt. *Naturkundemuseum Stuttgart (2023)* im ersten (d.h. nordwestlichen) Quadranten des Meßtischblatts 7521 im Jahr 1899 von einem unbekannten Beobachter gesehen und im Quadranten 4 (dem südöstlichen) zwischen 1945 und 1969 bei Geländebeobachtungen festgestellt. Weitere Hinweise finden sich nicht, so daß von einem Erlöschen der Art im Echaztal auszugehen ist.

6.8. Gattung Widerbart (*Epipogium*)

Die Gattung Widerbart besteht aus vier Arten, die über das holarktische (Eurasien und Nordafrika) und paläotropische Florenreich (Altwelttropen), sowie Australien verbreitet sind (vgl. *Wikipedia 2023*).

Mit dem Namen der Pflanze hat es folgende Bewandtnis: Da der Fruchtknoten nicht gedreht ist, steht bei der Blüte die Lippe aufrecht, während die länglichen Kelchblätter und die lanzettlichen, seitlichen Blütenblätter nach unten weisen und wie ein Bart aussehen (*Genaust 1989*). In einigen Sprachen heißt die Pflanze aufgrund ihres Aussehens „*Geisterorchidee*" (vgl. etwa engl. *ghost orchid* oder span. *orquídea fantasma*).

6.8.1. Blattloser Widerbart (*Epipogium aphyllum*)

Ghost Orchid

D: stark gefährdet (2) – BW / Alb: Vorwarnliste (V); IUCN: nicht gefährdet (LC)

Blütezeit: Mitte Juli bis Ende August

Der *Blattlose Widerbart*, auch *Ohnblatt* genannt, kommt selten, aber wenn, dann gesellig in moosigen Nadelholzforsten und Buchenwäldern vor. Die Pflanze bevorzugt frisches, mehr oder minder nährstoff- und basenreiches, mäßig saures bis neutrales und modrig-humoses Substrat. Die flachwurzelnde Moderhumuspflanze kommt auf Ton- und Lehmböden vor. Der Widerbart ist eine Halbschattenpflanze, die von Hummeln bestäubt wird (vgl. *Oberdorfer 1990, Presser 1995*). In deutschen Gebirgen ist sie bis auf 1500 m Höhe zu finden (*Baumann / Künkele 1998*).

Die Pflanze ist in allen Stadien ihres Lebens auf Pilzsymbiosen angewiesen (vgl. *Wikipedia 2023*). Da die

Blattloser Widerbart (*Epipogium aphyllum*)

Pflanze nachweislich auch mehrere Jahre hintereinander nicht zur Blüte kommt (vgl. *Aichele / Schwegler 2000*), sollten ehemalige oder potentiell mögliche Standorte immer wieder untersucht werden, zumal sich die dichtesten Vorkommen – außer im Alpenvorland und Mitteldeutschland - auf der Schwäbischen Alb finden (vgl. *Nm, BfN 2023*).

Insgesamt wurden Bestandsrückgänge nach dem Jahrhundertsommer 2003 beobachtet, so daß die Art möglicherweise vom Klimawandel betroffen ist. Außerhalb Deutschlands kommt die Pflanze in weiten und fast allen Teilen Eurasiens vor (vgl. *Wikipedia 2023*).

Vorkommen vom Widerbart müssen sich in früherer Zeit (nach *Mayer 1913, 1929*) am Mädlesfels und / oder am Übersberger Hof befunden haben.

Bei den Kartierarbeiten wurde die Art dort nicht angetroffen. Das Verschwinden ist wahrscheinlich auf die starke forstwirtschaftliche Nutzung der Wälder auf dem Übersberg zurückzuführen. Der starke Unterwuchs der Wälder, hauptsächlich aus Jungbäumen bestehend, gibt der Orchideenart zu wenig Raum zur Entfaltung, denn obwohl der Widerbart eine Schattpflanze ist, verträgt er starke Konkurrenz in der Krautschicht offenbar nicht.

6. 9. Gattung Waldhyazinthe (*Platanthera*)

Die Gattung Waldhyazinthe ist eine Gattung mit 85 gültig beschriebenen Arten. Die meisten Arten kommen in Ostasien vor. Auf dem europäischen Festland gibt es fünf Arten; zwei weitere auf den zu Portugal gehörenden Azoren. Der Name Waldhyazinthe ist indes botanisch nicht korrekt, da die Pflanzen der Gattung mit den Hyazinthen nicht weiter verwandt sind (vgl. *Wikipedia 2023*).

Im Beobachtungsgebiet kommt häufig die Art *P. bifolia* vor, während die Art *P. chlorantha* selten ist. Letztere blüht um ein bis zwei Wochen vor der erstgenannten.

6. 9. 1. Zweiblättrige Waldhyazinthe (*Platanthera bifolia*)

Lesser Butterfly Orchid

D: gefährdet (3) – BW: Vorwarnliste – Alb: ungefährdet (*); IUCN: nicht gefährdet (LC)

Blütebeginn: meist Mitte Juni

Die *Zweiblättrige Waldhyazinthe,* auch *Kuckucks-Waldhyazinthe* oder *Kuckucksblume* genannt, kommt auf Heiden und Halbtrockenrasen vor, wächst aber, da Halbschatten ertragend, auch in lichten Eichen- und Kiefernwäldern.

184

Die Pflanze siedelt auf trockenen bis wechsel-frischen, basenreichen, nährstoffarmen, modrig-humosen Lehm- und Tonböden. Die Orchidee ist eine Mull- und Moderpflanze, die von Kleinschmetterlingen bestäubt wird (vgl. *Oberdorfer 1990*).

Da es sich dabei um langrüsselige Nachtfalter handelt, duftet die Blüte sinnvollerweise nur in der Nacht (vgl. *Wikipedia 2023*).

In deutschen Gebirgen steigt die Pflanze bis auf knapp über 1600 m (vgl. *Baumann / Künkele 1998*).

Die wiss. Bezeichnung *bifolia* (bedeutet: zweiblättrig) bezieht sich auf die zwei gegenständigen Laubblätter.

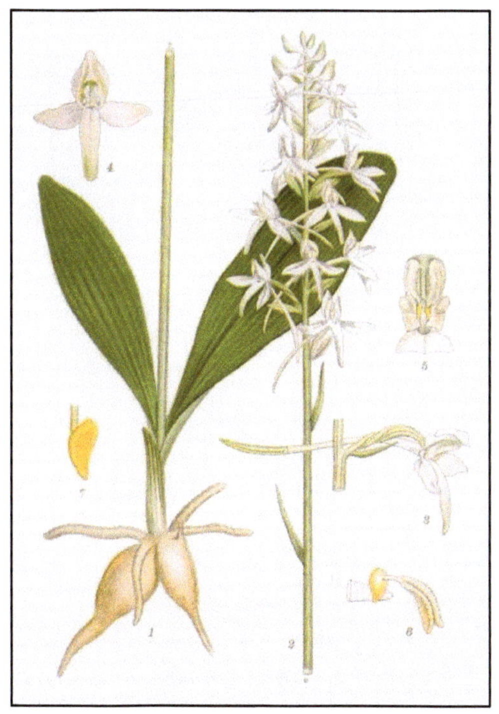

Zweiblättrige Waldhyazinthe
(*Platanthera bifolia*)

Die einstige Anzahl von 235 Vorkommen in Baden-Württemberg ging auf 175 im Jahr 1993 zurück (vgl. *Schneider 1993*). Immer noch jedoch ist das Gebiet um die Schwäbische Alb einer der Verbreitungsschwerpunkte, wie die Karten des *Naturkundemuseums Stuttgart (2023)* zeigen.

Mayer (1904) listet für das Untersuchungsgebiet folgende Orte des Vorkommens auf: den Wackerstein, die Wanne und den Übersberg. *Schlichenmaier (1940)* nennt den Ursulaberg. Auch von 1960 bis 1996 wurde die Art in verschiedensten Teilen der Mkg. Pfullingen von unterschiedlichen Beobachtern registriert, darunter im Zeitraum 1986 – 1996 auch vom Autoren selbst.

Oft, aber lange nicht ausschließlich im Wald vorkommend: Zweiblättrige Waldhyazinthe.

Nach 1996 wurde die Zweiblättrige Waldhyazinthe weiterhin von verschiedensten Beobachtern in den meisten Jahren gesehen.

Bei der 1996er-Kartierung kam die Zweiblättrige Waldhyazinthe zerstreut in drei Populationen vor. Sie war auf 20 Rasterfeldern mit insgesamt einer Exemplarzahl von mindestens 275 vertreten. Individuenstärkste Population war dabei die am Ursulaberg mit 127 Exemplaren, während am Sonnenbau mit 43 Exemplaren die höchste Anzahl pro Rasterfeld erreicht wurde.

Bei der Betrachtung aller Standorte konnte festgestellt werden, daß die Art im Untersuchungsgebiet bevorzugt auf Halbtrockenrasen über kalkhaltigem Untergrund wuchs. 14 der 20 Rasterfelder (= 70 %), in denen die Zweiblättrige Waldhyazinthe angetroffen wurde, boten solche Standortbedingungen.

Daneben ließ sich eine Bevorzugung der westlich exponierten Hanglagen (NW-SW) erkennen. Obwohl das ökologische Verhalten der Art von *Ellenberg (1992)* als temperaturindifferent, d.h. von der Temperatur unabhängig angegeben wird, deutet die Präferenz bestimmter westlicher und südwestlicher Hanglagen auf einen gewissen Wärmeanspruch. Ein großer Teil der Rasterfelder mit den höchsten Exemplarzahlen fand sich dort.

186

Wie die meisten Orchideenarten der Rasengesellschaften, war die Zweiblättrige Waldhyazinthe im Untersuchungsgebiet erst ab einer Höhe von 500 - 550 m zu finden, da ab dieser Höhe die intensive landwirtschaftliche Nutzung nachläßt und überall die Gesteine des Weißen Jura anstehen.

Weil die Art an vielen ihrer Fundorte mit nur ein bis zwei Exemplaren vertreten war und die Populationen auch insgesamt keine hohen Exemplarzahlen aufwiesen, sollten Nutzungen von Flächen mit Vorkommen ohne Schutzstatus schonend erfolgen. In 40 % der Rasterfelder war die Zweiblättrige Waldhyazinthe bereits einer mechanischen Belastung, insbesondere durch Vertritt ausgesetzt, während an Fundorten wie im Lippental oder im Gewann Vor dem Ursulaberg eine fortschreitende Sukzession die wenigen Exemplare zu überwuchern drohte. Insgesamt war an 50 % aller Fundorte irgendeine Art von Bedrohung festzustellen. Obwohl die Hälfte aller Fundorte durch einen Schutzstatus gesichert war, fanden sich dennoch in sieben dieser zehn Fälle Gefährdungspotentiale, die einwirkten - ein Beweis dafür, daß auch Naturschutzgebiete einer Art nie vollständigen Schutz gewähren können.

6. 9. 2. Grünliche Waldhyazinthe (*Platanthera chlorantha*)

Green Platanthera

D: gefährdet – BW / Alb: Vorwarnliste; IUCN: nicht gefährdet (LC)

Blütezeit: Mitte Mai bis Anfang Juli, oft zwei Wochen vor der Weißen Waldhyazinthe

Die *Grünliche Waldhyazinthe* (auch: *Berg-Waldhyazinthe* oder *Berg-Kukkucksblume*) kommt in Nadelmischwäldern und auf quelligen bis moorigen Wiesen vor. Die Pflanze siedelt auf feuchtem bis wechselfeuchtem, mäßig nährstoff- und basenreichem, mild-humosem Substrat. Sie ist auf Lehm- und Tonböden, Gneis und Kalk zu finden. Die Orchidee ist ein Lehm-, wie auch

Feuchtigkeits- und Wechselfrische-zeiger. Die Bestäubung erfolgt, wie bei *P. bifolia*, durch Nachtfalter (vgl. *Oberdorfer 1990*).

In deutschen Gebirgen kommt die Art bis auf knapp 1700 m Höhe vor (*Baumann / Künkele 1998*).

Im Gegensatz zur Weißen Waldhya-zinthe sind die Bestände der Grünli-chen Waldhyazinthe auf der Markung Pfullingen wahrscheinlich erloschen, obwohl insgesamt gesehen nach *Kün-kele (1996)* die eine Art nicht seltener als die andere gewesen sein soll. *Kallmeyer und Ziesche (1996)* hinge-gen stuften die Grünliche Waldhya-zinthe am Beispiel ihres Untersu-chungsgebiets (Sachsen-Anhalt) als deutlich seltener ein und begründen

Grünliche Waldhyazinthe (*Platanthera clorantha*)

dies mit deren geringerer Anpassungsfähigkeit. Auch die Verbreitungskarten des *Naturkundemuseums Stuttgart (2023)* lassen deutlich erkennen, daß *P. chlorantha* die seltenere Art ist.

Letztgenannte Quelle (*Nm 2023*) nennt für Pfullingen einen Fund zwischen 1830 und 1860 mit Herbarbeleg. Nach Beschreibungen von Autoren wie *von Martens und Kemmler (1865, 1882)*, sowie *Gradmann (1898, 1900)* soll die Grünliche Waldhyazinthe am Ursulaberg vorgekommen sein, möglicherweise im heutigen NSG Kugelberg. Auch *Kirchner und Eichler (1900)* schreiben: „am Ursulaberg". *Mayer (1904, 1913, 1929 und 1950)* nennt neben dem Ur-sulaberg auch die Wanne und den Wackerstein als Fundorte. Das *Naturkunde-museum Stuttgart (2021)* führt für das MTB 7521 Beobachtungen zwischen

188

1900 und 1944 für die Quadranten 3 und 4, sowie zwischen 1945 und 1969 an; dazu eine von Michael Merten aus dem Jahr 1994, die das Gebiet um Schönberg – Wanne - Ahlsberg als Fundort nennt.

P. chlorantha wurde bei der 1996er-Kartierung weder dort, noch woanders auf der Mkg. Pfullingen gesehen. Auch *Helmut Ilg (nach mündl. Mitteilung 1996)* war damals kein Standort auf der Markung Pfullingen bekannt.

6. 10. Gattung Hohlzunge (*Coeloglossum*)

Die Gattung Hohlzunge ist eine Orchideengattung mit vier Arten, die sich über die gemäßigte nördliche Hemisphäre verteilen (*span. Wikipedia-Artikel 2022*).

6. 10. 1. Grüne Hohlzunge (*Coeloglossum viride*)

Frog Orchid

stark gefährdet (2); IUCN: nicht gefährdet (LC)

Blütezeit: Mitte Mai bis Anfang August

Diese seltenere und überdies oft übersehene Art wächst in Magerrasen auf mäßig trockenen bis frischen, mehr oder weniger basenreichen, mäßig sauren, modrig-humosen, steinigen oder sandigen Lehmböden. Die Pflanze ist ein Magerkeitszeiger und wird von Nachtfaltern bestäubt (vgl. *Oberdorfer 1990*).

Nach molekulargenetischen Untersuchungen wird die Art seit 1997 auch von einigen Autoren der Gattung Fingerwurz (*Dactylorhiza*) zugeordnet und trägt

Grüne Hohlzunge (*Coeloglossum viride*)

dann den wiss. Namen *Dactylorhiza viridis* - Grüne Fingerwurz, was sich jedoch noch nicht überall durchgesetzt hat (*Wikipedia 2023*).

Die Hohlzunge hat einen hohen Zeigerwert für Licht und kommt daher nur an gut besonnten Stellen vor (vgl. *Ellenberg 1992*).

Die vom Aussterben bedrohte Art, die mit 99 Vorkommen schon in früherer Zeit nicht sehr häufig war, kam 1993 in Baden-Württemberg nur noch an 18 Fundorten vor (vgl. *Schneider*) und 2023 (vgl. *Nm*) nur noch auf 12 MTB-Quadranten. Möglicherweise wird die Anzahl der Vorkommen aber auch unterschätzt, da die Grüne Hohlzunge vom äußeren Erscheinungsbild her eher zu den unauffälligen Orchideenarten gehört.

Die Hohlzunge wurde zwischen 1830 und 1860 auf MTB 7521/2, sowie zwischen 1900 und 1944 auf MTB 7521/2 registriert (*Nm 2023*).

Auf der Markung Pfullingen wurde die Art von *Mayer (1913)* auf dem Übersberg und am Ursulaberg beobachtet. Vom Fohlenhof bei St. Johann gibt es lt. *Naturkundemuseum Stuttgart (2023)* einen Herbarbeleg vom 24. Juni 1928 (Sammler: *Julius Plankenhorn*).

Heideker (1990/91) folgend, soll sie bei einer Begehung am 9.6.1982 auf dem Pfullinger Gielsberg gefunden worden sein, auch 1990 noch von Heideker selbst. Der Gielsberg taucht als Fundort auch bei anderen Beobachtern zwischen 1972 und 1992 auf. Bei der 1996er-Kartierung wurde die Art nicht gesehen; hingegen jedoch 1997/98 erneut auf dem Pfullinger Gielsberg (durch *H. Wagner*) und 2008 auf MTB 7521/3 (durch *W. Riedel*), was vermutlich auch Gielsberg bedeutet.

6.11. Gattung Händelwurz (*Gymnadenia*)

Die *Händelwurzen* (nicht zu verwechseln mit den *Stendelwurzen*!) sind mit 26 Arten – unter Einbeziehung der früheren Gattung *Nigritella* (Kohlröschen) – quer durch Eurasien verbreitet (vgl. *Govaerts, R.)*.

Die Gattung hat ihren Namen von den handförmigen Wurzelknollen, die ihre Arten besitzen (vgl. *Presser 1995*). Der Volksglaube sah darin die schaffende Hand der Natur oder auch die Hand der Heiligen Jungfrau; andere Namen daher *Marienhand* oder *Unsrer lieben Frau Händlein*. Exemplare mit schwarzer Wurzel hießen auch *Satanshand, Teufelshand* oder *Totenfinger*. Fand man Pflanzen mit weißen und schwarzen Wurzeln, legte man diese ins Wasser und beobachtete, ob die gute oder die böse oben schwamm – ein Brauch, den man in ländlichen Gegenden Schwedens offenbar noch lange pflegte (vgl. *v. Perger 1864*).

Im Untersuchungsgebiet ist die Gattung mit ihren beiden, in Mitteleuropa vorkommenden Arten zu finden. Der Duft wurde noch zur Zeit der Kartierung 1996 als Unterscheidungsmerkmal angegeben, obwohl, wie *Pfündel et alii (2016)* anmerken, daß *G. odoratissima* und *G. conopsea* duften können. Auch die englischen Bezeichnungen („*fragrant*", „duftend") unterstreichen diese Tatsache. Es sollten daher alle Händelwurz-Vorkommen noch einmal genau auf die Art angesehen werden.

6. 11. 1. Mücken-Händelwurz (*Gymnadenia conopsea*)

Common Fragrant Orchid

D / BW: Vorwarnliste (V) – Alb: ungefährdet (*); IUCN: nicht gefährdet (LC)

Blütebeginn: meist Ende Mai bis Anfang Juni

Die *Mücken-Händelwurz*, auch *Langsporn-Händelwurz*, *Fliegen-Händelwurz* oder *Große Händelwurz* genannt, kommt innerhalb von Europa hauptsächlich im nördlichen Europa vor, weshalb sie in Mitteleuropa gerne in die höheren Lagen ausweicht; in deutschen Gebirgen bis auf über 2100 Meter Meereshöhe. Die Pflanze zeigt wechselfrische bis wechseltrockene Standortsverhältnisse an (vgl. *Pfündel et alii 2016*). Sie wächst auf basenreichen, nährstoffarmen, milden und humosen Lehm- oder Tonböden. Die Art kommt in mehreren Gesellschaften vor, u.a. in Pfeifengras- und Halbtrockenrasen-Gesellschaften (vgl. *Oberdorfer 1990 / 2001, Ellenberg 1992*). Sie ist daneben auch in lockeren Busch- und Waldrand-Gesellschaften zu finden. Oft ist sie Zeigerart einer sich ankündigenden Sukzession in Richtung Verbuschung (vgl. *Lärcher et alii 1996*).

Zu den häufigsten Bestäubern zählen das bekannte, wie ein Kolibri schwirrende Taubenschwänzchen (*Macroglossum stellatarum*), sowie der Kleine Weinschwärmer (*Deilephila porcellus*) – neben anderen Tag- und Nachtfaltern.

Mücken-Händelwurz *(Gymnadenia conopsea)*

Die Samen der Pflanze wiegen nur 0,008 mg und jede Samenkapsel enthält mehrere tausend von ihnen (vgl. *Wikipedia 2023*).

Von ehemals 235 Vorkommen in Baden-Württemberg wurden bis 1993 schon 56 vernichtet (vgl. *Schneider 1993*). Die Mücken-Händelwurz war früher in ganz Württemberg weitverbreitet (vgl. *Kirchner und Eichler 1913*) und ist noch immer sehr häufig (*Nm 2023*). Daher kann sie auch heute auf der Pfullinger Markung oft angetroffen werden.

Erste Beobachtungen – alle mit Herbarbeleg – gibt es, wie durch das *Nm (2023)* zu erfahren, von *F. Hegelmaier (1866)*, *E. Klemm (1894)* und *A. Mayer (1913, 1927)*. Genauere Be-

Die Mücken-Händelwurz kommt auf Halbtrockenrasen um Pfullingen häufig vor.

schreibungen von Fundorten liefert auch letztgenannter *(1904, 1913,1929)*, wobei er den „Pfullingerberg" (= Pfullinger Gielsberg), den Georgenberg, den Übersberg, den Ursulaberg und die Wanne angibt.

Bertsch (1933) nennt Pfullingen im Zusammenhang mit der Bastardbildung zwischen Mücken-Händelwurz und Breitblättriger Fingerwurz (*Dactylorhiza majalis*).

Schlichenmaier (1940) bestätigt die Art auch für den Ursulahochberg.

1950 führt *Mayer* für Bastarde zwischen Mücken-Händelwurz und Pyramiden-Hundswurz (*Anacamptis pyramidalis*) den Kugelberg als Fundort an. Für Bastarde zwischen beiden *Gymnadenia*-Arten werden Wanne und Ursulaberg als Fundorte genannt.

Auch für 1950 und 1952 gibt es noch Funde von *G. conopsea* mit Herbarbeleg durch *B. Ziegler* und *K. Müller* vom Pfullinger Gielsberg. Bis 1996 wird die Art über viele Jahre hinweg für viele Teile der Mkg. Pfullingen sehr häufig genannt (vgl. *Nm 2023*). *Jansen (1981)* bestätigt den Pfullinger Gielsberg als Fundort; die Biotopkartierungen 1992 einen Magerrasen südlich der Ahlsberg-siedlung, 1993 die Schönberg-Hochwiese und einen Trockenrasen am Ursula-berg, sowie den Waldrand am Ursulaberg, die Waldwiese unterhalb der Lache und ein sumpfiges Gebiet östl. der Stadt. Der Autor selbst sah die Mücken-Händelwurz von 1987 bis 1996.

Bei den Kartierungsarbeiten 1996 wurden vier Populationen aufgefunden. Die Art war auf 31 Rasterfeldern mit insgesamt mindestens 1192 Exemplaren ver-treten. Größte Population war jene auf dem Pfullinger Gielsberg mit mehr als 600 Exemplaren, wo auch gleichzeitig die höchsten Exemplarzahlen pro Ra-sterfeld vorkamen.

Nach der Gesamtexemplarzahl war die Mücken-Händelwurz zweithäufigste Orchideenart des Untersuchungsgebietes. Sie wurde auf fast allen Halbtrocken-rasen über den Gesteinen des Weißjura und Weißjura-Schutt angetroffen und hielt sich auch auf aufgelassenen Halbtrockenrasen, solange die Verbuschung nicht zu stark war.

Bei der Verbreitung fiel auf, daß sich ein großer Teil aller Rasterfelder (35 %) an den nach Norden exponierten Hängen fand. Obwohl die Mücken-Händel-wurz keine Waldorchidee ist und daher an Waldstandorten fast nie vorkommt, verträgt sie - im Vergleich zu anderen Orchideenarten der Halbtrockenrasen - weniger besonnte Standorte (vgl. *Ellenberg 1992*) und wächst daher auch auf den schattigeren Trockenrasen, wo die an anderen Standorten konkurrierenden Arten wie Pyramiden-Hundswurz (*Anacamptis pyramidalis*) schon ausfallen.

Da die Art in individuenstarken Populationen und Teilpopulationen vorkam, ist sie, wenn die derzeitige Flächennutzung seit 1996 beibehalten wurde, im Untersuchungsgebiet weitgehend ungefährdet. Vertritt einzelner Exemplare, der in knapp der Hälfte aller Rasterfelder vorkam, dürfte von den Beständen verkraftet worden sein.

An einigen Standorten wie beispielsweise am Ahlsberg, im Lippental oder am Eisweiher sollte - so nicht bereits geschehen oder noch möglich - jedoch unbedingt darauf geachtet werden, daß noch vorhandene Bestände nicht der fortschreitenden Sukzession zum Opfer fallen. Ein Teil dieser Sukzessionsstandorte war zum Zeitpunkt der Kartierung anscheinend zum Zweck des Orchideenschutzes mit einem Schutzstatus versehen, erfuhr dann aber nicht ausreichende Pflege.

6. 11. 2. Wohlriechende Händelwurz (*Gymnadenia odoratissima*)

Short Spurred Fragrant Orchid

gefährdet (3); IUCN: nicht gefährdet (LC)

Blütebeginn: meist Ende Mai bis Anfang Juni

Die *Wohlriechende Händelwurz* hat ihren Namen von dem intensiven Duft nach Vanille, den ihre Blüten verströmen (man erinnere sich: auch die Vanille selbst ist eine Orchidee!); daher auch manchmal *Duft-Händelwurz* genannt. So ist es nicht erstaunlich, daß man in alter Zeit (siehe *Perger 1864*) aus dieser Pflanze auch Liebestränke braute.

Wohlriechende Händelwurz
(*Gymnadenia odoratissima*)

Morphologisch unterscheiden sich die beiden Arten durch den Sporn, der bei der Wohlriechenden Händelwurz höchstens so lang wie der Fruchtknoten ist (was auch der englische Name hervorhebt!).

Nicht nur das äußere Erscheinungsbild, sondern auch die Standortansprüche der beiden Arten ähneln sich sehr, weshalb sie untereinander manchmal Bastarde bilden (vgl. *Oberdorfer 1990*). Die Pflanze kommt, mehr noch als ihre nahe Verwandte, stets auf kalkreichen Böden vor (vgl. *Ellenberg 1992*).

Als Bestäuber fungieren verschiedene Insekten; in Baden-Württemberg offenbar (vgl. *Sebald et alii 1998*) sehr häufig Falter der Gattung *Zygaena* (Blutströpfchen, Widderchen).

Früher gab es in Baden-Württemberg 108 Vorkommen; 1993 war es dann nur noch 56 (vgl. *Schneider 1993*). Seit 2005 wurde *G. odoratissima* im Land auf 45 MTB-Quadranten beobachtet.

Die Art soll schon 1851 auf den Holzwiesen (an der Lache) beobachtet worden sein (*Mayer 1913*). Von 1892 bis 1957 gibt es insgesamt 11 Herbarbelege von Pfullingen und Umgebung, darunter mehrfach von der Wanne (vgl. *Nm 2023*).

196

Mayer (1904, S.65) nennt Fundorte auf der Wanne, sowie auf dem Schönberg, dem Ursulaberg und am Mädlesfels. 1913 listet er Ursulaberg, Wanne, Schönberg und Pfullinger Gielsberg als Fundorte auf.

Kirchner und Eichler (1913) geben konkret für Pfullingen Bastarde zwischen beiden Händelwurz-Arten (gefunden 1901 an der Wanne, vgl. *Mayer 1904*) an. Auch 1929 nennt *Mayer* noch allgemein die „Pfullingeralb" als eines der Verbreitungsgebiete der Art in Württemberg. Später (1950) führt er wieder konkreter Pfullinger Gielsberg, Wanne und Ursulaberg als Fundorte auf.

Von 1950 bis 1996 wird die Wohlriechende Händelwurz auf Pfullinger Gebiet jedoch über viele Jahre immer wieder beobachtet. Auch für die Zeit danach ist sie von verschiedensten Beobachtern belegt (vgl. Tabellen im Anhang).

Heute ist die Art selten, was jedoch auch daran liegen kann, daß sie von ihrer nächsten Verwandten, der Mücken-Händelwurz (*Gymnadenia conopsea*), nicht so ohne weiteres unterschieden werden kann.

Die Ergebnisse der 1996er-Kartierarbeiten erbachten damals lediglich das Vorhandensein von einer Population mit insgesamt 312 Exemplaren auf 3 Rasterfeldern. Teilpopulationen befanden sich allesamt in Halbtrockenrasengesellschaften: am Wasen, sowie auf den beiden Halbtrockenrasen im Gewann Vor Buch, von denen jene Teilpopulation am Wasen mit über 200 Exemplaren pro Rasterfeld die individuenstärkste darstellte. Die Art ist im Untersuchungsgebiet und allgemein in Baden-Württemberg seltener als ihre Verwandte, die Mücken-Händelwurz (*Gymnadenia conopsea*). Grund hierfür ist möglicherweise, daß die Wohlriechende Händelwurz - wahrscheinlich noch mehr als *Ellenberg (1992)* angibt - dazu tendiert, ein Trockniszeiger zu sein und daher die Niederschläge am Albtrauf für sie bereits zu hoch ausfallen (vgl. *Seybold 1977, Ellenberg 1992*). Gegen diese Vermutung spräche allerdings die von verschiedenen Autoren bestätigte, frühere Verbreitung (s.o.).

Nach 1996 (siehe Tabellen im Anhang) wurde *G. odoratissima* sowohl weiterhin im NSG Kugelbergs als auch um Wanne, Schönberg und Pfullinger Gielsberg gesehen. Fundortsangaben um Elisenhütte – Immenberg bezeichnen wohl schon Standorte außerhalb der Mkg. Pfullingen.

Die heutigen Bestände der Art im Untersuchungsgebiet sind soweit alle durch Schutzstatus gesichert. Am Wasen kommt es eventuell zu Vertritt durch Besucher, während die Vorkommen im Gewann Vor Buch weitgehend vor negativen Einflüssen abgeschirmt sind.

6.12. Gattung Fingerwurz (*Dactylorhiza*)

Die Fingerwurzen (= wörtl. Übersetzung von altgr.) sind mit etwa 40 Arten über Eurasien und Nordafrika verbreitet, wobei eine Art auch in Nordamerika zu finden ist (vgl. *Wikipedia 2023*).

Die Gattung Fingerwurz wurde erst in neuerer Zeit von der Gattung Knabenkraut (*Orchis*) unterschieden, obwohl der Gattungsname *Dactylorhiza* bereits erstmalig 1790 geprägt wurde. Pflanzenfreunde, die mit älteren Ausgaben von Bestimmungsführern unterwegs sind, werden die folgend aufgeführten Arten noch mit dem wiss. Gattungsamen *Orchis* und der deutschen Bezeichnung Knabenkraut finden. Wie die Händelwurz, hat auch die *Dactylorhiza* handförmige Wurzelknollen (vgl. *Füller 1983, Presser 1995*).

Als Bestäuber fungieren häufig Hummelköniginnen. Da die Bestäuber nicht artspezifisch sind, treten dementsprechend häufig Bastarde zwischen den Arten auf (vgl. *Claessens / Kleynen 2011*).

Überhaupt ist die Bestimmung der Arten oft nicht einfach. Es gibt gar Botaniker, die *Dactylorhiza*-Populationen am liebsten gar nicht näher ansehen, um nicht an ihren taxonomischen Fähigkeiten zu zweifeln (vgl. *Haber 1972*).

198

6. 12. 1. Holunder-Fingerwurz
(*Dactylorhiza sambucina*)

Elder-flowered Orchid

D / BW: stark gefährdet (2) – Alb:
ausgestorben (0); IUCN: nicht gefährdet (LC)

Blütezeit: April bis Juni

Die *Holunder-Fingerwurz* (auch: *Ho-
lunder-Knabenkraut*) kommt in ganz
Europa vor, wobei sie in Süd-Europa
in die Gebirgsstufen steigt; in deutschen Gebirgen bis zu 1200 m
(*Baumann / Künkele 1998*).

Die Art wächst in lichten Wäldern,
sowie auf Magerrasen. Sie bevorzugt
schwach saure, basenreiche und
wechselfeuchte Böden (vgl. *Buttler
1986*).

Holunder-Fingerwurz
(*Dactylorhiza sambucina*)

D. sambucina war in Mitteleuropa schon ohnehin selten und da sie (vgl. *Oberdorfer 2001*) kalkarme Böden eher meidet, ist sie im Gebiet der Schwäbischen
Alb offenbar gar nicht vertreten. Die floristische Kartierung des *Naturkundemuseums Stuttgart* verzeichnet für die Zeit ab 2005 lediglich wenige Funde im
Schwarzwald und einen für den Raum Leonberg.

Rösler gibt die Art *1790* für Pfullingen an und vermerkt als Standort: „gegen
den Roßberg hin", wobei es sich vermutlich um den Pfullinger Gielsberg handelt. Jüngere Quellen führen die Holunder-Fingerwurz nicht mehr an, und auch
bei der Kartierung wurde sie nicht mehr angetroffen.

Fleischfarbene Fingerwurz
(*Dactylorhiza incarnata*)

6.12.2. Fleischfarbene Fingerwurz (*Dactylorhiza incarnata*)

Early March-Orchid

gefährdet (3); IUCN: nicht gefährdet (LC)

Blütebeginn: meist Ende Mai

Die *Fleischfarbene Fingerwurz* (auch: *Fleischfarbenes* oder *Steifblättriges Knabenkraut*), wächst auf Sumpf- und Binsenwiesen und unter Moorgebüsch. Sie ist auf nassen bis wechselnassen Untergründen zu Hause. Diese sind normalerweise nährstoff- und basenreiche, neutral bis milde, humose, Sand- oder reine Tonböden. (vgl. *Oberdorfer 1990, 2001*).

Als Lichtpflanze kommt die Orchidee nur an voll besonnten Standorten vor (vgl. *Ellenberg 1992*).

In deutschen Gebirgen steigt die Art bis auf knapp über 1300 m (vgl. *Baumann / Künkele 1998*).

Die Art bastardiert gerne. Für Pfullingen werden Hybride mit Gefleckter und Breitblättriger Fingerwurz angegeben (vgl. Tabelle unter 2.5.).

In Mitteleuropa ist die Art, wie *Oberdorfer (2001)* anmerkt, allgemein selten. Von den einst 160 Vorkommen in Baden-Württemberg waren 1993 schon 77 erloschen (vgl. *Schneider 1993*). Auch lt. *Nm (2023)* fehlt die Fleischfarbene

Fingerwurz in vielen Teilen Baden-Württembergs. Im Vergleich zur Breitblättrigen Fingerwurz verschwindet sie zuerst, weil sie anspruchsvoller ist (vgl. *Wikipedia 2023*), was allerdings so für das Beobachtungsgebiet nicht bestätigt werden kann, denn auf der Mkg. Pfullingen ist *D. majalis* die seltenere Art. Aber auch *D. incarnata* war im Untersuchungsgebiet früher mit Sicherheit häufiger. Viele der potentiellen Standorte an Sümpfen auf Wiesen und Weiden, dort, wo durch geologischen Schichtwechsel bedingt Quellen austreten (sog. Quellhorizonte), wurden im Zuge der intensiveren Landnutzung mittels Nährstoffeintrag oder Drainage, aber auch durch Bebauung Vorkommen zerstört.

Gradmann (1898,1900), wie auch *Kirchner und Eichler (1900, 1913)* listen für Württemberg eine Reihe von Vorkommen auf, wobei auch Pfullingen genannt wird. Erste konkretere Hinweise erhalten wir dann von *Mayer (1904, 1929, 1950),* der die Wanne als Fundort nennt. Daß dabei die Hochwiese der Wanne gemeint ist, die als Standort für die Fleischfarbene Fingerwurz, da zu trocken, eigentlich ausscheiden müßte, ist unwahrscheinlich. Eher in Betracht kommen andere vernäßte Standorte auf Rutschungen am Fuße der Wanne. Möglicherweise war mit der Fundortangabe „Wanne“ das Vorkommen auf dem Roßwag, nordöstlich der Wanne, gemeint. Bei Bastarden zwischen Fleischfarbener Fingerwurz und Gefleckter Fingerwurz (*Dactylorhiza maculata*) wird die Wanne von *Mayer* ein zweites Mal genannt.1913 tauchen bei *Mayer* auch die Holzwiesen, die Waldwiese unterhalb der Lache (vgl. 5.2.), als Fundortangabe auf.

Von 1963 bis 1973 nennt W. Schmidt (vgl. *Nm 2023*) immer wieder den Ahlbol als Fundort, womit entweder die Sumpfwiese am Roßwag (s.o.) oder ein 1972 zerstörtes Quellmoor gemeint ist. Letzteres war das einzige Quellmoor des Echaztals, das neben der Fleischfarbenen Fingerwurz auch schöne Bestände des Wollgrases (*Eriophorum spec.*) und den Sumpfschachtelhalm (*Equisetum palustre*) beherbergte. Zwar hatte der Naturschutzdienst des Albvereins diesen Biotop auf dem Roßwag einige Jahre von der Beweidung mit Großvieh freihalten können, doch den Bedürfnissen des Tennissports wurde damals Vorrang

Fleischfarbene Fingerwurz am Roßwag

eingeräumt: Die Tennisplätze wurden genau auf das Quellmoor gebaut - ein gutes Beispiel dafür, daß langfristig eine Sicherung nur über einen massiven gesetzlichen Schutzstatus erreicht werden kann (vgl. *Ilg in Neske 1982*).

Zwischen 1980 und 2001 wurde die Fleischfarbene Fingerwurz im NSG Kugelberg beobachtet (vgl. *Nm 2023*). Ein Vorkommen von mehreren Exemplaren, das der Autor Mitte der achtziger Jahre in einem Quellsumpf im Gewann Breitwiesen, südlich der Kreisstraße nach RT-Gönningen entdeckt hatte, konnte während der Geländearbeit für die Kartierung 1996 dann nicht mehr bestätigt werden. Wie ein üppiger Brennesselbewuchs entlang der feuchten Gräben zeigt, ist das Vorkommen wahrscheinlich aufgrund von Eutrophierung, d.h. durch Nährstoffeintrag aus den umliegenden Wiesen vernichtet worden.

1987 bis 1996 wuchs *D. incarnata*, wie der Autor beobachtete, hauptsächlich am Roßwag, aber auch im NSG Kugelberg, sowie im Lippental.

Die Biotopkartierung bestätigte die Art 1993 für ein Feuchtgebiet E der Stadt.

Während der 1996er-Kartierung kam die Fleischfarbene Fingerwurz in zwei Populationen an zwei Standorten vor.

Einer befand sich mit (1996) 30 Exemplaren auf dem Roßwag, ein anderer auf der großen Wiese im Gewann Vor Buch. Auf letzterer blühten 1981 noch 40 Exemplare (vgl. *Läderbusch 1981*). 1996 waren es nur 10.

Entsprechend ihrem Gefährdungsgrad auf der Roten Liste, ist die Fleischfarbene Fingerwurz im Untersuchungsgebiet als gefährdet, wenn nicht sogar als stark gefährdet einzustufen.

Das Vorkommen in nur zwei Populationen von jeweils relativ wenigen Exemplaren, bringt die Gefahr mit sich, daß die Art bei unsachgemäßer Bewirtschaftung bzw. falscher Pflege der Standorte innerhalb von ein bis zwei Jahren erlöschen kann. Dies wäre vor allem deshalb für die Verbreitung der Art verhängnisvoll, da auch in der näheren Umgebung des Untersuchungsgebietes keine größeren Vorkommen der Fleischfarbenen Fingerwurz bekannt sind.

Leider ist nur einer der beiden Standorte, die große Wiese im Gewann Vor Buch, durch den Status eines Naturschutzgebietes gesichert. Der Standort am Roßwag wurde zwar im Rahmen der Biotopkartierung als 24 a - Biotop erfaßt. Da die Aufnahme jedoch im September erfolgte, wurde keine der dort vorkommenden drei Orchideenarten registriert.

Eine bessere Sicherung der Feuchtwiese auf dem Roßwag durch eine Ausweisung zu einem flächenhaften Naturdenkmal wäre dringend erforderlich.

6. 12. 3. Gefleckte Fingerwurz (*Dactylorhiza maculata*)

Heath-spotted Orchid

D: Vorwarnliste (V) – BW / Alb: ungefährdet (*); IUCN: nicht gefährdet (LC)

Blütebeginn: normalerweise Anfang Juni, manchmal auch Ende Mai oder erst Ende Juni

Die *Gefleckte Fingerwurz*, auch *Flekken-Fingerwurz* oder *Geflecktes Knabenkraut*, wird mit schwäbischen Namen auch *Bockshödle*, *Hundshödle*, oder *Hase(n)hode(n)* genannt. In vorchristlicher Zeit (vgl. *v. Perger 1864*) war sie der Liebesgöttin Freya bzw. Frigg geweiht und hieß „Friggagras", während heute in Island eine den Waldhyazinthen verwandte Art, die Westliche Kuckucksblume (*Platanthera hyperborea*), immer noch so heißt. *D. maculata* kommt in Europa, sowie in Teilen Asiens und Nordafrikas vor (vgl. *Buttler 1986*).

Die Art ist nicht immer einfach von der Fuchs'schen Fingerwurz (*Dactylorhiza fuchsii*) zu unterscheiden. Daher sind grundsätzlich alle Beobachtungen bezüglich der Gefleckten

Gefleckte Fingerwurz (*Dactylorhiza maculata*)

Fingerwurz mit Vorsicht zu genießen, da es offenbar selbst langjährig erfahrenen Botanikern Schwierigkeiten bereitet, beide Arten hundertprozentig sicher voneinander zu unterscheiden. Wo beide Arten vorkommen, haben sie sich meist völlig miteinander vermischt. Etliche Fachleute wollen *D. fuchsii* nicht als eigene Art anerkennen. Schwierig ist daher auch eine exakte Angabe der Standortansprüche (vgl. *Presser 1995*). Nach *Oberdorfer (1990)* findet sich die Gefleckte Fingerwurz zerstreut in feuchten Magerrasen, in Flach- und Quellmooren auf (wechsel-) feuchten bis nassen, neutral bis sauren, modrig-humosen Lehm und Tonböden. Die Pflanze wurzelt bis 15 cm tief, ist ein Magerkeitszeiger und kommt auch in lichten Wäldern vor.

Die Orchidee wird von zahlreichen Insekten, u.a. Käfern bestäubt. Die Samenkapseln enthalten bis zu 6000 Samen (vgl. *Eckehart 2005*).

Die Pflanze blüht mitunter, wie auch im Untersuchungsgebiet beobachtet, vereinzelt weiß und hat auch sonst eine starke Variationsbreite, was die o.g. Abgrenzung zu *D. fuchsii* so schwierig macht. Für Pfullingen werden auch Bastarde mit *D. incarnata* angegeben (siehe Tabelle im Kapitel 2.5.).

Das Vorkommen der Gefleckten Fingerwurz wurde früher mit „häufig" und „verbreitet" angegeben (vgl. *Mayer 1904, 1913; Kirchner und Eichler 1913*). Eine erste konkrete Fundortangabe macht *Schlichenmaier (1940)* für den Ursula-

Die Gefleckte Fingerwurz zählt noch zu den häufigeren Orchideenarten.

hochberg. *Mayer (1950)* führt bei einem Bastardvorkommen zwischen Gefleckter und Fleischfarbener Fingerwurz (*Dactylorhiza incarnata*) die Wanne als Fundort auf. Er meinte damit wahrscheinlich Vorkommen am nördlichen Hangfuß der Wanne (= Ahlsberg), wo die Art auch heute noch zahlreich zu finden ist.

Von 1963 ab taucht *D. maculata* durch verschiedene Beobachter über etliche Jahren hindurch auf; von 1986 – 1996 wurde sie auch vom Autor in vielen Teilen der Mkg. Pfullingen gesehen. Auch für die Jahre nach 1996 gibt es zahlreiche Funde.

Die Kartierung 1996 stieß indes damals auf fünf Populationen. Die Gefleckte Fingerwurz war dabei auf 15 Rasterfeldern mit einer Exemplarzahl von insgesamt mindestens 305 vertreten. Stärkste Population war die am Ahlsberg mit einer Exemplarzahl von mindestens 151. Zwei Rasterfelder, eines an der Lache und das andere an der Kleinen Wanne II wiesen Exemplarzahlen von mehr als 100 auf.

Die Gefleckte Fingerwurz kommt im Untersuchungsgebiet hauptsächlich auf Halbtrockenrasen vor. Die Orchidee besiedelt aber auch ehemalige Halbtrockenrasen im Übergangsstadium und lichte Wälder.

Da die Art auch schattigere Verhältnisse verträgt (vgl. *Ellenberg 1992*), lagen über zwei Drittel der Fundorte an Hängen, die in nördliche Richtungen (NE-NW) exponiert sind. Die individuenstärksten Teilpopulationen befanden sich an exakt nach Norden ausgerichteten Hängen. Wo die Gefleckte Fingerwurz in seltenen Fällen auch südwestliche Hänge besiedelte, kam sie nur in Einzelexemplaren vor.

Für den Fortbestand der Art im Untersuchungsgebiet bestand damals und besteht auch jetzt vermutlich kaum Gefahr, wenn nicht doch durch Klimawandel. Die 1996 erfaßten, individuenstarken Teilpopulationen standen auf Flächen, die entweder einen Schutzstatus besitzen, wie etwa die Waldwiese im Kaltenbronnen, oder geringen Nutzungsansprüchen durch den Menschen unterlagen, wie es bei den Vorkommen am Ahlsberg der Fall war. Es sollte lediglich darauf geachtet werden, daß Vorkommen wie im Lippental – falls noch vorhanden - nicht zu stark verbuschen. Obwohl die Pflanzen schattentoleranter als andere Orchideenarten sind, vertragen sie dichten Bewuchs oder Aufforstung mit Fichten wie unterhalb des Schützenhauses am Ahlsberg nicht.

Unklar ist, wie schon oben angesprochen, inwiefern in den Beständen der Gefleckten Fingerwurz auch die nach dem Tübinger Medizinprofessor *Leonhard Fuchs (1501-1566)* benannte Fuchs'sche Fingerwurz (*Dactylorhiza fuchsii*) enthalten ist. Für manche Fachleute ist letztere jedoch nur eine Unterart oder sogar Varietät der Gefleckten Fingerwurz (vgl. *Wikipedia-Artikel 2023*).

6.12.4. Breitblättrige Fingerwurz (*Dactylorhiza majalis*)

Broad-Leafed Marsh Orchid

gefährdet (3); IUCN: nicht gefährdet (LC)

Blütezeit: Anfang Mai bis Anfang Juni

Die *Breitblättrige Fingerwurz* (auch: *Breitblättriges Knabenkraut*) kommt im gemäßigten Europa vor (vgl. *Buttler 1986*); in deutschen Gebirgen bis auf etwa 1700 m Meereshöhe (vgl. *Baumann / Künkele 1998*). Sie wächst in Naßwiesen, Quellsümpfen oder an Gräben auf nassen, nährstoffreichen, kalkarmen, neutral bis mäßig sauren und humosen Tonböden (auch Sumpfhumus- und Gleybö- den). Die Pflanze ist lichtliebend (vgl. *Oberdorfer 1990, Ellenberg 1992*).

Die Orchidee wird zumeist von Bienen bestäubt. Ihre ca. 6000 Samen, die einer jeden Samenkapsel entstammen, können bis zu 10 km weit fliegen (vgl. *Wi- kipedia 2023*).

Noch vor wenigen Jahrzehnten war die Breitblättrige Fingerwurz die häufigste Sumpforchidee. Heute ist sie in einigen Regionen Deutschlands bereits ausge- storben (vgl. *Kümpel 1992, 1996*).

Auch in vielen Teilen Baden-Württembergs fehlt sie inzwischen (vgl. *Nm 2023*).

Da auf der Markung Pfullingen aufgrund des geologischen Untergrundes kalk- reiche Standortbedingungen überwiegen und kalkärmere, nährstoffreichere

Breitblättrige Fingerwurz (*Dactylorhiza majalis*)

Standorte seit langem landwirtschaftlicher Nutzung unterliegen, ist davon auszugehen, daß die Art hier nie besonders häufig war.

Von Martens und Kemmler (1882) nennen das „Albplateau bei Pfullingen", *Kirchner und Eichler (1913)*, sowie *Mayer (1913, 1929)* und *Bertsch (1933)* Pfullingen allgemein noch als Fundort für die Breitblättrige Fingerwurz, allerdings ohne genauere Lokalisation der Vorkommen.

Keller (1935) weist auf Bastarde zwischen Breitblättriger und Fleischfarbener Fingerwurz (*Dactylorhiza incarnata*) „bei Pfullingen" hin.

Bei *Hegi et alii (1936)* werden Bastarde zwischen der *D. majalis* und der Mücken-Händelwurz (*Gymnadenia conopsea*) mit Fundort Pfullingen genannt.

Mayer (1950) führt in Verbindung mit ebendieser Bastardbildung genauer die Wanne als Fundort an, wobei auch wieder fraglich ist, ob es sich dabei um die Hochwiese selbst oder aber den Roßwag am nordöstlichen Fuße der Wanne handelt.

In den Jahren 1965, sowie 1968-1971 gab es wohl Beobachtungen durch W. Schmidt am Ahlbol (nach *Nm 2023*).

Nach mündlicher Mitteilung von *Helmut Ilg (1996)* sollte die Art in der Wolfsgrube am südwestlichsten der drei Feuchtbiotope vorkommen. Eine Überprüfung des Gebietes während der Geländearbeiten erwies sich allerdings als negativ. Grund für das Verschwinden dort war wahrscheinlich eine Überwucherung des Standorts durch Sauergräser und Schilfrohr. Obwohl die Breitblättrige Fingerwurz ein Feuchte- bis Nässezeiger ist, ist die Art auch lichtliebend und kann bei Überschattung nicht fortbestehen (vgl. *Oberdorfer 1990, Ellenberg 1992*). Die Überwucherung ist auch großräumig gesehen, neben Entwässerung von Feuchtgebieten und Stickstoffdüngung, Hauptgrund für den Rückgang der Art (vgl. *Arbeitskreis forstliche Landespflege 1987*).

2011 / 2012 und 2014 / 2015 wurde die Breitblättrige Fingerwurz, wie mehrere Angaben belegen, im NSG Kugelberg gesehen.

6.13. Gattung Einknolle (*Herminium*)

Die Gattung Einknolle umfaßt etwa 50 Arten, die in Eurasien vorkommen (vgl. engl. Wikipedia-Artikel 2023).

6.13.1. Einknollige Honigorchis (*Herminium monorchis*)

Musk Orchid

stark gefährdet (2); IUCN: ungenügende Datengrundlage (DD)

Blütezeit: Ende Juni bis Ende Juli

Die *Einknollige Honigorchis* (auch: *Elfenstendel, Kleine Einknolle* oder *Herminie*) hat ihren Namen von dem Duft nach Honig, den sie verströmt. Sie wächst selten und unbeständig in Kalkmagerrasen und Magerweiden, aber auch

Einknollige Honigorchis (*Herminium monochis*)

auf Moorwiesen. Die Pflanze gedeiht auf mäßig frischem bis wechselfeuchtem, meist kalkhaltigem, milden bis mäßig saurem, humosem Lehm- und Tonboden. Die Orchidee wird von Insekten bestäubt (vgl. *Oberdorfer 1990*). In deutschen Gebirgen kommt die Pflanze bis 1350 m Meereshöhe vor (vgl. *Baumann / Künkele 1998*).

Die Art ist von ehemals 125 Vorkommen in Baden-Württemberg auf 23 im Jahr 1993 zurückgegangen (vgl. *Schneider 1993*). Das Naturkundemuseum gibt 2023 inzwischen sogar nur noch Funde auf 14 MTB-Quadranten in Baden-Württemberg an (*Nm 2023*). Gründe für die starken Rückgänge sind zunehmende Verbuschung von Standorten, die Beweidung von Magerrasen, die Eutrophierung von Böden durch Düngereintrag und Immissionen, sowie das Verschwinden von Mooren (vgl. *Wikipedia 2023*).

Erste konkrete Hinweise für das Vorkommen von der Einknolligen Honigorchis liefert das *Naturkundemuseum Stuttgart (2021)*, nach welchem es einen Herbarbeleg vom Juni 1895 geben soll, der vom Waldrand am Steigberg auf dem Übersberg stammt. Für das Jahr 1899 gibt es eine anonyme Beobachtung für den MTB-Quadranten 7521/2 und für den Zeitraum 1900 – 1944 auf MTB 7521/1. *Mayer (1904)* nennt ebenfalls den Übersberg; dann (1913) den Ursulaberg und den Pfullinger Gielsberg als Fundorte. 1929 beobachtete er die Art noch auf dem Übersberg und dem Ursulaberg und führt diese Fundorte auch noch in seiner späteren Auflage 1950 auf. Bei den Geländearbeiten wurde die

Art jedoch nicht gesichtet, was bei dem Gefährdungsgrad der Art nicht weiter verwunderlich ist.

Das 1904 genannte Vorkommen auf dem Übersberg ist höchstwahrscheinlich seit der Nutzung der Übersbergwiese als Segelflugplatz erloschen. Am Ursulaberg stand die Art möglicherweise auf Halbtrockenrasen, die mittlerweile vernichtet wurden. Beim Vorkommen auf dem Pfullinger Gielsberg ist wahrscheinlich die in den siebziger und achtziger Jahren immer wieder erfolgte Düngung dieser Hochwiese für das Erlöschen verantwortlich.

6.14. Gattung Ragwurz (*Ophrys*)

„Die prachtvollsten Blumen blühen oft im Verborgenen"

Japanisches Sprichwort

Diese fernöstliche Redensart trifft vollkommen auf die unscheinbaren, aber so schönen und eigentümlichen Ragwurze zu. Problematisch bei der Geländebeobachtung und Naturschutzarbeit ist aber auch gerade die Kleinheit der Arten. Die Ragwurz-Arten sind weder durch ihre Größe, noch aufgrund ihrer Blütenfarbe besonders auffällig und man erkennt sie häufig erst dann, wenn man unmittelbar davorsteht (und oft genug einige Pflanzen schon zertreten hat!). So sind die einzelnen Arten möglicherweise weniger selten, als allgemein angenommen wird. Hat die Unauffälligkeit der Pflanzen einerseits den Vorteil, daß Fundorte von Fotografen und Orchideenräubern verschont bleiben, so bleibt andererseits auch eine Zerstörung von Vorkommen durch andere Gefährdungspotentiale weitgehend unbemerkt.

Die – je nach Autor – bis zu 350 verschiedenen Ragwurz-Arten kommen hauptsächlich im mediterranen Raum, aber auch bis nach Asien hinein vor (*Wikipedia 2023*). Der Gattungsname *Ophrys* leitet sich aus dem griechischen Wort ὀφρύς *ophrys*, was Augenbraue aber auch Bergvorsprung, Anhöhe u.ä. bedeuten kann, ab (vgl. *Genaust 2012*).

Die Ragwurz-Arten sind Sexual-Täuschblumen, die mit ihren insektenähnlichen Blüten Männchen bestimmter Insektenarten (Solitärbienen, Käfer, Fliegen, Pflanzenwespen) zur Bestäubung anlocken.

In ihrem ökologischen Verhalten sind sich die in Mitteleuropa vorkommenden Ragwurz-Arten sehr ähnlich (*Ellenberg 1992*), weshalb sie auch im Untersuchungsgebiet oft dicht nebeneinander vorkommen. Durch das enge Miteinander bei gleichzeitig erdgeschichtlich geringem Alter der Arten sind Bastarde sehr häufig; so auch im Untersuchungsgebiet (vgl. 2.5.).

Auf der Markung Pfullingen finden sich alle vier in Deutschland beheimateten Arten der Gattung Ragwurz, weshalb man sich den Wert dieser Tatsache vor Augen führen sollte.

6.14.1. Fliegen-Ragwurz (*Ophrys insectifera*)

Fly Orchid

D / BW: gefährdet (3) – Alb: Vorwarnliste (V); IUCN: nicht gefährdet (LC)

Blütebeginn: Ende Mai, manchmal auch später

Die nur in Europa vorkommende *Fliegen-Ragwurz*, mundartl. auch „*Mückle*", „*Mugga*" oder „*Sammetweyble*" genannt, ist eine seltene Orchidee, die auf Kalk-Magerrasen und in lichten, trockenen Kiefernwäldern zu finden ist. Sie bevorzugt warme, mäßig-trockene, kalkreiche, milde, humose und lockere Tonböden (*Oberdorfer 1990*). Die Pflanze ist eine Halblichtpflanze (vgl. *Ellenberg 1992*).

Sie ist Charakterart für Halbtrockenrasen, aber auch in trockenen Pfeifengras-Wiesen (*Molinium*) oder in Kalk-Kiefernwäldern (*Erico-Pineta*) zu finden (vgl. *Oberdorfer 1990*). In deutschen Gebirgen steigt sie bis über 1600 m Meereshöhe (vgl. *Baumann / Künkele 1998*). Die Orchidee wird durch Grabwespen bestäubt; in Mitteleuropa erfolgt jedoch in den meisten Fällen Selbstbestäubung (vgl. *Düll / Kutzelnigg 2011*).

Bis zur Mitte des 20. Jahrhunderts war die Fliegen-Ragwurz die häufigste Ragwurz-Art in Baden-Württemberg. Von ehemals 160 Vorkommen existierten 1993 nur noch 72 (vgl. *Schneider*). Auch 2023 fehlte sie in weiten Teilen Baden-Württembergs (*Nm 2023*). Früher muß die Fliegen-Ragwurz auf allen Trockenrasen der Markung Pfullingen verbreitet gewesen sein.

Fliegen-Ragwurz (*Ophrys insectifera*)

Gradmann (1898) charakterisiert die Verbreitung mit „durch das ganze Gebiet zerstreut" und nennt in seiner zweiten Auflage (1900) Pfullingen konkret als Fundort.

Erste detailliertere Hinweise gibt *Mayer (1904)*, der Ursulaberg, Wanne, Übersberg und Georgenberg als Fundorte nennt. 1904 findet sich eine Beobachtung von *W.I. Kreh* (Wanne); 1905 von *H. Herrmann* auf dem Pfullinger Gielsberg (vgl. *Nm 2023*).

Fliegen-Ragwurz im NSG Kugelberg

Bertsch (1933) bestätigt die Wanne und den Gielsberg als Fundorte. *Mayer* nennt noch 1950 sehr generalisierend die „Pfullinger Alb" als Verbreitungsraum.

In den Sechzigerjahren tauchen das Maustäle und das heutige NSG Kugelberg als Fundort auf (vgl. *Nm 2023*); Aufnahmen aus dieser Zeit belegen den Pfullinger Gielsberg als Fundort (vgl. *Heideker 1990 / 91*), auf dem die Art auch in den Achtzigerjahren gesehen wurde (vgl. *Nm 2023*). Der Autor beobachtete die Fliegen-Ragwurz in einigen Jahren zwischen 1986 und 1996 (siehe Tabelle im Anhang VI). Für die Neunzigerjahre bis in die Nullerdekade liefern verschiedene Beobachter mehrere Fundorte auf der südlichen Markung Pfullingen (vgl. *Nm 2023*); für 2014-16 gibt es wieder Beobachtungen im NSG Kugelberg (*Ng 2023*).

Während der Kartierarbeiten 1996 konnte die Art nur in zwei Populationen für drei Rasterfelder mit insgesamt 74 Exemplaren bestätigt werden. Die größte Population umfaßte eine Exemplarzahl von 73, während sich die höchste Individuenzahl pro Rasterfeld am Sonnenbau fand.

Die Fliegen-Ragwurz besaß zu diesem Zeitpunkt mit den zwar kleinen, aber starken und seit Jahren stabilen Teilpopulationen am Sonnenbau und am Wasen (beide auf Flächen mit Schutzstatus) gute Möglichkeiten ihres Fortbestandes, sofern sich nicht auf lange Sicht die Stickstoffdüngung durch die Luft nachteilig ausgewirkt hat.

Bei dem Einzelexemplar, das damals am Scheibenberg gefunden wurde, handelte es sich vielleicht bloß um eine Pflanze, die aus einem einzelnen, verdrifteten Samen gekeimt ist. Die Tatsache, daß in dem kleinem Gebiet dieser Rutschung noch drei weitere Orchideenarten angetroffen wurden, sollte den Fundort jedoch auch für erneute Nachforschungen untersuchenswert erscheinen lassen, zumal das Gebiet – siehe *Terhorst (2008)* - geo(pedo-)logisch gut untersucht ist. Möglicherweise wurden ja weitere Orchideenexemplare auch übersehen. Der Fund am Scheibenberg / Hangende Wiesen zeigt jedenfalls, daß die Fliegen-Ragwurz keine Vollichtpflanze ist, die nur in Trockenrasengesellschaften vorkommt, sondern daß sie auch an geeigneten Standorten in Wäldern angetroffen werden kann. Wie lange sie sich dort hält, ist eine andere Frage, die insbesondere von der Dynamik der jeweiligen Waldgesellschaft abhängt.

Vielfach handelt es sich aber bei Einzelvorkommen wirklich nur um ein einmaliges Auftreten der Art. Die Fliegen-Ragwurz blühte in einem Einzelexemplar beispielsweise 1986 auch an der Alten Steig zwischen dem Hörnle und dem ehemaligen Steinbruch, wurde danach dort aber nicht mehr angetroffen.

Bei der Pflege speziell von Fliegen-Ragwurz-Standorten ist darauf zu achten, daß die einmalige Mahd nicht vor Oktober erfolgt, da sonst die Neuknollenbildung der Pflanzen beeinträchtigt wird (vgl. *Lärcher et alii 1996*).

6. 14. 2. Spinnen-Ragwurz (*Ophrys sphegodes*)

Spider Orchid

stark gefährdet (2); IUCN: nicht gefährdet (LC)

Blütezeit: Anfang Mai bis Mitte Juni

Die *Spinnen-Ragwurz* wird im Volksmund auch „*Dodaköpfle*" („*Totenköpfle*") genannt. Nach einer alten Sage war einst der Dichter und Humanist *Nikodemus*

Frischlin (1547-1590) wegen seiner freimütigen Reden auf der Festung Hohenurach in Haft gekommen. Von dort versuchend zu fliehen, stürzte er an den Felsen zu Tode. Auf den Stellen, an denen sein Blut klebte, sollen danach die Blumen gewachsen sein (vgl. *Perger 1864*).

Die Spinnen-Ragwurz ist von Natur aus seltener als die anderen Ragwurz-Arten und kommt auf einmähdigen Kalk-Magerrasen, wie auch in Gebüsch- und Waldlichtungen (mit Kiefer und Eiche) vor. Sie bevorzugt mäßig trockenes bis wechseltrockenes, kalkreiches, mildes und humoses Bodensubstrat, Stein- oder Lößböden. Sie wird von Sandbienen-Männchen (Gattung *Andrena*) bestäubt (vgl. *Oberdorfer 1990*) und der Duftstoff der Pflanze ist mit dem Sexuallockstoff der Sandbiene *Adrena nigroaenea* offenbar fast identisch (vgl. *Schiestl et alii 1999*).

Mehr noch als die anderen Ragwurz-Arten ist die Spinnen-Ragwurz ein Wärmezeiger (vgl. *Ellenberg 1992*).

Baumann und Künkele (1998) geben die Höhenverbreitung in deutschen Gebirgen mit 760 m an, weshalb Vorkommen auf den Pfullinger Hochwiesen bereits Grenzstandorte wären.

Von ehemals 66 Vorkommen im Land waren 1993 bereits 46 erloschen (vgl. *Schneider 1993*). Ab 2005 sind jedoch für Baden-Württemberg Funde auf 63 MTB-Quadranten angegeben (*Nm 2023*), was dafür sprechen könnte, daß die Art von der Erwärmung des Klimas profitiert.

Erstmalig wird für die Spinnen-Ragwurz - ohne Angabe des Beobachters – ein Fund von 1899 am Wackerstein angegeben (vgl. *Naturkundemuseum 2021*). Es ist aber fraglich, ob es sich bei dieser Angabe direkt um das Gebiet um den Felsen oder vielleicht eher um die bereits auf Unterhausener Markung liegende Magerwiese am Vorderen Sättele handelt.

Mayer hat (lt. *Naturkundemuseum 2023*) die Art 1909 offenbar am Ursulaberg angetroffen und nennt 1929 ein Vorkommen von Bastarden zwischen Spinnen-Ragwurz und Hummel-Ragwurz (*Ophrys holoserica*) auf dem Pfullinger Gielsberg.

Allgemein wird für Vorkommen der 1. Quadrant des MTB 7521/1 für den Zeitraum 1900-1944 angegeben *(Naturkundemuseum* 2021). Dabei wird es sich wahrscheinlich um Funde auf dem Pfullinger Gielsberg gehandelt haben.

Für 1950 führt *Gradmann* (4. Aufl.) Pfullingen unter den Verbreitungsgebieten der Spinnen-Ragwurz. *Mayer* nennt für dasselbe Jahr konkreter den

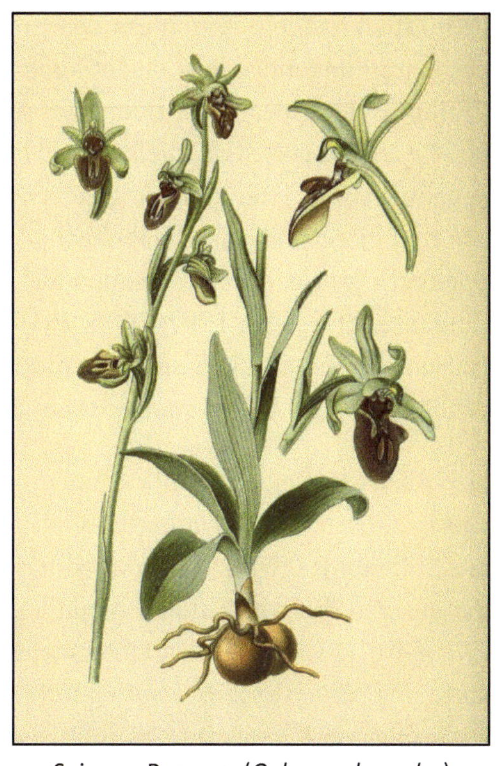

Spinnen-Ragwurz (*Ophrys sphegodes*)

Ursulaberg als Fundort. Die Umgebung des Waldcafés, d.h. also erneut der Ursulaberg bzw. das NSG Kugelberg, taucht (vgl. *Naturkundemuseum 2023*) für die Jahre 1985 / 86, sowie die Jahre 1994-2012, bei denen nur 2006/07 und 2010/11 fehlen, weiterhin auf. Daher ist es erstaunlich, daß bei den Kartierarbeiten 1996 die Spinnen-Ragwurz nirgends angetroffen wurde, obwohl sie der Autor 1992 und 1995 mit Sicherheit ebenfalls gesehen hat (am Sonnenbau). Bei der sehr intensiven Suche kann es nicht nur daran gelegen haben, daß man die Art wegen ihrer Kleinheit und relativen Unauffälligkeit schwer findet. Möglicherweise war das Jahr für die Spinnen-Ragwurz ungünstig. Auch wurden in Schutzgebieten, den Vorschriften folgend, die Wege nicht verlassen und offenbar gab es zumindest keine blühenden Pflanzen der Art direkt am Wegesrand. Eine Beobachtung für das Jahr 1996 meldet allerdings das *Naturkundemuseum (2023)* im Zuge jener langen Reihe von Beobachtungen um das Waldcafé, d.h.

vermutlich handelt es sich um den Sonnenbau als Standort. Bei den Angaben des Naturkundemuseums taucht auch für die Jahre 2002 und 2003 wieder der Pfullinger Gielsberg auf. Beim *Naturgucker (Stand 2023)* wird für die Jahre 2014 - 2016 das NSG Kugelberg als Fundort genannt: für 2015 und 2016 werden jeweils vier Exemplare angegeben. Außerhalb der Markung Pfullingen sind der Spielberg und das Reißenbachtal bei Unterhausen erwähnenswert. Vom Spielberg gibt es Beobachtungen aus den Jahren 2000, 2002 und 2008; vom Reißenbachtal 1997, 1999, 2002, 2010 und 2011. 2020 wird allgemein „Unterhausen" als Fundort genannt – vermutlich ebenfalls der Spielberg oder das Reißenbachtal (vgl. *Naturkundemuseum 2023*).

Der relativen Seltenheit der Spinnen-Ragwurz im Vergleich zu den anderen *Ophrys*-Arten liegen wahrscheinlich auch natürliche Ursachen zugrunde. Für die Spinnen-Ragwurz als submediterranes Florenelement, das mehr noch als die übrigen drei verwandten Arten auf Licht und Wärme angewiesen ist (vgl. *Ellenberg 1992*), liegt das Untersuchungsgebiet - wie auch die Verbreitungskarte des *Naturkundemuseums (2021)* zeigt - mit dem Albrand trotz des sich erwärmenden Klimas immer noch am Rande seines Areals. Südöstlich davon gibt es – auch bei den Funden ab 2005 - kaum noch Vorkommen.

6.14.3. Hummel-Ragwurz (*Ophrys holoserica*)

Drone-like Ophrys

gefährdet (3); IUCN: nicht gefährdet (LC)

Blütebeginn: Ende Mai, manchmal auch später

Wie die Fliegen-Ragwurz, so ist auch diese seltene und im schwäbischen Volksmund „*Sammetmã[n]la*" („*Samtmännchen*") genannte Art in Kalk-Magerrasen, aber auch auf Waldlichtungen zu finden. Ihre Standortansprüche sind denen der Fliegen-Ragwurz (*Ophrys insectifera*) deshalb auch sehr ähnlich.

Die Orchidee wird durch Langhorn-bienen-Männchen (insbes. der Gattung *Eucera longicornis*) bestäubt (vgl. *Oberdorfer 1990*), deren Sexuallockstoff die Pflanze nachahmt (vgl. *Paulus 2007*).

Die Art war in Baden-Württemberg 1993 nur noch mit 43 von einst 94 Vorkommen vertreten (vgl. *Schneider 1993*). Innerhalb der letzten Jahre wurde jedoch in Süddeutschland wieder eine stärkere Ausbreitung beobachtet (*Wikipedia 2023*). Immerhin gibt es seit 2005 auf 86 MTB-Quadranten Baden-Württembergs wieder Beobachtungen. Möglicherweise begünstigt auch hier der Klimawandel die wärmeliebende Pflanze.

Hummel-Ragwurz (*Ophrys holoserica*)

Die Hummel-Ragwurz taucht bei Pfullingen schon 1873 auf, beobachtet von *F. Hegelmaier. Gradmann (1898)* nennt die „Pfullingeralb", wieder jedoch ohne genauere Fundortsangaben.

Im Zusammenhang mit einer Bastardbildung zwischen Hummel- und Fliegen-Ragwurz führen *Kirchner und Eichler (1900)* die Wanne als Fundort auf.

Mayer (1904) nennt Wanne, Ursulaberg und ein Gebiet an der Stuhlsteige. Bei letzterem Fundort handelt es sich wahrscheinlich um ehemalige Halbtrocken-rasen im Maustäle unweit der Alten Stuhlsteige – ein Fundort, der auch 1966 noch einmal erwähnt wird. Später (1913) fügt *Mayer* den Fundortsangaben noch den kleinen Ursulaberg und den Pfullinger Gielsberg hinzu. Der Name

„kleiner Ursulaberg" ist in Pfullingen an sich nicht geläufig und es ist wahrscheinlich, daß damit der eigentliche Ursulaberg (im Vergleich zum Ursulahochberg) gemeint ist.

Von 1903 bis 1916 liegen sechs Beobachtungen von sechs verschiedenen Beobachtern vor; vier davon auf der Wanne. 1929 wurde die Art am Ursulaberg durch *A. Mayer* gesehen (vgl. *Nm 2023*).

Bertsch (1933) erwähnt neben der Wanne den Pfullinger Gielsberg als Fundort, ebenfalls im Zusammenhang mit der o.g. genannten Bastardbildung.

Chr. Maier gibt 1939 den Schönberg als Fundort an. Für die Vierziger- und Fünfzigerjahre fehlen offenbar Beobachtungen der Hummel-Ragwurz. Ab 1963 gibt es für alle Jahrzehnte Angaben; dabei ist auch wieder der Pfullinger Gielsberg als Fundort. Hier sahen die Art mehrere Beobachter; darunter auch *E. Jansen (1981)*, der allerdings anmerkt, daß die Art dort - im Gegensatz zu den Jahren davor - 1981 nicht mehr angetroffen wurde. Die häufige Nennung von „Elisenhütte – Immenberg" als Ortsangabe spricht vermutlich für bereits außerhalb der Pfullinger Markung liegende Fundorte, die zu Lichtenstein - Unterhausen gehören.

Der Autor fand *O. holoserica* von 1986 – 1996 fast jährlich: überwiegend am Sonnenbau, aber auch im Lippental.

Für die in älteren Quellen angegebene Wanne bzw. den Pfullinger Gielsberg konnte die 1996er-Kartierung die Art damals nicht bestätigen. Dafür taucht ab 2005 (vgl. Tabelle AHO, Anhang IX) u.a. der Ursulahochberg als Fundort auf. Bis 2022 ist auch das NSG Kugelberg bestätigt (vgl. *Naturgucker 2023*).

Im Rahmen der 1996er-Kartierung kam die Hummel-Ragwurz in drei Populationen auf fünf Rasterfeldern mit insgesamt mindestens 161 Exemplaren vor.

Individuenstärkste Population war die am Ursulaberg mit mindestens 153 Exemplaren; bezogen auf das Rasterfeld fand sich am Sonnenbau die höchste Exemplarzahl.

Die Art wurde im Untersuchungsgebiet ausnahmslos auf ungedüngten Halbtrockenrasen über kalkigem Untergrund angetroffen. Bei der weiteren Betrachtung der Verbreitung fiel auf, daß die Hummel-Ragwurz die höheren Bereiche der Markung (Ursulahochberg, Schönberg und die anderen Hochwiesen) eher meidet und dies, obwohl sich dort viele Standortbedingungen von denen im Tal allein durch die Höhenlage unterscheiden. Hier müssen klimatische Ursachen zum

Hummel-Ragwurz am Sonnenbau.

Tragen kommen. Die Vermutung, daß die submediterrane Art aufgrund von zunehmender Kontinentalität und fehlender Wärme auf den Höhen der Albauslieger ihre natürliche Verbreitungsgrenze erreicht, kann durch die Beobachtungen der Art durch *Künkele (1996)* für ganz Baden-Württemberg gestützt werden: Die dichte Scharung der Fundorte von Rhein- und Neckartal endet am Albtrauf; einige verstreute Vorposten finden sich nur noch entlang der Donau (vgl. *Künkele 1996*). *Baumann und Künkele* geben *1998* die Höhengrenze für deutsche Gebirge mit 900 m Meereshöhe an.

Die Vorkommen der Hummel-Ragwurz am Wasen, Sonnenbau und auf der großen Wiese im Gewann Vor Buch waren bei der damaligen Pflege und aufgrund der Tatsache, daß sie in einem Naturschutzgebiet liegen, zumindest mittelfristig zu erhalten. Sie können langfristige Sicherung erfahren, wenn Gefährdungspotentiale wie der Naturtourismus am Sonnenbau unter Kontrolle bleiben.

Ein kleines Vorkommen von nur sechs Exemplaren der Hummel-Ragwurz wurde 1996 auf dem Rest eines Halbtrockenrasens im hinteren Lippental entdeckt. Als Problem für diese kleine Teilpopulation, sofern noch vorhanden, kann sich eine zu frühe Mahd erweisen. 1996 erfolgte dort in den umliegenden Rasen bereits Ende Juni der erste Grasschnitt, als die Pflanzen noch in der Blüte standen. Aus Gründen feuchter Witterung wurde dann die Mahd unterbrochen, so daß in jenem Jahr vielleicht einige der Orchideen zur Vermehrung gelangten. Sollten dort noch Exemplare wachsen, müßte darauf geachtet werden, die kleine Fläche grundsätzlich nicht vor August zu mähen.

Auch auf dem Halbtrockenrasen unterhalb der Lindenallee am Ahlsberg, einem Standort der Hummel-Ragwurz, den *Helmut Ilg (nach mündl. Mitteilungen 1996)* seit 1950 für erloschen hielt, konnte die Art bei den Kartierungsarbeiten erfreulicherweise bestätigt werden, wenngleich nur zwei blühende Exemplare gesichtet wurden. Hat man die damalige extensive Nutzung dort beibehalten, konnte sich das kleine Vorkommen möglicherweise vergrößern, wenn es nicht ohnehin in günstigen Jahren eine höhere Exemplarzahl erreicht hat oder bereits größer ist, weil schon bei der Kartierung Pflanzen übersehen wurden.

6. 14. 4. Bienen-Ragwurz (*Ophrys apifera*)

Bee-bearing Ophrys

D: ungefährdet (*) – BW / Alb: Vorwarnliste (V); IUCN: nicht gefährdet (LC)

Blütebeginn: Ende Mai, manchmal auch später

Auch die Bienen-Ragwurz, im Schwäbischen „*Ragwurzweible*" genannt, bevorzugt Standorte wie die beiden zuletzt genannten Arten. Allgemein siedelt sie auf solchen Böden, die das Wasser gut halten, so z.B. auf den Verwitterungslehmen der Opalinustone im Braunjura. Die Bestäubung erfolgt zumeist in Selbstbestäubung (vgl. *Oberdorfer 1990, Presser 1995*).

Von ehemals 143 Vorkommen in Baden-Württemberg waren 79 durch natürliche Sukzession oder Nutzungsänderung bis 1993 erloschen (vgl. *Schneider 1993*). Trotzdem befinden sich die meisten Standorte der Art innerhalb Deutschlands in Baden-Württemberg und ähnlich wie bei der Hummel-Ragwurz konnte auch bei der Bienen-Ragwurz offenbar wieder eine stärkere Ausbreitung beobachtet werden (*Nm 2023, Wikipedia 2023*).

Bienen-Ragwurz (*Ophrys apifera*)

Dennoch ist die Bienen-Ragwurz offenbar sowohl unter den vorkommenden Ragwurz-Arten als auch unter allen beobachteten Orchideenarten im Untersuchungsgebiets die seltenste, selbst wenn man in Betracht ziehen muß, daß die Anzahl von blühenden Pflanzen von Jahr zu Jahr stark schwanken kann (vgl. *Wikipedia 2023*).

Im Gegensatz zu heute muß die Bienen-Ragwurz früher allerdings wesentlich weiter verbreitet gewesen sein. *Gradmann (1898)* nennt die „Pfullingeralb" allgemein als Fundort, stuft die Art jedoch schon damals als schutzbedürftig ein.

Bei *Kirchner und Eichler (1913, S.103)* wird die Verbreitung mit „am Nord-westrand der Alb zerstreut von Tuttlingen bis Kirchheim" angegeben.

Gradmann (1900) spricht auch von zwei Unterarten, nämlich *jurana* und *botteroni*, die um Pfullingen vorgekommen sein sollen, beide am Ursulaberg und am Lippentaler Hochberg. Während erstere Angabe sich wahrscheinlich auf die Halbtrockenrasen am Wasen, Sonnenbau oder im Gewann Vor Buch bezieht, ist beim Lippentaler Hochberg fraglich, ob mit der Fundortsangabe nicht vielleicht der schon zu Lichtenstein-Unterhausen gehörende Spielberg am Südost-Hang des Lippentaler Hochbergs gemeint ist oder die als Naturdenkmal ausge-wiesene Waldlichtung am Vorderen Sättele, ebenfalls schon auf Unterhausener Markung. Der Pfullinger Teil des Lippentaler Hochbergs ist und war auch früher ausschließlich forstwirtschaftlich genutzt und bietet somit eher keinen Standort für dauerhafte Populationen der Bienen-Ragwurz.

Mayer führt 1913 neben dem Ursula- und Lippentaler Hochberg noch die Kleine Wanne und den Ursulaberg als Fundorte auf.

In der 4. Auflage bei *Gradmann (1950)*, sowie in der 3. Aufl. bei *Mayer (1950)* werden als Fundorte Ursulaberg und Lippentaler Hochberg genannt, doch es ist unbekannt, ob sie überhaupt einer erneuten Überprüfung unterzogen wurden.

Für die Jahre 1968 / 69 wird noch der Ahlbol als Fundort aufgeführt (*Nm 2023*), während es sich bei dem Fundort 1978 („Elisenhütte – Immenberg") wohl bereits um einen Fundort auf Unterhausener Markung handelt.

Reim (1982) fand auf der Fläche des heutigen NSG Kugelberg nur zwei blühende Exemplare der Bienen-Ragwurz, was deren Seltenheit unterstreicht. Der Autor beobachtete *O. apifera* 1986 am Sonnenbau. Auch während der 1996er-Kartierarbeiten des Autors wurde lediglich eine Population mit zwei Teilpopulationen festgestellt, sofern man bei den zwei Einzelfunden, um die es sich handelt, überhaupt noch von einer Population sprechen darf. Andererseits können weitere Exemplare wegen ihrer Kleinheit und aufgrund betretungsrechtlicher

Vorschriften übersehen worden sein. Auch ist es möglich, daß sich selbst sehr kleine Populationen über Jahre hinweg halten, wenn sie ungestört bleiben.

Die beiden aufgefundenen Einzelexemplare standen auf stark besonnten Halbtrockenrasen über Weißjura-Schutt.

Selbst mit der großen Wahrscheinlichkeit, daß bei den Kartierarbeiten weitere Exemplare der Bienen-Ragwurz übersehen wurden, war die Art nach der Exemplarzahl seltenste Orchideenart im Untersuchungsgebiet und es stellte sich bei der geringen Individuenzahl trotz Möglichkeit der Selbstbestäubung die Frage einer Weiterexistenz auf der Mkg. Pfullingen. Seit dem Jahr 2000 – siehe verschiedene Tabellen im Anhang – wurde die Bienen-Ragwurz aber dann doch wieder öfter und in mehreren Gebieten der Pfullinger Markung gesehen, was auch hier an der Erwärmung des Klimas liegen kann.

6.15. Kugel-Orchis (*Traunsteinera*)

Die Gattung ist nach dem österreichischen Botaniker *Joseph Traunsteiner (1798 – 1850)* benannt. Sie zählt offenbar nur zwei Arten. Neben der im Beobachtungsgebiet anzutreffenden Rosa Kugel-Orchis (*T. globosa*) gibt es noch die Gelbe Kugel-Orchis (*T. sphaerica*), die in der nordöstlichen Türkei und im Kaukasusgebiet vorkommt.

6.15.1. Rosa Kugel-Orchis (*Traunsteinera globosa*)

Spheroid Traunsteinera

D: gefährdet (3) – BW / Alb: vom Aussterben bedroht (1); IUCN: nicht gefährdet (LC)

Blütebeginn: meist Mitte Juni

Die *Rosa Kugel-Orchis*, auch *Rote Kugelorchis*, *Kugelorchis* oder *Kugel-Knabenkraut* genannt, wächst in europäischen, hohen Mittelgebirgen und Hochgebirgen (bis 2500 m!) bis hin zum Kaukasus und nach Südwest-Asien hinein (vgl. *Buttler 1986*).

Die Orchidee kommt auf Kalkmagerrasen vor. Sie gedeiht auf frischen, basenreichen, meist kalkhaltigen, mild bis mäßig sauren, humosen, lockeren Stein- und Lehmböden und wird von Faltern bestäubt (vgl. *Oberdorfer 1990*).

Die Art ist eigentlich in der montanen und alpinen Stufe der Gebirge beheimatet. Sie ist ein Eiszeitrelikt. Dies erklärt, warum sie im Untersuchungsge-

Rosa Kugel-Orchis (*Traunsteinera globosa*)

biet in den Tallagen, trotz ansonsten geeigneter Standortbedingungen, nicht vorkommt (vgl. *Presser 1995, Pfündel et alii 2016*).

Die Rosa Kugel-Orchis war auch früher in Baden-Württemberg mit 35 Vorkommen nicht gerade häufig. Der Rückgang auf sieben Vorkommen im Jahr 1993 (vgl. *Schneider 1993*) und vier MTB-Quadranten 2023 (vgl. *Nm 2023*) ist daher sehr alarmierend. *Heideker (1990/91)* wollte zwar behaupten, daß die Fundorte auf dem Pfullinger Gielsberg und Ursulahochberg die beiden einzigen der Rosa Kugel-Orchis nördlich der Alpen seien, was trotz der Seltenheit (s.o., vgl. *Schneider 1993*) jedoch nicht zutraf (vgl. *Künkele 1996*) und auch heute nicht zutrifft. Lt. *Naturgucker (2023)* gibt es offenbar noch Funde in den Vogesen und in der Slowakei.

Die Pfullinger Vorkommen betreffend, nennen *von Martens und Kemmler* 1865 und 1882 die Holzwiesen (die Waldwiese an der Lache?) als Fundort.

Auch bei *Gradmann (1898, 1900)*, wie auch bei *Kirchner und Eichler (1900, 1913)* wird Pfullingen als Fundort für die Rosa Kugel-Orchis gesondert aufgeführt. Erste genauere Hinweise liefert *Mayer (1904)*, der die Wanne, den Übersberg, den Mädlesfels und den Hochberg (gemeint wahrscheinlich der Ursulahochberg) als Fundorte auflistet. Auch 1929 nennt er wieder die „Pfullingeralb". Aus *Schlichenmaier (1940)* geht konkret die Ursulahochbergwiese als Fundort hervor.

Die Rosa Kugel-Orchis ist eine sehr seltene und daher stark schutzbedürftige Orchidee.

In seiner dritten Auflage nennt *Mayer (1950)* erneut die Wanne als Fundort, fügt aber (S.118) hinzu: „durch Schafweide eingegangen".

Ab 1959 taucht als Fundort sehr regelmäßig der Pfullinger Gielsberg und nur einmal (1962) der Ursulahochberg auf; ab 1979 ist dann auch immer wieder der Ursulahochberg dabei (vgl. Tabellen im Anhang). Von 1986 bis 1996 hat der Autor die Art auf beiden Hochwiesen beobachtet.

Im Rahmen der 1996er-Kartierung wurde die Art in drei Populationen festgestellt. Zwei davon sind durch Naturschutzgebiete gesichert. Bei den Vorkommen handelt es sich um die nördlichsten und nordöstlichsten Teile im NSG

Hochwiesen-Pfullinger Berg (= Pfullinger Gielsberg), das NSG Ursulahochberg und die Wanne.

Die Population mit der höchsten Exemplarzahl fand sich auf dem Pfullinger Gielsberg, wo 9 Exemplare von *T. globosa* gezählt wurden.

Auf der Ursulahochberg-Wiese wurden 1996 nur 2 Exemplare beobachtet. An beiden Standorten wuchs die Art jedoch trotz geringer Exemplarzahlen über viele Jahre regelmäßig.

Ob der Fundort Wanne als Vorkommen anerkannt werden kann, müßte einmal wieder überprüft werden: während der Kartierarbeiten fand der Autor an nur einer Stelle ein Exemplar. Der Fundort lag nördlich des Boley-Denkmals (nach GKK exakter Rechtswert: 35 16 700, Hochwert: 53 67 600). Zuvor hatte der Autor die Art auf der Wanne noch nicht angetroffen. Da sie dort aber, wie *Mayer (1950)* berichtet, vorgekommen sein soll, kann es sein, daß die 1996 gemachten Funde eine Erholung der damals durch Schafweide eingegangenen Bestände ankündigten.

Möglicherweise ist ein einzelner Samen auch von einer der anderen Populationen angeweht worden und konnte aufgrund (wieder) günstiger Bedingungen keimen. Die Standortbedingungen auf der Wanne unterscheiden sich in groben Zügen ja nur unwesentlich von denen auf dem Gielsberg oder dem Ursulahochberg (gleiche Pflanzengesellschaft, gleicher geolog. Untergrund).

Nach 1996 sind in allen dem Autor verfügbaren Quellen (siehe Tabellen) über all die Jahre bis 2020 wiederum nur der Pfullinger Gielsberg und der Ursulahochberg als Fundorte angegeben.

Den Vorkommen im Untersuchungsgebiet muß weiterhin höchster Schutz und beste Pflege zuteil werden, da viele Biotope der Rosa Kugel-Orchis anderswo, sogar in Naturschutzgebieten, zu früh gemäht werden. Eine Rettung der Bestände dieser Art macht es aber dringend erforderlich, daß die Pflanzen bis zur

Entleerung ihrer Samenkapseln im Herbst stehen bleiben können (vgl. *Künkele 1996*).

6. 16. Gattung Knabenkraut (*Orchis*)

Von der Gattung Knabenkraut gibt es 21 Arten mit etlichen Unterarten. Die Knabenkräuter kommen im nordwestlichen Afrika, in Europa und bis nach Mittelasien hinein vor (vgl. *Wikipedia 2023*).

Im Rahmen der Kartierung 1996 konnten 8 Arten bestätigt werden; zwei weitere waren früher präsent bzw. konnten nach 1996 beobachtet werden.

6. 16. 1. Kleines Knabenkraut (*Orchis morio*)

Green Winged Orchid

D: stark gefährdet (2) – BW / Alb: gefährdet (3); IUCN: potentiell gefährdet (NT)

Blütebeginn: Ende April bis Anfang Mai, selten später

Das *Kleine Knabenkraut* (auch: *Salep-Knabenkraut, Stendelwurz, Satyrion, Narrenkappe*) kommt auf Halbtrockenrasen und in anderen trockenen Verbänden vor und bevorzugt mäßig frische, basenreiche, aber auch kalkfreie, humose Lehm- und Tonböden mit mildem bis mäßig-saurem Milieu. Die Art wird von Hummeln und Bienen bestäubt. Die Knollen des Kleinen Knabenkrauts fanden früher als Droge („Salep“, ein Aphrodisiakum) Verwendung (vgl. *Oberdorfer 1990*).

In deutschen Gebirgen ist die Art bis über 1100 m Meereshöhe zu finden (vgl. *Baumann und Künkele 1998*).

Das Kleine Knabenkraut ist bei der Keimung stark an das Vorhandensein von Pilzen gebunden. Dies und die Tatsache, daß die Art äußerst empfindlich auf organischen, insbesondere aber mineralischen Dünger reagiert, hat zu einem rapiden Rückgang des Kleinen Knabenkrauts geführt (vgl. *Presser 1995*).

Bis Ende des 19. Jahrhunderts war das Kleine Knabenkraut in Baden-Württemberg noch an 200 Fundorten präsent; 1993 noch an 84 (vgl. *Schneider 1993*). Auch zum jetzigen Zeitpunkt war die Verbreitung in Baden-Württemberg – mit Ausnahme von Teilen des Allgäus und des Südschwarzwalds - durchaus lückenhaft. Um so höher wären die noch starken Bestände auf der Markung Pfullingen zu bewerten.

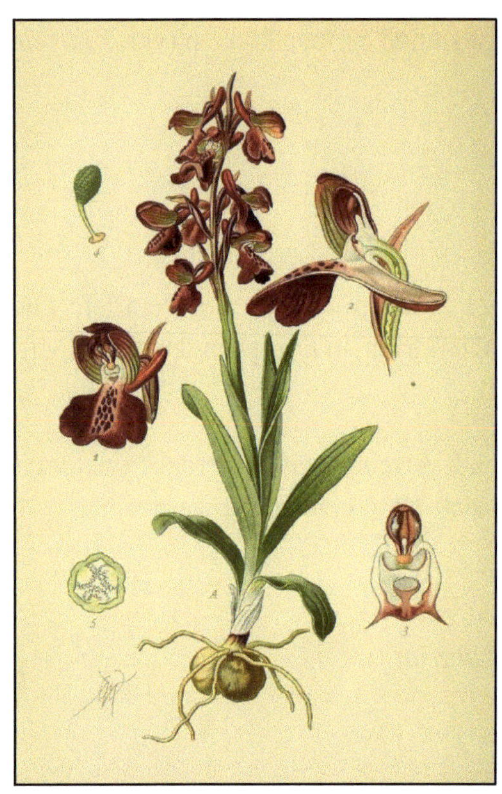

Kleines Knabenkraut (*Orchis morio*)

Gradmann (1898), wie auch *Kirchner und Eichler (1913)* charakterisierten die Verbreitung des Kleinen Knabenkrauts mit verbreitet und häufig.

In der Nordhälfte Deutschlands hat das Kleine Knabenkraut kaum noch Standorte. Durch Düngung gingen dort viele Biotope verloren (vgl. *Aichele / Schwegler 2000*). In Österreich waren Notverpflanzungen teilweise erfolgreich.

Den frühesten, konkreten Hinweis auf Fundorte liefert *Rösler (1790)*, der die Art für Pfullingen („gegen den Roßberg hin") angibt. Sehr wahrscheinlich handelt es sich bei dieser Angabe um den Pfullinger Gielsberg, den auch *Mayer*

(1913) – neben dem Übersberg, dem Ursulaberg und der Wanne – als Fundort bestätigt.

Aus dem Jahr 1910 gibt es einen Herbarbeleg vom Gielsberg durch *Evarist Rebholz (Nm 2023)*.

Das Vorkommen auf dem Ursulahochberg taucht auch in den Beschreibungen von *Schlichenmaier (1940)* auf.

1950 charakterisiert *Mayer* die Art noch als verbreitet.

Für das Jahr 1953 liegt ein zweiter Herbarbeleg mit dem Fundort Wanne von W. Wrede vor (*Nm 2023*).

Danach gibt es quer durch alle Jahrzehnte hindurch Beobachtungen von den Hochwiesen der Mkg. Pfullingen; von 1987 – 1996 auch durch den Autor selbst.

Auf der Markung Pfullingen wurden im Rahmen der Kartierung 1995 / 1996 drei Populationen mit insgesamt mindestens 3980 Exemplaren festgestellt. Dabei kam die Art auf 40 Rasterfeldern vor. Größte Population war damals die auf dem Pfullinger Gielsberg mit mindestens 2500 Exemplaren, wo sich mit bis zu 500 auch gleichzeitig die höchsten Exemplarzahlen pro Rasterfeld fanden. Das Kleine Knabenkraut war nach der Exemplarzahl die mit Abstand häufigste Orchideenart des Untersuchungsgebiets. Auch nach der Anzahl der Rasterfelder fand sie sich auf dem zweiten Rang.

Sowohl auf der Ursulahochberg-Wiese, als auch auf der Schönberg-Wiese gedieh die Art in flächiger Verbreitung. Ebenfalls flächig wuchs das Kleine Knabenkraut auf der großen Wiese der Wanne, von wo aus sich die Art in einzelnen Exemplaren auf die anschließende südliche, sich unterhalb des Schönbergs entlangziehende Wiese weiterverbreitet hat.

Wo es vorkommt, wächst es oft flächig. Dennoch ist das Kleine Knabenkraut insgesamt recht selten.

Auf den Halbtrockenrasen des Pfullinger Gielsbergs war das Kleine Knabenkraut - insbesondere im nördlichen und nordwestlichen Teil - ebenfalls flächig verbreitet. Die Art breitete sich jedoch seit Ausweisung der Hochwiesen zum Naturschutzgebiet auch auf die südlicheren und westlicheren Teile der Wiese aus. 1996 wurden auf der von der Hauptwiese abgetrennten Lichtung auf dem Sporn zwischen Heu- und Küchensteige, 15 Exemplare beobachtet.

Am Rande einer Wiese beim Parkplatz an der Stuhlsteige im Gewann Ladstatt (GKK: Rechtswert 35 16 100, Hochwert 53 66 800) fand der Autor zwei Exemplare des Kleinen Knabenkrauts. Dabei handelte es sich vermutlich um den kläglichen Rest eines einst größeren Vorkommens. Der größte Teil der Wiese war 1996 eine gewöhnliche Fettwiese, muß jedoch, wie aus der vegetationskundlichen Karte 1958 hervorgeht und wie Randstreifen mit trockenerem Aspekt vermuten lassen, früher eine Halbtrockenrasengesellschaft gewesen sein.

Bei der Verbreitung insgesamt fiel auf, daß auf der Mkg. Pfullingen - bis auf den Rest des erwähnten Halbtrockenrasens an der Ladstatt - das Kleine Knabenkraut nur auf den Halbtrockenrasen der Albauslieger vorkam. Dies ist höchstwahrscheinlich damit zu erklären, daß die Art, im Gegensatz zu den meisten anderen Orchideenarten, weniger ein Wärmezeiger ist (vgl. *Ellenberg 1992*), sondern auch kühlere Temperatur-Jahresmittel verträgt. Sie zieht sich deshalb in die höhergelegenen Bereiche der Markung zurück, wo einige andere Orchideenarten als Konkurrenten (z.B. bei der Konkurrenz um den Symbiosepartner Pilz) schon ausfallen.

Warum das in anderen Landesteilen so seltene Kleine Knabenkraut im Untersuchungsgebiet so zahlreich vorkommt, läßt sich ansonsten nur vermuten. Es ist anzunehmen, daß aufgrund der frühen Blütezeit - das Kleine Knabenkraut ist im Untersuchungsgebiet die am frühesten aufblühende Wiesenorchidee - die Art überall ungestört ihre Samenreife erreichen kann. Möglicherweise kommt aber auch der von der Art so dringend benötigte Pilz in großer Anzahl vor.

Für den Schutz und die Zukunft der Art im Untersuchungsgebiet ließ sich während der 1996er-Kartierung positives berichten:

Obwohl auf allen Rasterfeldern Gefährdungspotentiale, insbesondere durch Vertritt (in 98 % der Fälle) herrschten, bestand aufgrund der sehr hohen Exemplarzahlen wenig Anlaß zur Sorge.

Dennoch müssen die starken Populationen dieser Art, da diese landesweit gesehen und auch in anderen Regionen (z.B. der Rhön) sehr selten geworden ist und daher laut Rote Liste auf nationaler Ebene in die Kategorie 2 „stark gefährdet" fällt, als besonders erhaltenswert eingestuft werden. Für den Pfullinger Gielsberg, den Schönberg und den Ursulahochberg existiert bereits ein Schutzstatus. Es wäre wünschenswert, auch das große Vorkommen auf der Wanne stärker zu schützen, denn das Kleine Knabenkraut ist, wie *Kümpel (1996)* anmerkt, gegen schädliche Umwelteinflüsse und geringste Standortveränderungen in höchstem Grade empfindlich.

Brand-Knabenkraut (*Orchis ustulata*)

6. 16. 2. Brand-Knabenkraut (*Orchis ustulata*)

Burnt Orchid

stark gefährdet (2); IUCN: nicht gefährdet (LC)

Blütebeginn: meist Ende Mai, manchmal auch später

Die Standortansprüche des Brand-Knabenkrauts ähneln sehr denen der zuvor beschriebenen Art, weshalb beide Pflanzen auch im Untersuchungsgebiet miteinander an denselben Standorten vorkommen. Das von Faltern bestäubte Brand-Knabenkraut ist allerdings etwas wärmeliebender (vgl. *Oberdorfer 1990*).

Dennoch steigt die Art in deutschen Gebirgen bis auf 1900 m Meereshöhe (vgl. *Baumann / Künkele 1998*).

Die Orchidee, die ihren Namen nach der schwärzlichen Färbung hat, wird nach neueren Untersuchungen zur Gattung *Neotinea* gerechnet (*Wikipedia 2023*).

Für das Brand-Knabenkraut liegt eine ganze Reihe von Beobachtungen mit Herbarbeleg vor; 1894 von *E. Klemm* vom Fuße des Scheibenbergs, vermutlich von jener Viehweide, die in den Achtzigerjahren als Standort für seltene Pflanzen wegen Überdüngung eingegangen ist. Es folgen zwei Herbarbelege von der Wanne aus den Jahren 1904 (*W. I. Kreh*) und 1905 (*H. Herrmann*).

1904 nennt *Mayer* für das Brand-Knabenkraut den Pfullinger Gielsberg,
den Wackerstein (unwahrscheinlich;
vielleicht die Wiese am Sättele?), die
Neuwiesen (ob am Sand?; heute über-
baut, im Bereich der Sandstraße) und
die Wanne als Fundorte.

Von 1910 gibt es zwei Herbarbelege
durch *E. Rebholz* von der Wanne und
vom Schönberg.

1913 fügt Mayer diesen Fundorten
den Ursulaberg hinzu.

Für Vorkommen auf dem Ursulahochberg ist *Schlichenmaier (1940)* die
früheste Quelle.

Ab 1959 wurde das Brand-Knabenkraut in allen Jahrzehnten auf allen
Hochwiesen der Pfullinger Markung
beobachtet, wobei es aus dem Jahr

*Wächst gerne vereinzelt auf den Pfullinger
Hochwiesen: das Brand-Knabenkraut.*

1971 auch noch einmal einen Herbarbeleg durch *K. Baur* von der Wanne gibt.
Auch der Autor selbst beobachtete die Art häufig von 1986 bis 1996, hauptsächlich auf den Hochwiesen.

Bis Ende der achtziger Jahre war das Brand-Knabenkraut auch noch auf den
Halbtrockenrasen im Lippental zu finden. Diese Vorkommen erloschen jedoch
wohl durch fortschreitende Sukzession.

Insgesamt muß das Brand-Knabenkraut früher viel häufiger gewesen sein.
Kirchner und Eichler (1913) berichten, daß die Art zerstreut durch das ganze

Gebiet von Württemberg und Hohenzollern verbreitet sei. *Schneider (1993)* erwähnt einen Rückgang für Baden-Württemberg von einst 188 Vorkommen auf 70 im Jahr 1993. 2023 war das Brand-Knabenkraut dort auf rund 60 MTB-Quadranten verbreitet (vgl. *Nm 2023*).

Möglicherweise ist die Art auch heute noch häufiger, als angenommen, denn wie die Ragwurz-Arten (Gattung *Ophrys*) ist auch das Brand-Knabenkraut eine weniger auffällige, kleinere und eher unscheinbare Orchideenart.

Die 1996er-Kartierung ergab für die Mkg. Pfullingen drei Populationen mit insgesamt 179 Exemplaren. Dabei war die Art über 10 Rasterfelder verbreitet. Die stärkste Population auf Wanne und Schönberg zählte mindestens 114 Exemplare. Daneben kam das Brand-Knabenkraut auch auf der Ursulahochberg-Wiese und auf den Halbtrockenrasen des Pfullinger Gielsbergs vor.

Auch das Brand-Knabenkraut war 1996 nur in den höhergelegen Bereichen des Untersuchungsgebiets ab einer Höhe von 690 m zu finden. Wie das Kleine Knabenkraut (*Orchis morio*), ist die Art weniger kälteempfindlich (vgl. *Ellenberg 1992*). So ist auch bei ihr anzunehmen, daß sie der Konkurrenz wärmeliebenderer Orchideenarten, die ihr nicht in die höheren Lagen folgen, ausweicht.

Für die Zukunft der Art wäre vielleicht ein höherer Schutzstatus für die Wanne wünschenswert. Ein Grund für die Erwägung eines solchen von Seiten der Behörden wäre das Vorkommen des Brand-Knabenkrauts schon, denn dieses kommt - außer am Rande der mittleren Schwäbischen Alb − in der näheren Umgebung offenbar nicht vor; die nächsten Vorkommen liegen im Gebiet von Geislingen a. d. Steige und bei Riedlingen.

6. 16. 3. Affen-Knabenkraut

(*Orchis simia*)

Monkey Orchid

D: stark gefährdet (2) – BW: gefährdet (3) – Alb: keine Angabe; IUCN:
nicht gefährdet (LC)

Blütezeit: Mai bis Juni

Das Affen-Knabenkraut ist selten,
wird aber, wo es sich findet, meist gesellig auf Kalkmagerrasen angetroffen. Die Orchidee sucht mäßig trok-
kene, kalkreiche, milde und humose
Standortbedingungen auf Lehm- oder
Lößböden. Die Pflanze ist wärmelie-
bend und kommt eigentlich nur im
Oberrheintal vor. Schon dort steht sie

Affen-Knabenkraut (*Orchis simia*)

als Florenelement der submediterranen Gebiete an der Nordostgrenze ihrer natürlichen Verbreitung (vgl. *Oberdorfer 1990*).

Seit 2005 gab es zumindest lt. *Nm 2023* in Baden-Württemberg nur noch in 19
MTB-Quadranten Beobachtungen der Art; dabei entlang des Albtraufs gar
keine mehr.

In den siebziger Jahren – wie *Helmut Ilg 1996* dem Autor berichtete - blühte
auf einer Wiese zwischen Schubert- und Gottfried-Maier-Straße mehrere Jahre
ein Exemplar des Affen-Knabenkrauts, obwohl die Art normalerweise an Kalk-
Magerrasen gebunden ist, der bezeichnete Fundort jedoch eine *Arrhenateretum*-Fettwiese ist. Es ist daher anzunehmen, daß Samen der Art bei vorherr-
schenden westlichen Windrichtungen von einer der Populationen aus dem

Oberrheintal angeweht wurden und sich, durch günstige Bedingungen, ein Exemplar für einige Jahre auch an einem der Art sonst fremden Standort entwikkeln konnte, um dann später zu verschwinden.

Lt. *Naturkundemuseum Stuttgart (2021)* wurde die Art noch 1983 durch *Wolfgang Riedel* bei Pfullingen gefunden.

Für 2014 liegt eine Beobachtung für das NSG Kugelberg von *L. Merou* auf dem *Naturgucker* vor.

6.16.4. Purpur-Knabenkraut (*Orchis purpurea*)

Lady Orchid

Vorwarnliste (V); IUCN: nicht gefährdet (LC)

Blütezeit: April bis Juni

Die 30-90 cm hohe, weißlich-purpurfarbene Orchidee steht in Wäldern, an Waldrändern und auf Magerrasen auf mäßig trockenen bis wechselfeuchten, basenreichen Böden (vgl. *Buttler 1986*).

Die Art steigt in deutschen Gebirgen bis auf 850 m (vgl. *Baumann / Künkele 1998*).

Der floristischen Kartierung des *Naturkundemuseums (2023)* folgend, gibt es einen ersten Nachweis mit Herbarbeleg durch *Edmund Klemm*, der 1894 an der Nord- und Ostseite des Ursulabergs, sowie am Mädlesfels unterwegs war. Für den Zeitraum 1900 bis 1944 sind allgemein Geländebeobachtungen für den 1. Quadranten des MTB 7521 angegeben. In den Jahren 1973, 1977-1979, sowie 1995 wurde die Art beim Waldcafé gesehen; nicht jedoch bei der Kartierung des Autors.

Der *AHO* gibt für den Zeitraum 1990 – 1999 Funde auf dem südl. Schönberg und im Maustäle an.

Der *Naturgucker* liefert zwei Funde unterschiedlicher Beobachter von 2013 und 2015 im NSG Kugelberg; allerdings offenbar jeweils Einzelexemplare.

Das Purpur-Knabenkraut wurde auch von 1965-1974, 1978-1983, sowie in den Jahren 1987, 1995/96, 2002, 2008, 2010-2012 und 2015 im Gebiet des Unterhausener Spielbergs festgestellt. Weitere Standorte auf dem MTB 7521 sind offenbar das Gebiet Alte Steig / Wendelstein bei Eningen (2012), sowie der Große Bühl bei Ohnastetten (2009 / 10).

Purpur-Knabenkraut (*Orchis purpurea*)

6. 16. 5. Helm-Knabenkraut (*Orchis militaris*)

Military Orchid

D: gefährdet (3) – BW / Alb: Vorwarnliste (V); IUCN: nicht gefährdet (LC)

Blütebeginn: meist Anfang Mai, oft aber auch schon Ende April oder erst Ende Mai

Das Helm-Knabenkraut ist eine der häufigeren Orchideen der Kalkmagerrasen. Es wächst auch an Rainen, Böschungen, in moorigen Wiesen und in lichtem

Helm-Knabenkraut (*Orchis militaris*)

Gebüsch. Die Art besiedelt mäßig-trockene bis wechseltrockene, kalkreiche, milde, humose und tiefgründige Löß-, Lehm- oder Tonböden. Die Pflanze ist ein wärmeliebender Kalkzeiger und kommt in Halbtrockenrasen- (*Mesobromion*-), aber auch in Pfeifengras-Verbänden (*Molinion*) vor. Ihre Wurzelknollen fanden früher, wie die des Kleinen Knabenkrauts (*Orchis morio*), als Salep-Droge Verwendung (vgl. *Oberdorfer 1990*).

Die Bestäubung der Pflanze erfolgt durch Hummeln und mittels Selbstbestäubung (vgl. *Wikipedia 2023*).

Das Helm-Knabenkraut wächst kaum in Höhen über 900 m (vgl. *Presser 1995*). Möglicherweise ist es daher auch im Untersuchungsgebiet auf den Hochwiesen nicht ganz so häufig zu finden.

Allgemein führen Verbuschung und Nutzungsänderungen zu Rückgängen, wobei die Art den Vorteil hat, Sekundärstandorte besiedeln zu können. Auch Wildschweine können Bestände gefährden, da sie die Standorte auf der Suche nach den für sie wohlschmeckenden Wurzelknollen umgraben (vgl. *Wikipedia 2023*).

Trotz lokal starker Bestände ist die Art bei einem starken Rückgang (von ehemals 226 Vorkommen auf 137 im Jahr 1993 in Baden-Württemberg) mehr als schonungsbedürftig (*Schneider 1993*), wenn auch, wie die Karten des *Nm (2023)* erkennen lassen, die Art wieder häufiger zu werden scheint.

240

1898 heißt es noch bei *Gradmann* (S.86): „Über das ganze Gebiet ziemlich verbreitet".

Dies geht auch aus *Mayer (1913)* hervor, der die Art für den Übersberg, Ursulaberg, Schönberg, Georgenberg und den Pfullinger Gielsberg bestätigt. Sie muß dem folgend auf allen größeren Halbtrockenrasen der Markung vorgekommen sein.

Der Ursulahochberg wird von *Schlichenmaier* 1940 als Fundort genannt.

Mayer (1950, S.117) konnte die Verbreitung der Art für das württembergische Braun- und Weißjuragebiet noch mit „meist häufig" angeben.

Am Sonnenbau vor dem Ursulaberg im NSG Kugelberg häufig: das Helm-Knabenkraut

Ab 1959 wird das Helm-Knabenkraut durch alle Jahrzehnte hindurch in allen Schutzgebieten und z.T. darüber hinaus gesehen (siehe Tabellen im Anhang). Auch der Autor beobachtete die Art von 1987 bis 1996 fast in allen Jahren; mit Schwerpunkt am Sonnenbau im NSG Kugelberg.

Auf der Markung Pfullingen fanden sich im Rahmen der 1996er-Kartierung durch den Autor zwei Populationen mit mindestens 877 Exemplaren, so daß das Helm-Knabenkraut nach der Exemplarzahl dritthäufigste Art im Untersuchungsgebiet war. Größte Population war die am Ursulaberg mit mindestens 837 Exemplaren. Die größte Exemplarzahl pro Rasterfeld fand sich am Sonnenbau mit mindestens 300 Exemplaren.

Auffällig bei der Verbreitung ist, wie bereits angedeutet, daß die Art im Untersuchungsgebiet weniger gerne in die Höhe steigt, was mit ihrem Wärmeanspruch zusammenhängt. Zwar benötigt das Helm-Knabenkraut weniger Wärme als beispielsweise Bienen- oder Hummel-Ragwurz, doch mehr als etwa das Kleine Knabenkraut (*Orchis morio*) oder das Brand-Knabenkraut (*Orchis ustulata*) – Arten, die wiederum häufiger oder nur in den höhergelegenen Bereichen vorkommen.

Insgesamt läßt die hohe Exemplarzahl der verbliebenen Bestände für die Art eine eher positive Zukunft vorhersehen. Die Vorkommen mit den höchsten Exemplarzahlen waren schon damals durch Schutzstatus gesichert, wenngleich punktuell, wie am Wasen und am Sonnenbau, Vertritt vorkam. Dieser bereitete aber, aufgrund der hohen Exemplarzahlen, keine ernsthafteren Probleme.

Größeres Augenmerk dagegen sollte den Vorkommen im Lippental, an der Frauenhalde, sowie im Gewann Vor dem Ursulaberg und auf dem Trockenrasen im Gewann Hinter dem Kugelberg zugewendet werden, wenn die Standorte nicht seit 1996 durch fortschreitende Sukzession, der nur mit dementsprechenden Pflegemaßnahmen beizukommen ist, ohnehin schon eingegangen sind.

6. 16. 6. Blasses Knabenkraut (*Orchis pallens*)

Pale Orchid

D / BW: gefährdet (3) – Alb: Vorwarnliste (V); IUCN: nicht gefährdet (LC)

Blütebeginn: Anfang Mai

Das *Blasse* oder *Bleiche Knabenkraut*, das von Hummeln bestäubt wird, ist eine seltenere Orchidee der Buchen-Eichen-Wälder und steht auf (wechsel-)frischem, basenreichem, humosem, mittel bis tiefgründigem, lockerem Lehm- oder Tonboden (vgl. *Oberdorfer 1990*). Die Art ist streng kalkgebunden (vgl.

242

Kallmeyer und Ziesche 1996) und
eine sommerwärmeliebende Schatt-
bis Halbschattpflanze (vgl. *Oberdorfer, Ellenberg 1992*).

Sie verträgt weder Trockenheit, noch
Spätfröste (*Presser 1995*).

In deutschen Gebirgen geht die Art
bis auf 1500 m (*Baumann / Künkele
1998*).

Bestäuber sind verschiedene Hum-
melarten, die offenbar dann, wenn die
Frühlings-Platterbse (*Lathyrus ver-
nus*) abgeblüht ist, die Blüten des
Blassen Knabenkrauts anfliegen (vgl.
Baumann / Künkele 1998).

Insgesamt ist das Blasse Knabenkraut
in Mitteleuropa eigentlich sehr selten
(vgl. *Aichele / Schwegler 2000*).

Blasses Knabenkraut (*Orchis pallens*)

Vom Blassen Knabenkraut waren in Baden-Württemberg früher 74 Vorkommen bekannt. Auch bei dieser Art war ein starker Rückgang auf nurmehr 44
Vorkommen im Jahr 1993 zu verzeichnen (vgl. *Schneider 1993*). Entlang der
gesamten Schwäbischen Alb ist die Art immer noch recht häufig, wie die Of-
fenland-Biotopkartierungen der LfU 1992-2004 und die Erfassungen des *Naturkundemuseums Stuttgart (2023)* zeigen. Letztere geben seit 2005 Funde auf
58 MTB-Quadranten an.

Von Martens und Kemmler (1882), Gradmann (1898, 1900), wie auch *Kirchner
und Eichler (1900)* nennen allgemein Pfullingen als Fundort.

Bei *Mayer (1904)* werden Pfullinger Berg, Lippentaler Hochberg, die Wanne, Schönberg, Wackerstein, Übersberg und Ursulahochberg als Fundorte aufgeführt. 1913 bestätigt *Mayer* die Art an folgenden Stellen: Ursulaberg, Übersberg, Wanne, Wackerstein und Lippentaler Hochberg. Auch für Bastarde zwischen Blassem Knabenkraut und Männlichem Knabenkraut (*Orchis mascula*) werden Vorkommen bei Pfullingen genannt (vgl. *Mayer 1913 / 1929*).

1950 tauchen Schönberg, Ursulaberg und die Wanne als Fundorte des Blassen Knabenkrauts auf.

Ab 1963 bis 1996 gibt es über alle Jahrzehnte hinweg, v.a. von Beobachtern des *Naturkundemuseums Stuttgart (2023)*, zahlreiche Funde in verschiedensten Alb(trauf-)wäldern der Mkg. Pfullingen. Mit Ausnahme von Ursulahochberg, Lippentaler Hochberg und Übersberg wurde die Art bei den 1996er-Kartierungsarbeiten des Autors an all den o.g. Orten gefunden. Auch danach gibt es weiterhin (siehe Tabellen!) Beobachtungen, v.a. auf den Albausliegern.

Das Blasse Knabenkraut kam bei der Kartierung 1996 im Untersuchungsgebiet mit mindestens 114 Exemplaren in zwei Populationen vor: auf dem Ursulaberg und auf den zentralen Albausliegern, von denen letztere mit 100 Exemplaren die größere von beiden war. Die Art war in 10 Rasterfeldern zu finden.

Da das Blasse Knabenkraut eine kalkliebende und weniger temperaturempfindliche Waldorchidee ist, kam es im Untersuchungsgebiet nur in Wäldern über 585 m Höhe vor.

Diese Beobachtung stimmt auch mit der von *Künkele (1996)* überein, der feststellte, daß die Art in Lagen unterhalb 500 m in Baden-Württemberg fast gänzlich fehlt.

Weil die Orchidee keine größere Trockenheit verträgt (vgl. *Presser 1995*, s.o.), wächst sie nirgendwo an den stark sonnenbestrahlten Traufhängen. Mit größter

Wahrscheinlichkeit ist die Art in Haargersten-Buchenwäldern (6 von 10 Rasterfeldern) auf den Schichtflächen des Weißjura Beta und Delta / Epsilon anzutreffen. Dort gab es die individuenstärksten Vorkommen. Obwohl das Blasse Knabenkraut, was seinen Lichtbedarf anbelangt, nach *Ellenberg (1992)* zwischen den Halbschatten- und Schattenpflanzen steht, scheint es, als hätte die Orchideenart doch einen höheren Lichtbedarf. Es fiel nämlich auf, daß sie an einem Großteil ihrer Standorte unter Eschen (*Fraxinus excelsior*) wuchs. Diese Beobachtung ist im Zusammenhang mit der Tatsache, daß das Blasse Knabenkraut gerade zur Zeit des Laubaustriebs der Baumschicht Ende April bis Anfang Mai blüht, besonders

Das Blasse Knabenkraut gedeiht oft unter Eschen, da diese später austreiben.

bemerkenswert. Die Eschen treiben im Schnitt ihr Laub erst ein bis zwei Wochen später als die meisten übrigen Laubgehölze aus, so daß Orchideenpflanzen, die unter Eschen wachsen, einen viel längeren Lichtgenuß erfahren und wahrscheinlich aus diesem Grunde häufig dort zu finden sind. Eine weitere, näher zu untersuchende Möglichkeit wäre, daß der von der Orchidee benötigte Wurzelpilz gleichzeitig symbiotische Beziehungen zu den Eschen eingeht.

Da das Blasse Knabenkraut und das Männliche Knabenkraut (*Orchis mascula*, s.u.) ähnliche Zeigerwerte und damit ein ähnliches ökologisches Verhalten aufweisen (vgl. *Ellenberg 1992*), sind beide Arten häufig vergesellschaftet: In drei der insgesamt zehn Rasterfelder kam das Blasse Knabenkraut zusammen mit dem Männlichen Knabenkraut vor. Wo sich beide Arten gemeinsam fanden, kam auf die Anzahl des Blassen Knabenkrauts meist in etwa die doppelte Anzahl von Exemplaren des Männlichen Knabenkrauts. Gründe hierfür zu nennen, wäre indes reine Spekulation.

Das Blasse Knabenkraut war als Waldorchidee auf der Mkg. Pfullingen einer nur geringen Gefährdung ausgesetzt. Nutzungsansprüche an seine Waldstandorte bestanden bei der Aufnahme der Bestände 1996 kaum und bestehen vermutlich auch weiter nicht, sofern die damalige Bewirtschaftung des Waldes beibehalten wurde. Lediglich dort, wo sich Freizeiteinrichtungen in der Nähe befanden, wie an der Wanne und auf dem Schönberg, kam es zu gelegentlichem Vertritt der Pflanzen während der Blütezeit.

Das Blasse Knabenkraut verträgt höhere Stickstoffmengen als die meisten anderen Orchideenarten (vgl. *Ellenberg 1992*). Daher ist selbst bei zunehmendem Stickstoffeintrag durch die Luft nicht sofort ein Rückgang zu befürchten. Weil die Art jedoch in ihrem Gesamtareal europaweit ziemlich selten ist und ihre Bestandsdichte in Baden-Württemberg eine Ausnahme bildet (vgl. *Künkele 1996*), sollte jedes aufgefundene Vorkommen eine ganz besonders hohe Bewertung erfahren, auch wenn die Orchidee – s.o. - wieder etwas häufiger geworden zu sein scheint.

6.16.7. Männliches Knabenkraut (*Orchis mascula*)

Early-purple Orchid

D / BW: Vorwarnliste (V) – Alb: ungefährdet (*); IUCN: nicht gefährdet (LC)

Blütebeginn: meist Mitte Mai

Das *Männliche Knabenkraut,* auch *Stattliches Knabenkraut, Manns-* oder *Kukkucks-Knabenkraut* genannt, ist recht häufig in mageren Gebirgswiesen und auf

Halbtrockenrasen. Die Art hieß früher im Volksmund manchmal auch „Frauenträne", da sie – wie verschiedene andere Arten auch – für Liebeszauber verwendet wurde (siehe *v. Perger 1864*).

Orchis mascula kommt auch in Eichen-Hainbuchen-Wäldern vor. Das Männliche Knabenkraut bevorzugt mäßig-trockene bis frische, mal mehr, mal weniger nährstoff- und basenreiche Lehmböden, die oft kalkarm, mild bis mäßig sauer, humos und mittel bis tiefgründig sind. Die Orchidee verträgt Licht wie auch Halbschatten (vgl. *Oberdorfer 1990*). Die Pflanze ist sehr an ihren Wirtspilz gebunden.

Männliches Knabenkraut (*Orchis mascula*)

Die Bestäubung der Pflanze erfolgt durch Hummeln oder auch durch Selbstbestäubung (vgl. *Wikipedia 2023*).

In deutschen Gebirgsgegenden findet sich die Art bis in Höhen von 1900 m (vgl. *Baumann / Künkele 1998*).

Von einst 191 Vorkommen in Baden-Württemberg fanden sich 1993 nur noch 91 (vgl. *Schneider 1993*). Die Verbreitungskarten des Naturkundemuseums Stuttgart hingegen geben für 2023 wieder mehr Fundorte an, vor allem auf und entlang der Schwäbischen Alb, was daran liegen kann, daß die Art offenbar gut neue Standorte besiedeln kann, da sie, wie schon *Presser (1995)* bemerkt, verschiedene Lebensbedingungen annimmt.

Das Männliche Knabenkraut gedeiht oft sehr zahlreich auf der Ebene des Ursulabergs.

Noch um 1913 muß die Art auf allen feuchten Wiesen weitverbreitet gewesen sein. *Mayer (1913)* stellte das Männliche Knabenkraut für den Übersberg, den Ursulaberg, die Wanne, den Schönberg und den Wackerstein fest. Der Ursulahochberg als Fundortsangabe wird von *Schlichenmaier (1940)* genannt.

Ab 1964 bis 1996 gibt es für die Mkg. Pfullingen von allen Jahrzehnten Funde. *Reim (1982)* etwa beobachtete die Art am Waldrand des Kugelbergs, und der Autor selbst fand sie zwischen 1986 und 1996 mehrfach; zumeist auf der Ebene des Ursulabergs. Im Rahmen der Biotopkartierungen wurde das Männliche Knabenkraut 1992 auf einem Magerrasen beim Segelflugplatz auf dem Übersberg gesehen. Für die Zeit nach 1996 liegen – siehe Tabellen – dann weitere Fundmeldungen vor. Schwerpunkt der Verbreitung sind, allen Beobachtungen zufolge, überwiegend die Wälder der Albauslieger.

Die Kartierung von 1996 ergab für die Mkg. Pfullingen damals vier Populationen mit insgesamt mindestens 215 Exemplaren auf 10 Rasterfeldern. Stärkste

Population war die am Ursulaberg mit mindestens 120 Exemplaren, wo sich auch die höchsten Individuenzahlen pro Rasterfeld (90 Exemplare) fanden.

Als temperaturindifferente (vgl. *Ellenberg 1992*) und sehr an ihren Wirtspilz gebundene Orchideenart schien das Männliche Knabenkraut mit allein einer Ausnahme (Fundort Lache) in Höhen über 650 m auszuweichen, wo es schwerpunktmäßig - mit 6 von 10 Rasterfeldern - in den Haargersten-Buchenwäldern und innerhalb dieser wiederum bevorzugt auf denen der Weißjura Beta - Verebnung gesehen wurde. Ist es nicht direkt das Klima, das sich einflußnehmend auf die Verbreitung des Männlichen Knabenkrauts auswirkt, so vielleicht eine Bindung an bestimmte Bodentypen. Bemerkenswert ist auf jeden Fall, daß auch die älteren Quellen – abgesehen vom Ahlbol in den Sechziger- und Siebzigerjahren - kaum Funde in Tallagen erwähnen. Da das Männliche Knabenkraut häufig mit dem Blassen Knabenkraut (*Orchis pallens*) vergesellschaftet wächst und zumindest letzteres sich im Untersuchungsgebiet wegen seines geringeren Temperaturbedürfnisses in die höheren Lagen zurückzieht, ist zu erwägen, ob die Angabe von der Temperaturindifferenz des Männlichen Knabenkrauts nach *Ellenberg (1992)* ohne Kritik aufrecht erhalten werden kann.

Die Vorkommen des Männlichen Knabenkrauts lagen zur Zeit der 1996er-Kartierung von harten Nutzungsansprüchen weitgehend abgeschirmt. Die Population auf dem Ursulaberg entlang eines häufig begangenen Wanderwegs verleitete allerdings sehr, die in leuchtendem Purpurrot blühenden, auffälligen Pflanzen zu pflücken. Wo in selteneren Fällen das Männliche Knabenkraut auch in den Trockenrasengesellschaften der Hochwiesen vorkam, drohte bisweilen Vertritt.

Insgesamt sollten die Aussichten für das Fortbestehen der Art sicher weiterhin positiv sein. Die Population auf dem Ursulaberg bestand (nach *Helmut Ilg, mündl. Mitteilung 1996*) über Jahrzehnte unverändert.

Ohnhorn (*Orchis anthropophora*)

6. 16. 8. Ohnhorn

(*Orchis anthropophora*)

Man Orchid

D: gefährdet – BW / Alb: stark gefährdet (2); IUCN: nicht gefährdet (LC)

Blütezeit: März bis Juni

Das *Ohnhorn* (früher eigene monotypische Gattung, *Aceras anthropophora*) trägt seinen Namen nach dem fehlenden Blütensporn. Andere Bezeichnungen für die Pflanze sind auch *Ohnsporn*, sowie – wegen der Blütenform - *Fratzen-*, *Männer-* oder *Puppenorchis*.

Die Pflanze wächst 10-40 cm hoch, steht auf Halbtrocken- und Magerrasen, sowie in lichten Gebüschen, in Wäldern und an Waldrändern. Sie bevorzugt trockene bis mäßig frische und meist kalkhaltige Böden (vgl. *Buttler 1986*).

Die Art kommt in Deutschland bis auf 780 m Meereshöhe vor (vgl. *Baumann / Künkele 1998*).

Bestäubt wird die Orchidee als eine der wenigen Arten von kleinen Käfern, die dabei aufgrund des Blütenbaus auch mit ihren kurzen Mundwerkzeugen zugange sein können (vgl. *Wikipedia 2023*).

Beobachtungen des Ohnhorns gab es 1964-1966 und 1969-1971 durch *W. Schmidt* am Ahlbol. Ein Fund von *V. Hoffmann* 1978 mit der Fundortsangabe

Elisenhütte – Immenberg gehört wahrscheinlich schon zur Mkg. Unterhausen (*Nm 2023*).

Bei der Kartierung 1996 wurde die Art auf Pfullinger Markung nicht angetroffen. Lt. *Naturkundemuseum (2023)* haben die Orchidee aber verschiedene Beobachter um den Wendelstein bei Eningen gesehen; dabei 1978-1983, 1994, 2005, sowie 2008-2010.

6. 17. Gattung Hundswurz (*Anacamptis*)

Die Hundswurzen kommen mit zehn Arten in Europa und rund um das Mittelmeer vor. Inzwischen werden auch das Wanzen-Knabenkraut als *Anacamptis coriophora* und das Kleine Knabenkraut als *Anacamptis morio* unter dieser Gattung subsummiert (*Wikipedia 2023*).

6. 17. 1. Pyramiden-Hundswurz (*Anacamptis pyramidalis*)

Pyramidal Orchid

gefährdet (3); IUCN: nicht gefährdet (LC)

Blütebeginn: meist Mitte bis Ende Juni, in günstigen Jahren auch früher

Die *Pyramiden-Hundswurz* ist auch unter den Namen *Pyramiden-Orchis, Spitzorchis* oder *Kammstendel* bekannt. Diese seltene Pflanze wächst auf Kalk-Magerrasen, an Rainen und Böschungen, aber auch in Moorwiesen. Sie bevorzugt mäßig-trockene bis wechseltrockene, kalkreiche, mild-humose, lockere (auch steinige) Löß- und Lehmböden. Die Orchidee kommt nur in klimatisch begünstigten Gegenden vor. Sie wird von Faltern, z.B. Widderchen (*Zygaena filipen-*

Pyramiden-Hundswurz (*Anacamptis pyramidalis*)

dulae) bestäubt und ist eine Charakterart der Halbtrockenrasen-Verbände (*Mesobromion*), kommt aber auch in trockenen Pfeifengras-Gesellschaften (*Molinion*) und in trockenen Blutstorchenschnabel-Saumgesellschaften (*Geranion sanguinei*) vor (vgl. *Oberdorfer 1990, Ellenberg 1992, Presser 1995*).

In Deutschland wächst die Orchidee bis auf eine Höhe von 870 m (*Baumann / Künkele 1998*).

Die Art, die in Baden-Württemberg einst an 105 Fundorten angetroffen werden konnte, war bereits schon 1993 an 60 davon nicht mehr zu finden. Nach den Verbreitungskarten des *Naturkundemuseums Stuttgart (2023)* scheint die Pyramiden-Hundswurz jedoch wieder häufiger geworden zu sein, was vielleicht auf das sich erwärmende Klima zurückzuführen ist. Höhere Lagen wie den Schwarzwald spart die Art aber nach wie vor aus.

Da die Pyramiden-Hundswurz bei der Keimung auf einen sehr speziellen Pilz angewiesen ist, überdauern verpflanzte Exemplare zwar ein bis zwei Jahre, sterben danach aber ab (vgl. *Schneider 1993*).

Wie *Mayer (1913)* berichtet, wurde die Pyramiden-Hundswurz schon 1851 auf den Holzwiesen (bei der Lache) beobachtet. Daneben nennt Mayer Ursulaberg, Wanne, Wackerstein und Gielsberg als Fundorte. Auch bei *von Martens und Kemmler* werden 1865 wie auch 1882 die Holzwiesen genannt.

Kirchner und Eichler (1900, 1913) führen die Wanne, die auch bei *Mayer (1929)* auftaucht, und den Wackerstein als Fundorte an. An beiden Stellen wurde die Art 1996 nicht mehr gesehen. Ist die Wanne, die auch heute noch einige Arten beheimatet, als Standort für die Pyramiden-Hundswurz von Beobachtern nach 1996 wieder belegt (etwa 2018 durch *B. Biegert,* vgl. *Nm 2023*), so irritiert der Wackerstein als Fundortsangabe. Dort findet man, außer dem Blassen Knabenkraut (*Orchis pallens*), sonst keine Orchideenarten. Selbst wenn zu früheren Zeiten der Wald geschlagen war, ist es aufgrund der Standortverhältnisse (insbes. kühles Klima, Höhenlage über 800 m) so gut wie ausgeschlossen, daß es am Wackerstein jemals ein stabiles Vorkommen der Pyramiden-Hundswurz gab. Möglicherweise konnten sich zum Zeitpunkt der damaligen Beobachtung einige Exemplare halten, die aus von anderen Beständen angeflogenen Samen gekeimt waren und - ähnlich wie beim Beispiel des Affen-Knabenkrauts (*Orchis simia*; vgl. 6.14.3.) - an einer geeigneten Stelle für zwei, drei Jahre überlebten. Eventuell war mit der Fundortsangabe auch der bereits zur Mkg. Unterhausen gehörende Trockenrasen am Vorderen Sättele gemeint.

Mayer (1929) führt neben der Wanne auch den Schönberg und den Ursulaberg als Fundorte auf. Bei letzterem dürfte es sich um das auch heute noch existierende Vorkommen am Sonnenbau handeln.

1950 nennt *Mayer* erneut die „Holzwiesen" (d.h. die Waldwiese unterhalb der Lache im Kaltenbronnen) als Fundort, wo die Art, wahrscheinlich aufgrund der starken Beschattung des Geländes, 1996 nicht bestätigt wurde.

In Zusammenhang mit einer Bastardbildung zwischen Pyramiden-Hundswurz und Mücken-Händelwurz (*Gymnadenia conopsea*) taucht der Kugelberg als Fundort auf. Damit ist wahrscheinlich die Wiese zwischen den beiden Quellsümpfen nordwestlich des Kugelbergs gemeint, wo beide Arten auch bei der Kartierung bestätigt werden konnten.

Pyramiden-Hundswurz: viele ihrer Standorte wurden durch Bebauung zerstört.

Aufnahmen der sechziger Jahre bestätigen die Pyramiden-Hundswurz für den Pfullinger Gielsberg, wo die Art jedoch 1996 nicht angetroffen wurde.

Eine große Population der Pyramiden-Hundswurz befand sich offenbar am Ahlsberg im Gebiet des heutigen Roßbergwegs. Durch die Erschließung dieser Gegend des Ahlsbergs als Baugebiet wurde das Vorkommen Ende der siebziger Jahre vernichtet (*nach mündlicher Mitteilung von Helmut Ilg 1996*). Seit Ende der achtziger Jahre erloschen ist, wie der Autor beobachtete, auch ein Vorkommen im Lippental. Sukzession auf den Halbtrockenrasen einerseits und Nutzungsintensivierung andererseits führten zu diesem Erlöschen.

Ansonsten hat der Autor selbst die Pyramiden-Hundswurz zwischen 1987 und 1996 noch auf der sog. Hochzeitswiese, sowie am Ahlsberg und an der Kleinen Wanne beobachtet; am häufigsten allerdings am Sonnenbau. Für die Zeit nach 1996 liegen Funde von verschiedenen Beobachtern vor (u.a. AHO); so für alle Hochwiesen, sowie den Sonnenbau bzw. das NSG Kugelberg.

Bei den 1996er-Geländearbeiten wurde die Pyramiden-Hundswurz in zwei Populationen mit insgesamt mindestens 115 Exemplaren angetroffen. Größte Population war die am Ursulaberg mit 113 Exemplaren, wobei die größte Anzahl der Exemplare am Sonnenbau vorkam.

Die Verteilung der Art zeigte, entsprechend ihrem Wärmeanspruch, eine Präferenz der klimatisch günstigsten, in südwestliche Richtungen exponierten Halbtrockenrasen.

Ob das Vorkommen am Ahlsberg der Rest jener o.g. größeren, vernichteten Ahlsberg-Population war oder aber die Exemplare vom Ursulaberg eingewandert sind, mußte als Frage unbeantwortet bleiben. Der Standort war schon damals immer mehr durch die natürliche Sukzession am Verwildern und wäre, falls noch vorhanden, nur durch gezielte Pflegemaßnahmen zu retten. Doch auch eine Pflege solch kleinster Flächen lohnt sich. Nach *Hoffmann (et alii, 1982)* und seiner Bearbeitung des Gebietes um die Teck haben sich dort erwiesenermaßen unstete und vereinzelte Vorkommen seit 150 Jahren halten können.

Für den Erhalt und die Vermehrung der Art auf der Markung Pfullingen darf die sog. Hochzeitwiese, sofern dieser Standort noch besteht, nicht zu früh gemäht werden. Eine Mahd sollte hier nicht vor Ende Juli oder Anfang August erfolgen, noch besser aber erst zu Ende der Vegetationsperiode, um der spätblühenden Pyramiden-Hundswurz die Möglichkeit zu geben, ihren Lebenszyklus abzuschließen.

Alle weiteren Bestände, insbesondere das Kernvorkommen am Sonnenbau, sind durch Schutzstatus gesichert und lassen auf längere Sicht keine Bedrohung befürchten.

6. 17 .2. Wanzen-Knabenkraut (*Anacamptis coriophora*)

Bug Orchid

D / BW: vom Aussterben bedroht – Alb: ausgestorben (0); IUCN: nicht gefährdet (LC)

Blütezeit: April bis Juni

Wanzen-Knabenkraut (*Anacamptis coriophora*)

Die Orchidee wurde früher systematisch der Gattung *Orchis* zugerechnet, gehört aber nach neueren Untersuchungen seit 1997 zur Gattung *Anacamptis*.

Das dunkelrötlich blühende, 10-60 cm hohe Wanzen-Knabenkraut wächst in lichten Wäldern, auf Magerwiesen und vereinzelt auf Feuchtwiesen; steht dabei auf basenreichen Böden (vgl. *Buttler 1986*). In Deutschland steigt die Art im Gebirge bis auf 830 m (vgl. *Baumann / Künkele 1998*).

Das Wanzen-Knabenkraut ist eine der am stärksten vom Aussterben bedrohten Orchideenarten Deutschlands. Einige Standorte konnten trotz Schutz und Pflege nicht erhalten werden. Der Grund dafür ist noch nicht völlig geklärt; vermutlich ist Stickstoffeintrag aus der Luft eine der Hauptursachen. Da das Wanzen-Knabenkraut als äußerst konkurrenzschwach gilt, wird es sehr rasch von anderen Pflanzen verdrängt und verschwindet dann auch schnell. Die größte Gefährdung der noch verbliebenen Populationen scheint von Pflanzenraub auszugehen, wie vom AHO berichtet wird (vgl. *Wikipedia-Artikel 2023*).

Heute gibt es in Mitteleuropa nur noch einige wenige Restvorkommen des Wanzen-Knabenkrauts; so finden sich auch für ganz Baden-Württemberg ab 2005 nur für drei MTB-Quadranten Meldungen (*Nm 2023*). Nach Angaben des *Naturkundemuseums Stuttgart (2023)* wurde die Art auf MTB 7521/2 bei Geländebeobachtungen im Jahr 1899 festgestellt. Darüber hinaus fanden sich keine weiteren Hinweise. Eventuelle Neufunde müssen mit entsprechender Diskretion behandelt werden.

6.18. Gattung Riemenzunge, Bocksorchis (*Himantoglossum*)

Die zehn Arten der Gattung Riemenzunge kommen hauptsächlich im Mittelmeergebiet vor; nur die Bocks-Riemenzunge auch in klimatisch günstigeren Gegenden Mitteleuropas (*Wikipedia 2023*).

6.18.1. Bocks-Riemenzunge (*Himantoglossum hircinum*)

Lizard Orchid

D: ungefährdet (*) – BW / Alb: gefährdet (3); IUCN: nicht gefährdet (LC)

Blütezeit: Mai bis Juli

Die auffällige Orchidee, die auch *Bocksorchis* genannt wird und durch ihre bis zu 6 cm langen Mittellappen ein ausgefranstes Aussehen hat, wächst auf Magerrasen, in lichten Wäldern und an Gebüschsäumen. Sie bevorzugt mäßig trockene, kalkhaltige Böden (vgl. *Buttler 1986*).

In Deutschland steigt die Art bis auf knapp 900 m (vgl. *Baumann / Künkele 1998*).

In den vergangenen Jahren soll die Bocks-Riemenzunge eine starke Ausbreitung ihres Areals (ob durch Klimawandel?) erfahren haben (vgl. *Wikipedia 2023*). Für Baden-Württemberg gibt es seit 2005 für viele wärmere Gegenden Fundmeldungen (*Naturkundemuseum Stuttgart 2023*).

Auch Quellen für Angaben zu Beobachtungen dieser Art im Untersuchungsgebiet stammen überwiegend vom *Naturkundemuseum Stuttgart (2021)*. Laut diesen wurde die Art im 1. Quadranten des MTB 7521 im Zeitraum 1900-1944 gesehen, nicht aber bei der Kartierung 1996. Von 2000 bis 2011 wurde sie von verschiedenen Beobachtern – mit Ausnahme von 2001 und 2006 – offenbar jedes Jahr beim Waldcafé („Orchideenwiese nach Waldcafé Vor Buch") gemeldet.

2000 und 2020 wird als Fundort auch der „Aufstieg zum Ursulahochberg" bzw. „Ursulahochberg" angegeben.

Bocks-Riemenzunge (*Himantoglossum hircinum*)

Weitere Vorkommen werden 1945-1969 für den 3. Quadranten des MTB 7521 genannt. Auf der Markung Unterhausen taucht als Fundort immer wieder der Spielberg auf, so 1995, 1998-2003, 2008 und 2010. Auch im Gebiet Alte Steig und Wendelstein (Eningen) wurde die Art gesehen – zuletzt 2020, davor 1995, 2000-2005, 2007 und 2011/12.

Der *Naturgucker* liefert Beobachtungen im NSG Kugelberg für die Jahre 2014-2016, sowie für 2019. Dabei handelt es sich um Vorkommen von 6-14 Exemplaren; 2014 werden gar „Dutzende" angegeben.

6.19. Gattung Korallenwurz (*Corallorhiza*)

Die Gattung *Corallorhiza* (aus altgr. κοράλλιον *korallion* für „Koralle" und ρίζα *rhiza* „Wurzel") hat derzeit 11 bekannte Arten. Sie ist soweit ausschließlich in der Neuen Welt verbreitet; Ausnahme ist *C. trifida*, die sich holarktisch-zirkumpolar findet (vgl. *Wikipedia engl. 2023*)

6. 19. 1. *Corallorhiza trifida*

Coralroot Orchid

D: gefährdet – BW / Alb: Vorwarnliste (V); IUCN: nicht gefährdet (LC)

Blütezeit: Mai bis August

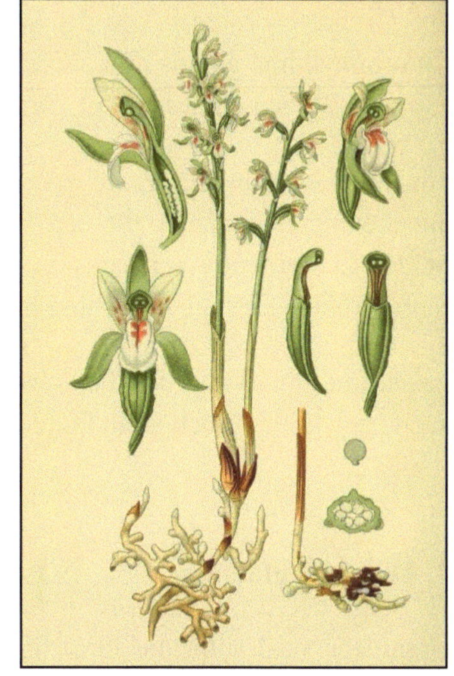

Korallenwurz (*Corallorhiza trifida*)

Diese weißlich blühende, bis 30 cm hohe Orchidee, die seltener auch *Wald-Korallenwurz, Dreispaltige* (Übersetzung von lat. *trifida*) oder *Europäische Korallenwurz* genannt wird, steht in schattigen und humiden Wäldern. Sie bevorzugt nährstoffärmere bis schwach saure Böden. Bei der Höhenverbreitung geben *Baumann / Künkele (1998)* für deutsche Gebirge bis knapp über 1600 m an.

Der Name der Pflanze rührt von ihren korallenartig aussehenden Wurzeln (siehe Bild).

Die Orchidee besitzt – wie der Widerbart oder die Vogel-Nestwurz - wenig Chlorophyll und gilt als mykoheterotroph, d.h. sie kann sich nur mit Unterstützung von Pilzen ernähren (vgl. *Sitte et alii 1998*).

Für diese Art gibt das *Naturkundemuseum Stuttgart (2023)* Meldungen durch unbekannte Beobachter für den Zeitraum 1945-1969 im 4. Quadranten des MTB 7521 an. Die Art ist aufgrund ihrer Standortansprüche im Echaztal wohl schon früher selten gewesen und nun offensichtlich ganz ausgestorben.

Insgesamt gibt es aber für die Schwäbische Alb und Teile des Schwarzwalds – auch nach 2005 - noch viele Fundorte (*Naturkundemuseum 2023*).

7. Zusammenfassung

Orchideen sind aufgrund ihrer Symbiosen, ihrer komplizierten Entwicklung und ihrer spezialisierten Bestäuber wertvolle Bio-Indikatoren für intakte Lebensräume und können daher für deren ökologische Bewertung im Naturschutz eine wichtige Rolle spielen.

Am Beispiel der Gemarkung Pfullingen (Lkr. Reutlingen, Region Neckar-Alb, Baden-Württemberg), einer 3013 ha großen Gemarkung im Jura-Gebiet der südwestdeutschen Schichtstufenlandschaft, wurden aufgrund eigener, bereits ab 1986 erfolgter Beobachtungen und 1995-1996 durchgeführter Geländearbeiten sowie älterer Quellen frühere und heutige Vorkommen heimischer Orchideenarten beschrieben und deren Fundorte in Raster-Verbreitungskarten eingetragen. Dabei fand das 125 m - Raster eine sinnvolle Anwendung. Zusätzliche Ergänzungen erleichtern ein erneutes Auffinden der Orchideenvorkommen für wissenschaftliche Zwecke oder bei planerischem Handlungsbedarf. Kartenmaterial und Original-Forschungsarbeit sind an der Universität Tübingen einsehbar.

Die Kartierung brachte als Ergebnis ein Vorkommen von zwanzig Arten heimischer Orchideen. Artzahlen von 15 pro 1 km - Rasterfeld, bzw. 11 Arten pro 125 m - Rasterfeld lassen sich mit anderen orchideenreichen Regionen wie z.B. dem Naturschutzgebiet Eichhalde bei Bissingen (Teck) vergleichen, so daß man den heimischen Orchideenbeständen der Mkg. Pfullingen eine überregionale und für das Land Baden-Württemberg hervorragende Bedeutung zumessen muß.

Die hohe Artenzahl auf engem Raum ist auf die enge Verzahnung von kontinentalen und ozeanischen Einflüssen, die in dem stark reliefierten Untersuchungsgebiet zum Tragen kommen, zurückzuführen. Deutlich wird sichtbar, daß einige Arten nur in den kälteren Höhenlagen des erstgenannten Bereichs zu finden sind, während solche, die mildere Bedingungen bevorzugen, sich in ihrer Verbreitung auf die klimatisch günstigen Bereiche in Tallage beschränken. Neben der Bindung an klimatische Faktoren wird auch eine starke Bindung der Orchideenarten an den Gesteinsuntergrund deutlich. Fast alle Rasterfelder mit Orchideenvorkommen befinden sich dort, wo im Untergrund die Gesteine des Weißen Jura (einschließlich Weißjura-Schutt) anstehen. Eine wesentliche Rolle bei der Verbreitung spielt die Geländenutzung. Landwirtschaftlich intensiv genutzte Flächen bieten keine Wuchsbedingungen für Orchideen. Die Tabelle im Anhang II faßt beobachtete Regelhaftigkeiten bei der Verbreitung der einzelnen Orchideenarten noch einmal in Kürze zusammen.

Die Auswertung älterer Quellen deutet auf ein Vorkommen von ehemals mindestens vierzig Orchideenarten. Obwohl viele Arten auf der Markung Pfullingen noch Bestände mit hohen Exemplarzahlen aufweisen, ist der Rückgang der Anzahl an Orchideenarten um die Hälfte bis zum Jahr 1996 alarmierend. Die Tabelle im Anhang IV führt zusammenfassend die bei der Kartierung nicht mehr angetroffenen Orchideenarten auf. Erneute detaillierte Untersuchungen, die sich mit der Frage beschäftigen, wie es aktuell genau und zahlenmäßig um die Bestände steht bzw. wie sie sich im Zeitraum 1996-2021 entwickelt haben, wären sinnvoll, denn auch die Populationen der noch vorhandenen

Arten geraten weiterhin unter Druck, selbst dort, wo ein gesetzlicher Schutzstatus besteht. 12 der angetroffenen Orchideenarten im Untersuchungsgebiet
stehen auf der Roten Liste; der Rest ist nach der Landesartenschutzverordnung
zumindest schonungsbedürftig. Während manche Arten, die allgemein landesweit als stark gefährdet eingestuft wurden (z.B. Kleines Knabenkraut - *Orchis
morio*), auf der Markung Pfullingen zu den mit Abstand häufigsten zählten,
erfuhren solche Arten, die als wenig gefährdet gelten (z.B. Geflecktes Knabenkraut - *Dactylorhiza maculata*), einen Rückgang.

Bei der Untersuchung der Orchideenvorkommen konnten auf der Markung
Pfullingen insgesamt folgende bestandsgefährdende Ursachen mit all ihren
Wechselwirkungen untereinander festgestellt werden:

- natürliche Ursachen, vor allem Sukzession

- Flächenverbrauch und Zersiedelung der Landschaft

- Landwirtschaft (Düngung, unangepaßte Nutzung, zu frühe Mahd)

- Forstwirtschaft (mechanische Beschädigung, Aufforstung)

- Freizeit und Tourismus (Vertritt durch Sport, Spiel und Naturfotografen)

- andere Gefährdungspotentiale (u.a. Luftstickstoff-Düngung,

- Sammeln, Ausgraben und Pflücken von Orchideen)

Dabei waren Gefährdungspotentiale aus dem Bereich Freizeit und Tourismus
am häufigsten wirksam, fast unabhängig davon, ob die Orchideenpopulationen
in einem Gebiet mit gesetzlichem Schutzstatus liegen oder nicht. Wie festgestellt wurde, stellten Freizeit und Tourismus bei drei Vierteln der im Untersu-

chungsgebiet vorkommenden Orchideenarten das am häufigsten wirkende Gefährdungspotential dar. Aber auch andere Gefährdungspotentiale waren immer wieder zu finden.

Für den Schutz der noch bestehenden Orchideenpopulationen wird daher allgemein vorgeschlagen:

- Ausweisung von weiteren Gebieten mit gesetzlichem Schutzstatus aufgrund von Orchideenvorkommen.

- dort, wo eine Nutzung nicht zu vermeiden ist: nachhaltige Bewirtschaftung von Flächen mit Orchideenvorkommen.

- entsprechende Pflege der mit Schutzstatus versehenen Bestände, wo nicht bereits durchgeführt.

- Sensibilisierung und Aufklärung der Bevölkerung für Pflück- und Sammelverbote, sowie die Notwendigkeit des Schutzes von Orchideen und anderen seltenen Pflanzen, evtl. durch das Aufstellen von Schildern.

- bei Bebauung oder anderen „harten" Nutzungsansprüchen ist eine ökologisch vertretbare Lösung zu finden. Individuenschwache Populationen oder Vorkommen von Rote-Liste Arten sind unbedingt zu schonen.

- der Arten- und Biotopschutz im Allgemeinen und heimische Orchideen im Besonderen betreffend muß - mit all seinen gesetzlichen Grundlagen - auch bei künftiger kommunaler Planung einen entsprechenden Stellenwert erhalten.

12 der 20 kartierten Orchideenarten kommen fast ausschließlich in Rasengesellschaften (insbesondere Halbtrockenrasen) vor. In solchen Biotopen, die aus historischen Nutzungsformen wie Schafbeweidung oder einschüriger Mahd entstanden sind, können die Orchideen nur durch die Einflußnahme des Men-

schen gedeihen und zwar nur, wenn die extensiven, düngerarmen Bewirtschaftungsformen, die den Orchideenarten in der Vergangenheit eine Ausbreitung ermöglichten, wenigstens schwerpunktmäßig beibehalten oder durch dementsprechende Pflegemaßnahmen ersetzt werden.

Speziell für den Schutz von Orchideenbeständen auf Rasengesellschaften soll daher gelten:

- Minimierung von Düngereintrag auf Flächen mit Orchideenvorkommen, da die meisten Arten empfindlich gegenüber mineralischem oder organischem Dünger sind.

- regelmäßige Pflege bisher extensiv bewirtschafteter Flächen mit Orchideenbeständen. Diese sollte, wenn finanziell vertretbar, durch einschürige Sensen-Mahd erfolgen. Diese Art der Mahd schont die Grasnarbe und bringt weniger die Gefahr einer Bodenverdichtung mit sich. Als Zeitraum für die Mahd sollte das Ende der Vegetationsperiode gewählt werden, damit die Orchideen ihren Lebenszyklus vollenden können. Mosaikartig können Teilflächen zu verschiedenen Terminen gemäht werden, um auch dem Schutz von anderen Artengruppen (z.B. Schmetterlinge) gerecht zu werden.

Da viele Halbtrockenrasenflächen zunehmend Ziele des Freizeit- und Naturtourismus sind, ist als Schutz für die Orchideenbestände dieser Biotope zusätzlich notwendig:

- Kontrolle des Naturtourismus über Durchsetzung und Überwachung von Betretungsverboten und Sperrung neu entstandener Trampelpfade.

- wo durchsetzbar: Verlegung von Freizeiteinrichtungen wie z.B. Spiel- und Grillplätzen aus den Wuchsgebieten der Orchideenarten.

Waldbiotope sind vor allem in den steileren Hangbereichen weitgehend naturnahe Lebensräume, in denen sich die Orchideen relativ ungestört entwickeln können.

Wo dennoch forstwirtschaftliche Nutzung und Orchideenvorkommen aufeinandertreffen, ist zum Schutz der Orchideenarten in Waldgesellschaften folgendes zu beachten:

- an Orten des Vorkommens seltenerer Arten darf der Unterwuchs (Kraut- und Strauchschicht) nicht zu dicht sein und sollte, falls er aufkommt, regelmäßig ausgelichtet werden.

- eine mechanische Beschädigung der Orchideenpflanzen bei den Forstarbeiten ist durch Kenntnis der Arten und ihrer Wuchsorte zu vermeiden.

- Lagerplätze für Holz, Abstellplätze für Bauwagen und Wendeplätze für die Fahrzeuge des Forstbetriebs sollten nicht auf Wuchsorten von Orchideen eingerichtet werden.

Ferner sollte gelten:

- Rasenflächen mit Orchideenvorkommen dürfen keinesfalls aufgeforstet werden, da sie sonst als Standorte für Wiesenorchideen für immer verlorengehen.

Für die Weiterentwicklung des Orchideenschutzes im Untersuchungsgebiet und der umliegenden Region wird vorgeschlagen:

- Beobachtung der Bestände heimischer Orchideen durch die Organe des staatlichen Naturschutz, sowie durch Naturschutzverbände, Wissenschaftler, fachkundige Privatpersonen und interessierte Laien.

- Weiterführung der Kartierung auf der Markung Pfullingen.

- Durchführung von ähnlichen Orchideenkartierungen auf den Nachbargemarkungen.

- Meldung von Neufunden oder Wiederauftauchen erloschen geglaubter Arten an Naturschutzbehörden und die Wissenschaft.

- Kontrolle der Bestände und Eingreifen bei Gefahr einer Vernichtung von Orchideenvorkommen.

Wenn Sie durch dieses Buch angeregt wurden, selber in die Natur auf die Suche nach Orchideen zu gehen, verinnerlichen Sie bitte die Worte des brasilianischen Schriftstellers *Paulo Coelho*:

„Wer versucht, eine Blume zu besitzen, wird ihre Schönheit verwelken sehen. Aber wer nur eine Blume auf einem Feld anschaut, wird sie immer behalten. Denn sie paßt zum Abend, zum Sonnenuntergang, zum Geruch nach feuchter Erde und zu den Wolken am Horizont."

Beachten Sie bitte unbedingt folgende Regeln:

- Graben Sie keine Orchideen aus! Abgesehen davon, daß es sich um einen Straftatbestand handelt, werden die Orchideen in Ihrem Garten nur selten oder nicht dauerhaft überleben, weil ihnen Kalk und / oder Wurzelpilze nebst oft vielen anderen Standortbedingungen fehlen. Selbst Fachleute haben oft schon vergeblich versucht, heimische Orchideenarten zu züchten. Mit einer tropischen Orchidee aus dem Blumenladen haben Sie mehr und längere Freude, abgesehen davon, daß diese auch prächtigere Blüten haben.

- Pflücken Sie keine Orchideen, auch nicht außerhalb von geschützten Flächen!

- Halten Sie sich in geschützten Gebieten unbedingt an Wege und Pfade, um nicht dabei unwissentlich unauffällige Arten zu zertreten!

- Bleiben Sie auch in Gegenden ohne Schutzstatus auf den Wegen, um die Pflanzenwelt zu schonen!

- Verlassen Sie bitte auch zum Fotografieren die Wege nicht! Wer das genaue Schauen lernt, wird nach einer Weile oft auch schöne Orchideen direkt am Wegesrand finden, ohne dabei den Weg verlassen zu müssen! Auch wenn man glaubt, keinen Schaden anzurichten, zertritt man beim Fotografieren oder Ansehen einer Pflanze in Blüte oft etliche andere, die noch im Kommen sind.

- Weisen Sie unkundige und falsch handelnde Personen auf das richtige Verhalten hin!

- Melden Sie neue Fundorte besonders seltener Arten unbedingt den örtlichen Naturschutzvereinen!

- Begeistern Sie Ihre Kinder, Enkel und Schüler für das Thema! Denn deren Hände sind es, in die wir diese Welt geben!

Anhang

I. Im Text und den Tabellen verwendete Abkürzungen

Abkürzung	Bedeutung
AHO	Arbeitskreis heimische Orchideen Baden-Württemberg
altgr.	altgriechisch
Bk	Biotopkartierung
BnatSchG	Bundes-Naturschutzgesetz
dt.	deutsch
FFH	Flora-Fauna-Habitat
GEA	Reutlinger General-Anzeiger
GKK	Gauß-Krüger-Koordinaten
H	Herbarbeleg
lat.	lateinisch
LfU	Landesanstalt für Umwelt Baden-Württemberg
LSG	Landschaftsschutzgebiet
Mkg.	Markung
MTB	Meßtischblatt
ND	Naturdenkmal
Ng	Naturgucker
Nm	Naturkundemuseum Stuttgart
NSG	Naturschutzgebiet
Stbr.	Steinbruch
unb.	unbekannt
wiss.	wissenschaftlich

II. Orchideen und Regelhaftigkeiten bei der Verbreitung

Übersicht über die 20 im Rahmen der Kartierung 1996 auf der Markung Pfullingen angetroffenen heimischen Orchideenarten und ihre beobachteten Regelhaftigkeiten bei der Verbreitung im Untersuchungsgebiet.

Artname deutsch (*wissenschaftlicher Name*)	beobachtete Regelhaftigkeiten bei der Verbreitung im Untersuchungsgebiet
Weißes Waldvöglein (*Cephalanthera damasonium*)	bevorzugt in Steppenheidewaldgesellschaften auf Weißjura, an westexponierten, steilen Hängen (oft über 30° Neigung), ab 600 mNN Höhe, auf Böden von geringer Mächtigkeit, häufig mit der Vogel-Nestwurz (*Neottia nidus-avis*) vergesellschaftet
Sumpf-Stendelwurz (*Epipactis palustris*)	auf nährstoffarmen Naßwiesen im Unterhangbereich; gemeinsam mit der Fleischfarbenen Fingerwurz (*Dactylorhiza incarnata*).
Breitblättrige Stendelwurz (*Epipactis helleborine*)	in Trockenhanggesträuch, das sich im Übergang zum Waldstadium befindet.
Großes Zweiblatt (*Listera ovata*)	bevorzugt in noch gepflegten Halbtrockenrasen oder solchen im ersten Verbuschungsstadium, an nach Norden ausgerichteten Hängen, stets über 500 mNN, bevorzugt auf Weißjura-Schutt.
Nestwurz (*Neottia nidus-avis*)	bevorzugt in Steppenheidewaldgesellschaften und Hang-Buchenwäldern über den Gesteinen des Weißen Jura, oft auf steilen, westexponierten Hängen mit geringer Bodenauflage. Stets über 500 m, oft mit dem Weißen Waldvöglein (*Cephalanthera damasonium*) vergesellschaftet.
Zweiblättrige Waldhyazinthe (*Platanthera bifolia*)	bevorzugt auf Halbtrockenrasen über kalkhaltigem Untergrund; an südwestlich bis westlich exponierten Hängen, ab 500 - 550 m Höhe.
Mücken-Händelwurz (*Gymnadenia conopsea*)	auf Halbtrockenrasen über Weißjura und Weißjura-Schutt, dabei oft auf nordexponierten Hängen.
Wohlriechende Händelwurz (*Gymnadenia odoratissima*)	auf Halbtrockenrasen über Weißjura und Weißjura-Schutt.

Artname deutsch (*wissenschaftlicher Name*)	beobachtete Regelhaftigkeiten bei der Verbreitung im Untersuchungsgebiet
Fleischfarbene Fingerwurz (*Dactylorhiza incarnata*)	auf nährstoffarmen Naßwiesen im Unterhangbereich; zusammen mit der Echten Sumpfwurz (*Epipactis palustris*).
Gefleckte Fingerwurz (*Dactylorhiza maculata*)	auf Halbtrockenrasen, ehemaligen Halbtrockenrasen und in lichten Wäldern; an nordexponierten Hängen.
Fliegen-Ragwurz (*Ophrys insectifera*)	auf Halbtrockenrasen klimatisch günstiger Lage (südwestlich exponierte Hänge); selten in Waldgesellschaften und nicht über 600 mNN Höhe.
Hummel-Ragwurz (*Ophrys holoserica*)	auf Halbtrockenrasen klimatisch günstiger Lage; nicht über 600 mNN Höhe.
Bienen-Ragwurz (*Ophrys apifera*)	auf Halbtrockenrasen der klimagünstigsten, geschützten Lagen; nirgends über 530 mNN Höhe.
Rosa Kugel-Orchis (*Traunsteinera globosa*)	auf Halbtrockenrasen der Albauslieger; nur in Höhen über 690 mNN.
Kleines Knabenkraut (*Orchis morio*)	normalerweise nur auf den Halbtrockenrasen der Albauslieger (über 690 mNN Höhe).
Brand-Knabenkraut (*Orchis ustulata*)	überwiegend auf den Halbtrockenrasen der Albauslieger; über 690 mNN Höhe.
Helm-Knabenkraut (*Orchis militaris*)	auf Halbtrockenrasen klimatisch begünstigter, west- bis südwestexponierter Hänge in Tallage; nirgends über 640 m Höhe
Blasses Knabenkraut (*Orchis pallens*)	bevorzugt in Haargersten-Buchenwäldern auf den Verebnungen der Weißjura Beta- und Delta-Epsilon-Stufe; oft unter Eschen (*Fraxinus excelsior*) zu finden; zuweilen mit dem Männlichen Knabenkraut (*Orchis mascula*) vergesellschaftet.
Männliches Knabenkraut (*Orchis mascula*)	siehe Blasses Knabenkraut
Pyramiden-Hundswurz (*Anacamptis pyramidalis*)	auf Halbtrockenrasen, bevorzugt in klimatisch günstigsten Südwest-Lagen.

III. Häufigkeit der 1996 erfaßten Arten

Rang	Art deutsch (*wiss.*)	angetroffene Populationen	Mindest-Exemplarzahl	Rasterfelder Karte
1	Kleines Knabenkraut (*Orchis morio*)	3	3980	40
2	Mücken-Händelwurz (*Gymnadenia conopsea*)	5	1192	31
3	Helm-Knabenkraut (*Orchis militaris*)	2	877	14
4	Großes Zweiblatt (*Listera ovata*)	4	551	24
5	Vogel-Nestwurz (*Neottia nidus-avis*)	3	364	43
6	Wohlriechende Händelwurz (*Gymnadenia odoratissima*)	1	312	3
7	Gefleckte Fingerwurz (*Dactylorhiza maculata*)	5	305	15
8	Zweiblättrige Waldhyazinthe (*Platanthera bifolia*)	4	275	20
9	Sumpf-Stendelwurz (*Epipactis palustris*)	3	236	3
10	Männliches Knabenkraut (*Orchis mascula*)	4	215	10
11	Brand-Knabenkraut (*Orchis ustulata*)	3	179	10
12	Weißes Waldvöglein (*Cephalanthera damasonium*)	3	163	37
13	Hummel-Ragwurz (*Ophrys holoserica*)	3	161	5

Rang	Art deutsch (*wiss.*)	angetroffene Populationen	Mindest-Exemplarzahl	Rasterfelder Karte
14	Pyramiden-Hundswurz (*Anacamptis pyramidalis*)	2	115	4
15	Blasses Knabenkraut (*Orchis pallens*)	2	114	10
16	Fliegen-Ragwurz (*Ophrys insectifera*)	2	74	3
17	Fleischfarbene Fingerwurz (*Dactylorhiza incarnata*)	2	40	2
18	Breitblättrige Stendelwurz (*Epipactis helleborine*)	1	32	1
19	Rosa Kugel-Orchis (*Traunsteinera globosa*)	3	12	5
20	Bienen-Ragwurz (*Ophrys apifera*)	2(?)	2	2

IV. Arten, die 1996 nicht (mehr) angetroffen wurden

In der zweiten Spalte der folgenden Tabelle sind die Orte eines ehemaligen Vorkommens, wie sie aus im Text genannten Quellen bekannt sind, aufgeführt. Die dritte Spalte gibt den letzten Fund vor 1996 bzw. den erneuten (oder auch ersten) Fund nach 1996 mit Quelle und ggf. Fundort an.

Artname deutsch (wissenschaftlich)	Ort(e) ehem. Vorkommens	vor 1996 bzw. nach 1996 wieder bestätigt von:
Gelber Frauenschuh (*Cypripedium calceolus*)	Schönberg, Lippentaler Hochberg, Georgenberg, Ursulaberg, Ursulahochberg.	Mayer 1950
Rotes Waldvöglein (*Cephalanthera rubra*)	Pfullinger Gielsberg, Wanne, Wackerstein, Stuhlsteige, Ursulaberg, Ursulahochberg (?), Übersberg.	nach Nm:W. Schmidt 1986, Elisenhütte – Immenberg, Vorderes Sättele; V. Hoffmann 2008, zw. Wanne und Sättele
Schwertblättriges Waldvöglein (*Cephalanthera longifolia*)	Pfullinger Gielsberg	nach Nm: H. Wagner 1992, Pfullinger Gielsberg; V. Hoffmann 2006, Pfullinger Gielsberg
Braune Stendelwurz (*Epipactis atrorubens*)	Ahlsberg, Gailenbühl, Georgenberg, Schönberg, Ursulaberg, Übersberg, Wackerstein, Wanne	nach Landratsamt 1992 / 93 (Ahlsberg); nach Nm: V. Hoffmann 2011 NSG Kugelberg
Violette Stendelwurz (*Epipactis purpurata*)	Klappersteigle / Übersberg	nach Nm: Rieks 1995, Übersberg und Umgebung; [Götz 2009, am Breitenbach, RT]
Wendelähre, Drehwurz (*Spiranthes spiralis*)	MTB 7521/1	nach Nm: unbekannt 1899, MTB 7521/1

Artname deutsch (wissenschaftlich)	Ort(e) ehem. Vorkommens	vor 1996 bzw. nach 1996 wieder bestätigt von:
Kriechendes Netzblatt (*Goodyera repens*)	MTB 7521/1 + 4	nach Nm: unbekannt 1945-69, MTB 7521/4
Widerbart (*Epipogium aphyllum*)	Mädlesfels, Übersberger Hof	Mayer 1950
Grünliche Waldhyazinthe (*Platanthera chlorantha*)	Ahlsberg, Ursulaberg, Wackerstein, Wanne	nach Nm: Merten 1994, Bereich Schönberg - Wanne
Hohlzunge (*Coeloglossum viride*)	Pfullinger Gielsberg, Ursulaberg, Übersberg	AHO 1992, Pfullinger Gielsberg; W. Riedel 2008, MTB 7521/3
Holunder-Fingerwurz (*Dactylorhiza sambucina*)	Pfullingen – „gegen den Roßberg hin" (ob Pfullinger Gielsberg?)	Rösler 1790
Breitblättrige Fingerwurz (*Dactylorhiza majalis*)	Wanne (?), Wolfsgrube	Helmut Ilg, Anfang 90er Jahre (Wolfsgrube); V. Hoffmann 2011, Vor Buch
Einknollige Honigorchis (*Herminium monorchis*)	Pfullinger Gielsberg, Ursulaberg, Übersberg	Mayer 1950
Spinnen-Ragwurz (*Ophrys sphegodes*)	Pfullinger Gielsberg, Ursulaberg (ob Sonnenbau?), Wackerstein (?)	G. Holl 1994, Sonnenbau;
Affen-Knabenkraut (*Orchis simia*)	zwischen Schubertstraße und Gottfried-Maier-Straße	Helmut Ilg, 70er Jahre
Purpur-Knabenkraut (*Orchis purpurea*)	Ursulaberg (Waldcafé, NSG Kugelberg)	Ng (NSG Kugelberg 2015)
Ohnhorn (*Orchis anthropophora*)	Wendelstein (Eningen)	Nm 2021 (Wendelstein, Eningen, 2010)
Wanzen-Knabenkraut (*Anacamptis coriophora*)	MTB 7521/3	Nm 2021 (MTB 7521/3, 1899)
Bocks-Riemenzunge (*Himantoglossum hircinum*)	MTB 7521/1+3, Ursulaberg (NSG Kugelberg), Ursulahochberg, Waldcafé	Nm 2023 (Ursulahochberg 2020)
Korallenwurz (*Corallorhiza trifida*)	MTB 7521/4	Nm 2023 (MTB 7521/4, 1945-69)

V. Älteste und jüngste Nachweise mit Gefährdungsgrad

(H) = mit Herbarbeleg

fettgedruckte Arten: bei der Kartierung durch den Autoren 1996 bestätigt

Bk = Biotopkartierung Baden-Württemberg, Ng = Naturgucker, Nm = Naturkundemuseum Stuttgart

Art deutsch, Art wissenschaftlich	Gefährdung			älteste Quelle ggf. mit Fundort	jüngste / letzte Quelle ggf. mit Fundort und Beobachter
	D	BW	Alb		
Gelber Frauenschuh (*Cypripedium calceolus*)	3	3	3	Heinrich Joseph Sautermeister 1830 (H)	Nm (2023): auf MTB 7521/4 von 1970-1996 (unb.)
Rotes Waldvöglein (*Cephalanthera rubra*)	V	V	*	Mayer 1904: Gielsberg, Schönberg, Stuhlsteige, Wackerstein, Wanne, Ursulaberg	Nm (2023): 2009 um Wanne Ahlsberg (V. Hoffmann)
Weißes Waldvöglein (*Cephalanthera damasonium*)	*	*	*	Mayer 1913: Ursulaberg	Ng (2023): 2014 Schönberg, Wasen
Schwertblättriges Waldvöglein (*Cephalanthera longifolia*)	V	V	V	Naturkundemuseum Stuttgart: 7521/2 von 1945-1969	Nm (2023): 2006 Pfullinger Gielsberg (Hoffmann)
Sumpf-Stendelwurz (*Epipactis palustris*)	3	3	3	nach Mayer 1913: 1851 auf den Holzwiesen (Lache?) gesehen	Bk: 2012 NSG Kugelberg, Naßwiese E Ahlsberg (ob Roßwag?)
Braune Stendelwurz (*Epipactis atrorubens*)	V	V	V	Mayer 1904: Wackerstein, Wanne, Ursula- und Übersberg	Bk: 2011 südl. Wanne, Stbr. Gailenbühl Nm (2023): 2011 am Kugelberg (Hoffmann)
Breitblättrige Stendelwurz (*Epipactis helleborine*)	*	*	*	Mayer 1904: Wackerstein, Wanne	Nm (2023): 2012 am Georgenberg (Götz)

Art deutsch, Art wissenschaftlich	Gefährdung			älteste Quelle ggf. mit Fundort	jüngste / letzte Quelle ggf. mit Fundort und Beobachter
	D	BW	Alb		
Violette Stendelwurz (*Epipactis purpurata*)	V	*	*	Nm (2023): auf MTB 7521/1 + 3 1970 – 1996 (unb.)	Nm (2023): 1995 Klappersteigle-Übersberg-Göllesberg
Großes Zweiblatt (*Listera ovata*)	*	*	*	Mayer 1913: Wanne	Nm (2023): 2020 Lippentaler Hochberg
Vogel-Nestwurz (*Neottia nidus-avis*)	*	*	*	Mayer 1913: Ursulaberg, Schönberg, Wanne, Gielsberg	Nm (2023): 2022 Hülbenwald / Übersberg (Werner-Heid)
Wendelähre, Drehwurz (*Spiranthes spiralis*)	2	2	2	Nm (2023): 1899 auf MTB 7521/1	?
Kriechendes Netzblatt (*Goodyera repens*)	3	V	V	Nm (2023): 1899 in 7521/1	Nm (2023): 1945-1969 auf 7521/4
Widerbart (*Epipogium aphyllum*)	2	V	V	Mayer 1913: Mädlesfels / Übersberger Hof	Mayer 1950: Mädlesfels / Übersberger Hof
Zweiblättrige Waldhyazinthe (*Platanthera bifolia*)	3	V	*	Mayer 1904: Wackerstein, Wanne, Übersberg	Nm (2023): 2020 Pfullinger Gielsberg, Wanne (mehrere Beobachter)
Grünliche Waldhyazinthe (*Platanthera chlorantha*)	3	V	V	Nm (2023): 1900 – 1944 auf 7521/3+4	Nm (2023): 1994 im Bereich Wanne - Schönberg (Merten)
Hohlzunge (*Coeloglossum viride*)	2	2	2	Nm (2023): 1830 – 1860 (unbekannt); mit Herbarbeleg	Nm (2023): 2008 auf MTB 7521/3 (Riedel)
Mücken-Händelwurz (*Gymnadenia conopsea*)	V	V	*	Nm (2023): 1866 F. Hegelmaier, Wanne, mit Herbarbeleg	Nm (2023): 2020 Pfullinger Gielsberg (Thiv)
Wohlriechende Händelwurz (*Gymnadenia odoratissima*)	3	3	3	Mayer (1913): 1851 auf den Holzwiesen (Lache?) gesehen	Ng (2023): 2018 Wasen
Holunder-Fingerwurz (*Dactylorhiza sambucina*)	2	2	0	Rösler (1790): „gegen den Roßberg hin" (ob Pfullinger Gielsberg?)	?
Fleischfarbene Fingerwurz (*Dactylorhiza incarnata*)	3	3	3	Mayer (1904): Wanne (ob Roßwag?)	Ng (2023): 2014 Wasen (Hunger)
Gefleckte Fingerwurz (*Dactylorhiza maculata*)	V	*	*	Schlichenmaier (1940): Ursulahochberg	Ng (2023): 2018 um Sättele (Werner-Heid)

Art deutsch, Art wissenschaftlich	Gefährdung			älteste Quelle ggf. mit Fundort	jüngste / letzte Quelle ggf. mit Fundort und Beobachter
	D	BW	Alb		
Breitblättrige Fingerwurz (*Dactylorhiza majalis*)	3	3	3	von Martens und Kemmler (1882): Albplateau bei Pfullingen	Ng (2023): 2015 Wasen, Sumpfwiese unterhalb Waldcafé (Hunger)
Einknollige Honigorchis (*Herminium monorchis*)	2	2	2	Nm (2023): 1895 (H) Übersberg	Nm (2023): 1900 – 1944 auf 7521/1 (unb.)
Fliegen-Ragwurz (*Ophrys insectifera*)	3	3	V	Gradmann (1900): Pfullingen	Ng (2023): 2016 NSG Kugelberg (Hunger)
Spinnen-Ragwurz (*Ophrys sphegodes*)	2	2	2	Nm (2023): 1899, auf MTB 7521/3 (unb.)	Ng (2023): 2016 NSG Kugelberg (Hunger)
Hummel-Ragwurz (*Ophrys holoserica*)	3	3	3	Nm (2023): 1873 Pfullingen (Hegelmaier)	Ng (2023): 2022 NSG Kugelberg (Schmid)
Bienen-Ragwurz (*Ophrys apifera*)	*	V	V	Gradmann (1898): Pfullingeralb	Nm (2023): 2010 Gebiet Ahlsberg – Wanne – Schönberg (Hoffmann)
Rosa Kugel-Orchis (*Traunsteinera globosa*)	3	3	1	Martens und Kemmler (1865): Holzwiesen (= Lache?)	Nm (2023): 2020 Pfullinger Gielsberg (Thiv)
Kleines Knabenkraut (*Orchis morio*)	2	3	3	Rösler (1790): gegen den Roßberg hin	Nm (2023): 2020 Pfullinger Gielsberg (Thiv)
Brand-Knabenkraut (*Orchis ustulata*)	2	2	2	Nm (2023): E. Klemm 1894, mit Herbarbeleg (ob Viehweide am Scheibenberg?)	Nm (2023): 2020 Pfullinger Gielsberg (Thiv)
Affen-Knabenkraut (*Orchis simia*)	2	3	#	Helmut Ilg: 70er Jahre, zwischen Schubert- / Gottfried-Maier-Str.	Nm (2023): 2014 NSG Kugelberg (Merou)
Purpur-Knabenkraut (*Orchis purpurea*)	V	V	V	Nm (2023): 1894 (H) Nord- und Ostseite Ursulaberg (E. Klemm)	Ng (2023): 2015 NSG Kugelberg (Hunger)
Helm-Knabenkraut (*Orchis militaris*)	3	V	V	Mayer (1913): Übersberg, Ursulaberg, Schönberg, Georgenberg, Pfullinger Gielsberg	Ng (2023): 2015 Sumpfwiese Waldcafé

Art deutsch, Art wissenschaftlich	Gefährdung			älteste Quelle ggf. mit Fundort	jüngste / letzte Quelle ggf. mit Fundort und Beobachter
	D	BW	Alb		
Blasses Knabenkraut (*Orchis pallens*)	3	3	V	Martens und Kemmler (1882): Pfullingen	Nm (2023): 2020 Ursulaberg (Werner-Heid)
Männliches Knabenkraut (*Orchis mascula*)	V	V	*	Mayer (1913): Übersberg, Ursulaberg, Wanne, Schönberg, Wackerstein	Ng (2023): 2020 Ursulaberg (Werner-Heid)
Ohnhorn (*Orchis anthropophora*)	3	2	2	Nm (2023): Elisenhütte – Immenberg (V. Hoffmann)	?
Pyramiden-Hundswurz (*Anacamptis pyramidalis*)	3	3	3	Mayer (1913): 1851 Holzwiesen (Lache)	Nm (2023): 2018 Wanne (Biegert)
Wanzen-Knabenkraut (*Anacamptis coriophora*)	1	1	0	Nm (2023): 1899 in 7521/3	?
Bocks-Riemenzunge (*Himantoglossum hircinum*)	*	3	3	Nm (2023): 1900-1944 in 7521/3	Ng (2023): 2019 NSG Kugelberg (Rückle)
Korallenwurz (*Corallorhiza trifida*)	3	V	V	Nm (2023) (2021): 1945-1969 in 7521/4	?

VI. Vom Autor aufgefundene Orchideenstandorte 1986 - 1996

Art deutsch, Art wissenschaftlich	Jahr	Beobachtungsgebiet(e) auf der Markung Pfullingen
Weißes Waldvöglein (*Cephalanthera damasonium*)	1988	Maustäle, Wasen
	1990	Schätterhose
	1992	Schützenhaus am Ahlsberg
	1995	Übersberg (Mulde), Ursulaberg-Ebene, Elisenhütte, Vor Buch, Wasen, Osthang Wanne, Reitplatz am Ahlsberg, Hangende Wiesen, Pfullinger Gielsberg, Küche, Jägerberg - Lache
	1996	Übersberg (Mulde), Mädchenhalde, Ursulahochberg, Steig zum Ursulahochberg, Engersbuch, Ursulaberg-Ebene, nördl. Ursulaberg, Wasen, Alte Steig, Vor Buch, Kugelberg, Lippental, Oberer Lauf, Wanne, Schönberg, Volkmarsteich (u.a. Reitplatz), Ahlsberg, Maustäle, Ladstatt, Auchtert, Weißbaum, Scheibenbergle, Brönnlesteich, Gailenbühl, Jägerberg, Lindensteigle, Ochsensteige, Pfullinger Gielsberg, Georgenberggipfel
Sumpf-Stendelwurz (*Epipactis palustris*)	1995	Quellsumpf NW des Kugelbergs (über 100 Exemplare)
	1996	Roßwag, Wasen, Vor Buch
Breitblättrige Stendelwurz (*Epipactis helleborine*)	1996	Georgenberggipfel
Großes Zweiblatt (*Listera ovata*)	1987	Wanne
	1989	Sonnenbau
	1990	Roßwag, Kleine Wanne
	1994	NSG Kugelberg
	1995	Sonnenbau, Ernsthütte, Wasen, Wolfsgrube, Lippental (20 Exemplare), Ahlsberg, Lindenallee b. Schützenhaus, Lache
	1996	Ursulaberg, Wolfsgrube, Wasen, Sonnenbau, Vor Buch, Ahlsberg (u.a. am Sportpfad und an der Lindenallee), Kleine Wanne, Schützenhaus, Volkmarsteich (Reitplatz), Ehespach, Lippental, Lache, Georgenberggipfel
Vogel-Nestwurz (*Neottia nidus-avis*)	1987	Wanne
	1990	Schätterhose
	1992	Vor Buch
	1995	Ursulaberg-Ebene, Vor Buch (50 Exemplare), Schätterhose, hinter d. Kugelberg unterhalb der Rutschen, Häm-

Art deutsch, Art wissenschaftlich	Jahr	Beobachtungsgebiet(e) auf der Markung Pfullingen
		merle, Osthang Wanne, SW-Hang Wanne, Ahlsberg, Reitplatz am Ahlsberg, Wackerstein, Lippentaler Hochberg, Pfullinger Gielsberg, Küche, Lache
	1996	Mädchenhalde, Engersbuch, Ursulahochberg, Steig zum Ursulahochberg, Ursulaberg-Ebene, Wolfsgrube, Schätterhose, Wasen, Alte Steig, Hämmerle, Vor Buch, Kugelberg, Schönberg, Wanne, Wackerstein, Ahlsberg (u.a. Reitplatz), Dachhalde, Oberer Lauf, Oberer Märzenstall, Maustäle, Hangende Wiesen, Weißbaum, Scheibenberg, Brönnlesteich, Ochsensteige, Lindensteigle, Gailenbühl, Lache, Georgenberggipfel
Zweiblättrige Waldhyazinthe (*Platanthera bifolia*)	1986	Frauenhalde, Pfullinger Gielsberg
	1987	NSG Kugelberg, Lippental
	1988	Lippental, Ahlsberg
	1990	Roßwag
	1992	Sonnenbau
	1994	Sonnenbau, Wasen
	1995	Wolfsgrube, Wasen, Hangende Wiesen, Lache
	1996	vor d. Ursulaberg, Wolfsgrube, Wasen, Sonnenbau, Vor Buch, Wanne, Kleine Wanne, Ladstatt, Hangende Wiesen, vord. und hint. Lippental
Mücken-Händelwurz (*Gymnadenia conopsea*)	1987	Sonnenbau, Wasen, Ahlsberg, Lippental, Pfullinger Gielsberg
	1988	Wasen, Lippental, Ahlsberg
	1992	Sonnenbau
	1994	Sonnenbau, Wasen, Pfullinger Gielsberg,
	1995	Vor Buch, Eisweiher i.d. Wolfsgrube, Hochzeitswiese, Ahlsberg (u.a. an der Lindenallee), Kleine Wanne, Wanne
	1996	Ursulahochberg, Wolfsgrube (u.a. Eisweiher), Wasen, Frauenhalde, Hochzeitswiese, Sonnenbau, Vor Buch, Kugelberg, Roßwag, Lippental, Ahlsberg (u.a. bei Lindenallee und Schützenhaus), Kleine Wanne, Wanne, Schönberg Pfullinger Gielsberg
Wohlriechende Händelwurz (*Gymnadenia odoratissima*)	1987	Pfullinger Gielsberg, Ahlsberg
	1989	Pfullinger Gielsberg
	1996	Wasen, Vor Buch
Fleischfarbene Fingerwurz (*Dactylorhiza incarnata*)	1987	Roßwag, Breitwiesen Richtung Gönningen
	1988, 1989	Roßwag

Art deutsch, Art wissenschaftlich	Jahr	Beobachtungsgebiet(e) auf der Markung Pfullingen
	1992	Roßwag, Lippental
	1994	Vor Buch
	1995	Roßwag
	1996	Roßwag, Vor Buch
Gefleckte (ggf. auch Fuchs'sche Fingerwurz) (*Dactylorhiza maculata* bzw. *fuchsii*)	1986	NSG Kugelberg
	1987	Ursulahochberg, Wanne, Lippental
	1988	Ehespach
	1989	Lache
	1990	Roßwag, Kleine Wanne
	1994	Nordhang der Wanne
	1995	Felsen am Nordhang der Wanne, Osthang Wanne, Lindenallee b. Schützenhaus, Reitplatz am Ahlsberg (100 Ex.), Hangende Wiesen, Lache, Stbr. Gailenbühl
	1996	Ursulahochberg, Wasen, Frauenhalde, Vor Buch, Lippental, Felsen am Nordhang der Wanne, Kleine Wanne, Ahlsberg (u.a. bei Lindenallee, Schützenhaus und Reitplatz), Hangende Wiesen, Jägerberg, Lache
Fliegen-Ragwurz (*Ophrys insectifera*)	1986, 1988, 1992	Sonnenbau
	1995	Wasen, Hangende Wiesen
	1996	Wasen, Sonnenbau, Hangende Wiesen
Spinnen-Ragwurz (*Ophrys sphegodes*)	1988	Sonnenbau (?)
	1992, 1995	Sonnenbau
Hummel-Ragwurz (*Ophrys holoserica*)	1986 – 1990, 1992, 1994	Sonnenbau
	1995	Sonnenbau, Wasen, Lindenallee b. Schützenhaus
	1996	Wasen, Sonnenbau, Vor Buch, Hinteres Lippental, Lindenallee am Ahlsberg
Bienen-Ragwurz (*Ophrys apifera*)	1986	Sonnenbau
	1996	Hochzeitswiese (Frauenhalde), Vor Buch
Rosa Kugel-Orchis (*Traunsteinera globosa*)	1986, 1987	Ursulahochberg, Pfullinger Gielsberg
	1989	Ursulahochberg
	1995	Pfullinger Gielsberg, Wanne
	1996	Ursulahochberg, Pfullinger Gielsberg, Wanne

Art deutsch, Art wissenschaftlich	Jahr	Beobachtungsgebiet(e) auf der Markung Pfullingen
Kleines Knabenkraut (*Orchis morio*)	1987	Pfullinger Gielsberg, Wanne, Maustäle
	1988	Pfullinger Gielsberg (auch weiße Varianten), Schönberg
	1989	Ursulahochberg, Wanne
	1992	Pfullinger Gielsberg
	1994	Ursulahochberg
	1995	Ursulahochberg, Wanne, Schönberg, Pfullinger Gielsberg
	1996	Ursulahochberg, Wanne, Schönberg, Ladstatt, Pfullinger Gielsberg
Brand-Knabenkraut (*Orchis ustulata*)	1986	Ursulahochberg, Pfullinger Gielsberg
	1987	Wanne, Lippental
	1988	Schönberg
	1989	Pfullinger Gielsberg, Ehespach
	1994	Wanne, Schönberg
	1995	Wanne, Schönberg, Pfullinger Gielsberg
	1996	Ursulahochberg, Wanne, Schönberg, Pfullinger Gielsberg
Helm-Knabenkraut (*Orchis militaris*)	1987	NSG Kugelberg, Hinterer Kugelberg
	1988, 1989	Sonnenbau
	1991	Lippental, Felsen am Nordhang der Wanne
	1992	Sonnenbau, Roßwag, am Schützenhaus Ahlsberg
	1994	Sonnenbau, Eisweiher i.d. Wolfsgrube
	1995	Sonnenbau, Hochzeitswiese, Wasen, Lippental, Ahlsberg, Kleine Wanne, Felsen am Nordhang der Wanne
	1996	Wolfsgrube (am Eisweiher), Wasen, Hochzeitswiese, Frauenhalde, Sonnenbau, Vor Buch, hinter d. Kugelberg, Lippental, Ahlsberg, Ladstatt
Blasses Knabenkraut (*Orchis pallens*)	1989	Sonnenbau
	1990	Märzenstall
	1995	Ursulaberg-Ebene, Lippental, Lippentaler Hochberg, Wanne, Schönberg, Sättele, Wackerstein, östl. Scheibenberg
	1996	Ursulaberg, Lippental, Dachhalde, Wackerstein, Schönberg, Wanne, Hangende Wiesen
Männliches Knabenkraut (*Orchis mascula*)	1986, 1987	Ursulaberg-Ebene
	1988	Ursulaberg-Ebene, Schönberg
	1992	Ursulaberg-Ebene
	1995	Ursulaberg-Ebene, Wanne, Pfullinger Gielsberg, Lippentaler Hochberg, Bärnle, Lache

Art deutsch, Art wissenschaftlich	Jahr	Beobachtungsgebiet(e) auf der Markung Pfullingen
	1996	Ursulaberg (Ebene, Ernsthütte, Bärnle, Stbr.), Lippentaler Hochberg (Hirschmetzig), Wanne, Schönberg, Pfullinger Gielsberg, Lache
Pyramiden-Hundswurz (*Anacamptis pyramidalis*)	1987	Sonnenbau, Kleine Wanne, Lippental
	1988	Sonnenbau, Ahlsberg
	1989, 1990, 1992, 1994, 1995	Sonnenbau
	1995	Hochzeitswiese
	1996	Hochzeitswiese, Vor Buch, Sonnenbau, Ahlsberg (am unteren Sportpfad)

VII. Vom Naturkundemuseum Stuttgart angegebene Fundorte

(Quelle: *Die floristische Kartierung Baden-Württembergs, Verbreitungskarten; Naturkundemuseum Stuttgart 2023*, unter *flora.naturkundemuseum-bw.de*)

(H) bedeutet Herbarbeleg

fett: bei der Kartierung 1996 durch den Autor bestätigte Arten

Eckige Klammern bezeichnen Fundorte, die nicht mehr auf der Markung Pfullingen, aber dicht an ihrer Grenze liegen

Art dt. (*Art wiss.*)	Jahr	Gebiet	Beobachter
Gelber Frauenschuh (*Cypripedium calceolus*)	1830 (H)	bei Pfullingen oder Reutlingen	Sautermeister
	1893 (H)	bei Pfullingen (ob Georgenberg?) oder Reutlingen	Klemm
	1900-1944	MTB 7521/1-3	unb.
	1923	[Unterhausen]	Elwert
	1925 (H)	am Ursulaberg	Himmelein
	1965	[Holzelfingen, Gummerschwang]	Schmidt
	1967	[wohl b. Unterhausen]	unb.
	1970 – 1996	MTB 7521/4	unb.
Rotes Waldvöglein (*Cephalanthera rubra*)	1967	Vorderes Sättele	Schmidt
	1968	Ahlbol / Vorderes Sättele	Schmidt
	1970-1996	MTB 7521/2 + 3	unb.
	1973	am Waldcafé, Kleine Wanne,	Hoffmann
	1974	Kleine Wanne	Schmidt
	1980, 1981	Vorderes Sättele	Schmidt
	1983	zwischen Pfullingen und Unterhausen	Hoffmann
	1984	Vorderes Sättele	Hoffmann
	1986	[Immenberg]	Hoffmann
	1986	Elisenhütte-Immenberg, Vorderes Sättele	Schmidt
	1998	[Immenberg]	Hoffmann

Art dt. (*Art wiss.*)	Jahr	Gebiet	Beobachter
Rotes Waldvöglein (*Cephalanthera rubra*)	2006	Bereich zwischen Ahlsberg und Won, Wasen	Hoffmann
	2008	Bereich zwischen Wanne und Sättele	Hoffmann
	2009	Ahlsberg	Hoffmann
Weißes Waldvöglein (***Cephalanthera damasonium***)	1959	Frauenhalde	Schmidt
	1964	Ahlbol	Schmidt
	1967	Vor Buch	Schmidt
	1969	Vor Buch	Schmidt
	1970	Frauenhalde, ND Lache	Schmidt
	1973	Frauenhalde; Gebiet Ahlsberg – Wanne – Schönberg	Schmidt
	1975	MTB 7521/3	Schmidt
	1977	Vor Buch	Schmidt
	1978	Elisenhütte	Schmidt, Hoffmann
	1978	um Pfull. Gielsberg	Schmidt, Filzer
	1979	Pfullinger Gielsberg	Schmidt, Hoffmann
	1980	Pfullinger Gielsberg	Schmidt
	1981	Ursulaberg	Wagner
	1981	Ladstatt - Maustäle	Hoffmann
	1982	NSG Kugelberg	Hoffmann
	1984	Ursulahochberg; Gegend Kleine Wanne – Schützenhaus - Reitplatz	Hoffmann
	1984	Pfullinger Gielsberg	Hoffmann, Schroth
	1985	Ernsthütte	Holl
	1985	Ladstatt – Maustäle	Hoffmann
	1985	Georgenberg	Schroth
	1987	Pfullinger Gielsberg	Wagner
	1988	Pfullinger Gielsberg	Holl
	1990	Pfullinger Gielsberg	Schmidt
	1991	Pfullinger Gielsberg	Holl
	1993	Pfullinger Gielsberg	Holl
	1994	um Waldcafé	Holl
	1995	Pfullinger Gielsberg	Holl
	1995	um Waldcafé	Holl
	1996	um Waldcafé	Holl
Weißes Waldvöglein	1996	MTB 7521/3	Rieks

Art dt. (*Art wiss.*)	Jahr	Gebiet	Beobachter
(*Cephalanthera damaso-nium*)	1997	um Waldcafé	Holl
	1997	zwischen Pfullingen und Unterhausen	Greschner
	1998	zwischen Pfullingen und Unterhausen	Hoffmann
	1998	um Waldcafé	Holl
	1999	Hülbenwald	Hoffmann
	1999	Pfullinger Gielsberg	Hoffmann, Holl
	1999	am Waldcafé	Holl
	2000	Pfullinger Gielsberg, um Waldcafé	Holl
	2001	Pfullinger Gielsberg	Hoffmann
	2001	um Waldcafé	Hoffmann, Holl
	2002	MTB 7521/3	Holl
	2002	um Waldcafé	Holl
	2002	Pfullinger Gielsberg	Hoffmann
	2003	Pfullinger Gielsberg	Holl
	2003	Übersberg	Hoffmann
	2003	um Waldcafé	Holl
	2004	Wanne / Schönberg	Hoffmann
	2004	Pfullinger Gielsberg	Hoffmann
	2004	um Waldcafé	Holl
	2004	MTB 7521/3	Holl
	2005	MTB 7521/3	Holl
	2005	beim Waldcafé	Holl / Hoffmann
	2006	NSG Kugelberg, um Wanne und Schönberg	Hoffmann
	2006	Pfullinger Gielsberg	Hoffmann, Holl
	2007	beim Parkplatz am Waldcafé	Holl
	2008	MTB 7521/3	Riedel
	2008	Frauenhalde	Holl
	2008	Pfullinger Gielsberg; um Wanne und Schönberg	Hoffmann

Art dt. (*Art wiss.*)	Jahr	Gebiet	Beobachter
Weißes Waldvöglein (*Cephalanthera damasonium*)	2009	MTB 7521/3 und Ursulahochberg	Holl
	2009	um Waldcafé	Hoffmann
	2010	um Schönberg und Wanne	Hoffmann
	2011	Hint. Kugelberg	Hoffmann
	2012	Georgenberg – Eschle – Vochezenholz	Götz
	2022	Hülbenwald	Werner-Heid
Schwertblättriges Waldvöglein (*Cephalanthera longifolia*)	1945-1969	MTB 7521/2	unb.
	1970-1996	MTB 7521/1	unb.
	1983, 1984	Pfullinger Gielsberg	Wagner
	1985	Pfullinger Gielsberg	Schmidt
	1987, 1992	Pfullinger Gielsberg	Wagner
	2000	MTB 7521/3	Holl
	2006	Pfullinger Gielsberg	Hoffmann
Sumpf-Stendelwurz (*Epipactis palustris*)	1899	MTB 7521/3	unb.
	1963	Ahlsberg, Wasen	Schmidt
	1964 – 1967	Ahlbol	Schmidt
	1965	Frauenhalde	Schmidt
	1968 – 1971	Ahlbol	Schmidt
	1968	Wasen, Frauenhalde	Schmidt
	1975	Wasen	Schmidt
	1977	Frauenhalde – Vor Buch	Schmidt
	1979, 1982	NSG Kugelberg	Schmidt
	1983	Ursulaberg	Schmidt
	1984	Wasen	Schmidt
	1987	NSG Kugelberg (Wasen)	Schmidt
	1994, 1995	Wasen	Holl
	1997	Frauenhalde – Vor Buch	Holl
	1999	Wasen	Holl
	2000	Pfullinger Gielsberg	Holl
	2001	NSG Kugelberg	Hoffmann
	2002	Frauenhalde – Vor Buch	Holl
	2005, 2006	NSG Kugelberg	Hoffmann
	2008	NSG Kugelberg	Hoffmann, Holl
	2010	Hörnle (Ursulaberg)	Götz
	2011	NSG Kugelberg	Hoffmann

Art dt. (*Art wiss.*)	Jahr	Gebiet	Beobachter
Braune Stendelwurz (*Epipactis atrorubens*)	1970 – 1996	MTB 7521/3	unb.
	1984	[Unterhausen, Wonhalde – Spielberg]	Schroth
	1985	Georgenberg	Schroth
	1998	[zwischen dem Lichtenstein und dem Gießstein]	Hoffmann
	2005, 2006, 2008	NSG Kugelberg	Hoffmann
	2010	Ursula(hoch?)berg	Götz
	2011	NSG Kugelberg	Hoffmann
Breitbl. Stendelwurz (***Epipactis helleborine***)	1978	zwischen Pfullingen und Unterhausen	Hoffmann
	1978	Wasen – Frauenhalde	Schmidt
	1979	zwischen Pfullingen und Unterhausen, Maustäle	Hoffmann
	1981	Frauenhalde	Schmidt
	1984	zwischen Pfullingen und Unterhausen	
	1985	Klappersteigle,Maustäle	Hoffmann
	1986	Wasen – Frauenhalde	Schmidt
	1987	Wasen	Schmidt
	1988, 1993	Frauenhalde	Schmidt
	1994, 1995	Georgenberg	Rieks
	1995	Übersberg, Ursulaberg (Hörnle)	Rieks
	1995	Pfullingen: vom Reitplatz zur Wanne	Voggesberger
	1997	Georgenberg, zwischen Pfullingen und Unterhausen	Greschner
	1998	Wasen	Holl
	1999	NSG Kugelberg	
	1999	zwischen Pfullingen und Unterhausen	Holl
	2001	NSG Kugelberg	Hoffmann
	2005	beim Waldcafé, Hint. Kugelberg	Hoffmann
	2006 - 2007	zwischen Pfullingen und Unterhausen, Wasen, Pfullinger Gielsberg	Hoffmann

Art dt. (*Art wiss.*)	Jahr	Gebiet	Beobachter
Breitbl. Stendelwurz (***Epipactis helleborine***)	2008	NSG Kugelberg	Hoffmann
	2008	zwischen Pfullingen und Unterhausen	Holl
	2009	Ahlsberg, Pfullinger Gielsberg	Hoffmann
	2009, 2010	Georgenberg	Götz
	2010	Waldcafé-Hörnle	Götz
	2011	beim Waldcafé, Kugelberg	Hoffmann
	2011	zwischen Pfullingen und Unterhausen	Götz
	2012	Georgenberg	Götz
Violette Stendelwurz (*Epipactis purpurata*)	1970-1996	MTB 7521/1 + 3	unb.
	1995	Übersberg und Umgebung	Rieks
	2009	[am Breitenbach, RT]	Götz
Großes Zweiblatt (***Listera ovata***)	1966	Frauenhalde	Schmidt
	1967 – 1969	Frauenhalde – Vor Buch	Schmidt
	1970 – 1971	Frauenhalde	Schmidt
	1972	Frauenhalde – Vor Buch, Pfullinger Gielsberg	Schmidt
	1973	Frauenhalde	Schmidt
	1974	7521/3, NSG Kugelberg	Schmidt
	1975	MTB 7521/3	Schmidt
	1975 – 1982	Frauenhalde	Schmidt
	1978	Elisenhütte-Immenberg	Schmidt
	1979	zwischen Pfullingen und Unterhausen	Hoffmann
	1980	Lache – Steinbruch Gailenbühl	Apitz
	1983	zwischen Pfullingen und Unterhausen, Lippental	Hoffmann
	1983	NSG Kugelberg	?
	1984	Wolfsgrube	Schmidt
	1984	Pfullinger Gielsberg	Schroth
	1985	Pfullinger Gielsberg	G. und W. Thiele
	1985	NSG Kugelberg	Hoffmann
	1985	Frauenhalde	Schmidt
	1986	Frauenhalde	Schmidt, G. Hoffmann

Art dt. (*Art wiss.*)	Jahr	Gebiet	Beobachter
Großes Zweiblatt (***Listera ovata***)	1986-1987	Ursulahochberg	Holl
	1987	zwischen Pfullingen und Unterhausen	Hoffmann
	1987	Frauenhalde	Schmidt
	1988	Ursulahochberg	Holl
	1988	Frauenhalde	Holl, Schmidt
	1989	Frauenhalde; zwischen Pfullingen und Unterhausen	Schmidt
	1991	Frauenhalde	Schmidt
	1993	Frauenhalde, Ursulahochberg	Holl
	1994	Frauenhalde	Schmidt
	1994, 1995	Wasen – Frauenhalde	Holl
	1995	Ursulahochberg, Gielsberg, zwischen Pfullingen und Unterhausen	Holl
	1996	Ursulaberg	Maass
	1996	Frauenhalde	Holl
	1996	Wanne – Schönberg	Holl
	1996	zwischen Pfullingen und Unterhausen	Rieks
	1997	Wanne – Schönberg	Greschner
	1997	Wasen – Frauenhalde	Holl
	1998	Frauenhalde, Wanne – Schönberg	Hoffmann
	1998	Wasen – Frauenhalde, Ursula(hoch)berg	Holl
	1999	NSG Kugelberg, Pfullinger Gielsberg	Holl
	2000	NSG Kugelberg, Pfullinger Gielsberg, Schönberg	Holl
	2001	NSG Kugelberg, Vor Buch	Hoffmann
	2002	NSG Kugelberg, Pfullinger Gielsberg	Holl
	2002	Kleine Wanne	Hoffmann

Art dt. (*Art wiss.*)	Jahr	Gebiet	Beobachter
Großes Zweiblatt (*Listera ovata*)	2003	NSG Kugelberg, Elisenhütte-Immenberg	Holl
	2004	NSG Kugelberg, zwischen Pfullingen und Unterhausen	Holl
	2005	zwischen Pfullingen und Unterhausen	Hoffmann
	2005	NSG Kugelberg, Pfullinger Gielsberg	Holl
	2005	Ursula- / Übersberg	Hoffmann
	2006	Pfullinger Gielsberg	Holl
	2006	NSG Kugelberg; im Dreieck Pfullingen – Unterhausen – Genkingen	Hoffmann
	2007	NSG Kugelberg; Ursula-/ Übersberg	Holl
	2008	MTB 7521/3	Riedel
	2008	NSG Kugelberg	Holl
	2008	NSG Kugelberg; um Wanne / Schönberg	Hoffmann
	2009	Ursulahochberg, Parkplatz Waldcafé	Holl
	2009	NSG Kugelberg	Holl, Götz
	2009	Pfullinger Gielsberg	Hoffmann
	2009	Ahlsberg – Wanne	Hoffmann
	2010	Ahlsberg – Wanne, NSG Kugelberg	Hoffmann
	2011	NSG Kugelberg	Hoffmann
	2020	Lippentaler Hochberg	Werner-Heid
Vogel-Nestwurz (*Neottia nidus-avis*)	1974	Pfullinger Gielsberg	Schmidt
	1978	zwischen Pfullingen und Unterhausen	Schmidt
	1979	Lache – Gailenbühl; Ladstatt / Maustäle (?)	Hoffmann
	1981	Ladstatt / Maustäle (?)	Hoffmann
	1982, 1983, 1985	NSG Kugelberg	Hoffmann
	1985	Ernsthütte	Holl
	1985	Übersberg; Ladstatt – Maustäle (?)	Hoffmann

Art dt. (*Art wiss.*)	Jahr	Gebiet	Beobachter
Vogel-Nestwurz (*Neottia nidus-avis*)	1986, 1989	zwischen Pfullingen und Unterhausen	Hoffmann
	1994	Georgenberg	Rieks
	1995	Ursulaberg, Übersberg	Rieks
	1995	Pfullingen: am Reitplatz zur Wanne	Voggesberger
	1996	MTB 7521/3	Rieks
	1996	zwischen Pfullingen und Unterhausen	Holl
	1997	zwischen Pfullingen und Unterhausen	Greschner
	1998	Wanne – Schönberg, Pfullinger Gielsberg	Hoffmann
	1999	NSG Kugelberg	Holl, Hoffmann
	2000	zwischen Pfullingen und Unterhausen	Hoffmann
	2000	Frauenhalde	Holl
	2001	NSG Kugelberg	Holl, Hoffmann
	2001	Pfullinger Gielsberg	Hoffmann
	2002	MTB 7521/3	Holl
	2002	Albtrauf oberhalb d. Breitenbachquelle	Füldner, Hirschburger
	2003	NSG Kugelberg, Übersberg	Holl
	2003	zwischen Pfullingen und Unterhausen	Holl
	2004	um Wanne – Schönberg	Holl
	2004	Frauenhalde	Hoffmann
	2005	Ursulahochberg	Hoffmann
	2005, 2006	Pfullinger Gielsberg; um Wanne und Schönberg	Hoffmann
	2006	NSG Kugelberg	Hoffmann, Holl
	2007	Ursula- / Übersberg, Parkplatz Waldcafé	Holl
	2008	Frauenhalde, Ursulahochberg	Holl
	2008	um Wanne und Schönberg	Hoffmann
	2009	NSG Kugelberg	Hoffmann, Götz

Art dt. (*Art wiss.*)	Jahr	Gebiet	Beobachter
Vogel-Nestwurz (*Neottia nidus-avis*)	2009	um Ursulahochberg, am Parkplatz Waldcafé	Holl
	2009	Pfullinger Gielsberg; um Wanne und Schönberg	Hoffmann
	2009	Übersberg	Götz
	2010	Georgenberg, Ursula(hoch)berg	Götz
	2010	Frauenhalde	Holl
	2010	um Wanne und Schönberg	Hoffmann
	2011	Hint. Kugelberg	Hoffmann
	2011	Ruoffseck – Pfullinger Gielsberg	Götz
	2012	Ruoffseck – Wackerstein	Götz
	2022	Hülbenwald	Werner-Heid
Wendelähre, Drehwurz (*Spiranthes spiralis*)	1899	MTB 7521/1	unb.
Kriechendes Netzblatt (*Goodyera repens*)	1899	MTB 7521/1	unb.
	1945 – 1969	MTB 7521/4	unb.
Widerbart (*Epipogium aphyllum*)	1900-1944	MTB 7521/2 + 4	
Zweibl. Waldhyazinthe (*Platanthera bifolia*)	1960, 1961	Pfullinger Gielsberg	Schmidt
	1963	Frauenhalde, Wanne, Pfullinger Gielsberg	Schmidt
	1964	Frauenhalde, Pfullinger Gielsberg, Ahlbol	Schmidt
	1965, 1966	Frauenhalde, Pfullinger Gielsberg	Schmidt
	1966	Lippental	Schmidt
	1967	Vor Buch	Schmidt
	1968	Frauenhalde	Schmidt, H. Hauser
	1968	Hörnle	H. und K. Hauser
	1968	Pfullinger Gielsberg	Schmidt
	1969	Frauenhalde	H. Hauser
	1970, 1971	Frauenhalde	Schmidt
	1972	Frauenhalde, Pfullinger Gielsberg	Schmidt

Art dt. (*Art wiss.*)	Jahr	Gebiet	Beobachter
Zweibl. Waldhyazinthe (***Platanthera bifolia***)	1973	MTB 7521/3	Hoffmann
	1974	Frauenhalde	Schmidt
	1975	Frauenhalde, Pfullinger Gielsberg	Schmidt
	1976	Frauenhalde	Schmidt
	1977, 1978	Frauenhalde, Pfullinger Gielsberg	Schmidt
	1978	Elisenhütte	Hoffmann
	1979	Frauenhalde	Schmidt
	1979	Maustäle – Ladstatt	Hoffmann
	1979, 1980	Pfullinger Gielsberg	Schmidt, Hoffmann
	1980	Ursulaberg	Wagner
	1980	Frauenhalde	Schmidt
	1981	Frauenhalde, Pfullinger Gielsberg, Elisenhütte	Schmidt
	1982	Frauenhalde, Pfullinger Gielsberg	Schmidt
	1982	NSG Kugelberg	Hoffmann
	1983	Lippental	Hoffmann
	1983	NSG Kugelberg	?
	1984	Frauenhalde, Pfullinger Gielsberg	Schmidt
	1984	Ursulahochberg	Hoffmann
	1985	Wasen	Hoffmann, Gemhardt
	1985	Maustäle – Ladstatt, Übersberg	Hoffmann
	1985	Frauenhalde	Schmidt
	1985	Ursulaberg	Wagner
	1985 – 1994	Pfullinger Gielsberg	Schmidt
	1986, 1987	Ursulahochberg	Holl
	1986, 1987	Frauenhalde	Schmidt
	1988/1989	NSG Kugelberg	Schmidt
	1988	Frauenhalde	Schmidt, Holl
	1989	Frauenhalde	Schmidt
	1990	Frauenhalde, Elisenhütte	Schmidt
	1991, 1992	Frauenhalde	Schmidt
	1993	Ursulahochberg	Schmidt
	1994 - 1996	Frauenhalde	Schmidt, Holl
	1995	Ursulahochberg, Wanne	Holl

Art dt. (*Art wiss.*)	Jahr	Gebiet	Beobachter
Zweibl. Waldhyazinthe (***Platanthera bifolia***)	1995	Pfullinger Gielsberg	Schmidt
	1996	Ursulahochberg	Schmidt
	1996	MTB 7521/3	Rieks
	1996	Pfullinger Gielsberg	Wagner
	1997	zw. Pfullingen u. Unterhausen	Greschner
	1997, 1998	Frauenhalde	Holl
	1998	Ernsthütte	Holl
	1998	Pfullinger Gielsberg	H. und M. Wagner
	1999	Wasen, Frauenhalde, Ursulahochberg	Holl
	1999	Pfullinger Gielsberg	Hoffmann
	2000	NSG Kugelberg, Pfullinger Gielsberg, Schönberg	Holl
	2000	Ursulahochberg	Sanwald
	2001	Pfullinger Gielsberg	Hoffmann
	2001	NSG Kugelberg	Holl, Hoffmann
	2002 – 2004	Frauenhalde	Holl
	2002	Pfullinger Gielsberg	Füldner, Hirschburger, Holl, Hoffmann
	2003	Pfullinger Gielsberg	Holl, Hoffmann
	2004	Pfullinger Gielsberg	Holl, Hoffmann
	2004	Schönberg	Hoffmann
	2005	Schönberg	Hoffmann
	2006	Frauenhalde	Holl
	2006	Pfullinger Gielsberg, Schönberg	Hoffmann
	2008	Frauenhalde	Holl
	2008	MTB 7521/3	Riedel
	2008	Pfullinger Gielsberg, Wanne, Schönberg	Hoffmann
	2009	Wasen, Frauenhalde	Holl
	2009	Pfullinger Gielsberg	Holl, Hoffmann
	2009	Ahlsberg – Wanne	Hoffmann
	2010	NSG Kugelberg	Götz
	2010	Wanne – Schönberg	Hoffmann
	2010	Pfullinger Gielsberg	Hoffmann
	2011	Pfullinger Gielsberg	Hoffmann
	2014	Pfullinger Gielsberg	Voggesberger, Spiess

Art dt. (*Art wiss.*)	Jahr	Gebiet	Beobachter
Zweibl. Waldhyazinthe (***Platanthera bifolia***)	2020	Pfullinger Gielsberg	Thiv
	2020	Wanne	Biegert
Grünliche Waldhyazinthe (*Platanthera chlorantha*)	1900-1944	MTB 7521/3 + 4	unb.
	1945-1969	MTB 7521/1	2 x unb.
	1994	Schönberg -Wanne	Merten
Hohlzunge (*Coeloglossum viride*)	1830-1860	MTB 7521/2	unb.
	1900-1944	MTB 7521/2 + 4	unb.
	1928 (H)	[St. Johann Fohlenhof]	Plankenhorn
	1945-1969	MTB 7521/1	unb.
	1972-1975	Pfullinger Gielsberg	Schmidt
	1980-1983	Pfullinger Gielsberg	Wagner
	1984	Pfullinger Gielsberg	Wagner, Schroth
	1985, 1987	Pfullinger Gielsberg	Wagner
	1992	Pfullinger Gielsberg	AHO
	1997	Pfullinger Gielsberg	Wagner
	1998	Pfullinger Gielsberg	H. / M. Wagner,
	2008	MTB 7521/3	Riedel
Mücken-Händelwurz (***Gymnadenia conopsea***)	1866 (H)	Wanne	Hegelmaier
	1894 (H)	Fuß des Scheibenbergs	Klemm
	1913 (H), 1927 (H)	Wanne	Mayer
	1950 (H)	Pfullinger Gielsberg	Ziegler
	1952 (H)	Pfullinger Gielsberg	Müller
	1960 – 1962	Pfullinger Gielsberg	Schmidt
	1963	Pfullinger Gielsberg, Ahlsberg	Schmidt
	1964	Ahlbol	Schmidt
	1965	Pfullinger Gielsberg	Schmidt
	1966	Pfullinger Gielsberg, Maustäle, Lippental	Schmidt
	1967	Ahlbol	Schmidt
	1968	Pfullinger Gielsberg, Ahlbol	Schmidt

Art dt. (*Art wiss.*)	Jahr	Gebiet	Beobachter
Mücken-Händelwurz (*Gymnadenia conopsea*)	1969 – 1971	Ahlbol	Schmidt
	1972	Pfullinger Gielsberg	Schmidt
	1974	Pfullinger Gielsberg (?)	Schmidt
	1975	Pfullinger Gielsberg (?); Wasen (?)	Schmidt
	1978	Pfullinger Gielsberg	Schmidt
	1979	Elisenhütte / Immenberg	Schmidt
	1979	Gailenbühl	Hoffmann
	1979	Pfullinger Gielsberg	Schmidt, Hoffmann
	1980	Ursulahochberg	Wagner
	1980	Lache – Gailenbühl	Apitz
	1980	Pfullinger Gielsberg	Schmidt, Wagner
	1981, 1982	Pfullinger Gielsberg	Schmidt
	1981, 1984	Ursulahochberg	Hoffmann
	1984	Pfullinger Gielsberg	Hoffmann, Schmidt, Schroth
	1985	Ursulahochberg, Wanne - Sättele	Wagner
	1985	Pfullinger Gielsberg	Schmidt, G. und W. Thiele
	1986-1987	Ursulahochberg	Holl
	1988-1989	Pfullinger Gielsberg	Holl
	1990	Pfullinger Gielsberg	Schmidt
	1991	Pfullinger Gielsberg	Holl
	1992	Pfullinger Gielsberg	Schmidt, Wagner
	1993	Pfullinger Gielsberg, Ursulahochberg	Holl
	1994	Pfullinger Gielsberg	Schmidt
	1995	Pfullinger Gielsberg, Ursulahochberg	Holl
	1995	ob. Reitplatz zur Wanne	Voggesberger
	1995	Elisenhütte – Immenberg	Schmidt
	1996	Pfullinger Gielsberg, Ursulahochberg	Schmidt
	1996	SW der Pfullinger Mkg.	Rieks
	1996	Schönberg	Holl
	1996	Ursulaberg	Maass
	1998	um Wanne und Schönberg	Holl

Art dt. (*Art wiss.*)	Jahr	Gebiet	Beobachter
Mücken-Händelwurz (*Gymnadenia conopsea*)	1999	Pfullinger Gielsberg	Holl, Hoffmann
	2000	Pfullinger Gielsberg	Holl
	2000	Ursulahochberg	Hoffmann, Holl, Sanwald
	2001	Pfullinger Gielsberg	Hoffmann
	2002	Pfullinger Gielsberg	Hoffmann, Füldner, Hirschburger
	2003	Pfullinger Gielsberg, Elisenhütte – Immenberg	Holl
	2004	Pfullinger Gielsberg	Hoffmann, Holl
	2005	um Wanne / Schönberg, Ursulahochberg	Hoffmann
	2006	um Wanne / Schönberg	Hoffmann
	2006	Pfullinger Gielsberg	Hoffmann, Holl
	2008	Pfullinger Gielsberg, Wanne / Schönberg	Hoffmann
	2008	MTB 7521/3	Riedel
	2009	um Wanne und Schönberg; Frauenhalde	Hoffmann
	2009	Pfullinger Gielsberg, am Waldcafé, Ursulahochberg – Immenberg	Holl
	2010	Pfullinger Gielsberg	Holl, Hoffmann
	2010	zw. Pfullingen und Unterhausen	Hoffmann
	2011	Pfullinger Gielsberg	Hoffmann
	2012	SW der Mkg.	Götz
	2020	Pfullinger Gielsberg	Thiv
Wohlr. Händelwurz (*Gymn. odoratissima*)	1871 (H)	Holzwiesen (ob an der Lache?)	Hegelmaier
	1892 (H)	am Fuß der Wanne (ob Ahlsberg?)	Schneider
	1894 (H)	am Fuß des Scheibenbergs	Klemm
	1898 (H)	Wanne	Pfeffer
	1904 (H)	Wanne	Kreh
	1910 (H)	Pfullinger Gielsberg	Mayer
	1913 (H)	Wanne	Mayer
	1926 (H)	Wanne	Plankenhorn

Art dt. (*Art wiss.*)	Jahr	Gebiet	Beobachter
Wohlr. Händelwurz (***Gymn. odoratissima***)	1927 (H)	Ursulaberg	Kreh
	1939 (H)	Waldrand a.d. Stuhlsteige	Maier
	1957 (H)	Lippentaler Hochberg (ob Mkg. Unterhausen?)	Knauss
	1962	Ursulahochberg	Schmidt
	1964	Ahlbol	Schmidt
	1966	Maustäle	Schmidt
	1968, 1969	Ahlbol	Schmidt
	1970 – 1996	MTB 7521/3	unb.
	1981	Elisenhütte – Immenberg	Schmidt
	1984 – 1985	Elisenhütte – Immenberg	Schmidt
	1985	Pfullinger Gielsberg	G. und W. Thiele
	1985	Wanne – Sättele (ob ND Vorderes Sättele)	Wagner
	1987 – 1988	Elisenhütte - Immenberg	Schmidt
	1991	Ursula(hoch)berg	Karl
	1994 – 1995	Elisenhütte – Immenberg	Schmidt
	1999	Pfullinger Gielsberg	Holl
	2001	Waldcafé – Wasen	Hoffmann
	2002	Pfullinger Gielsberg	Füldner, Hirschburger
	2003	Elisenhütte – Immenberg	Holl
	2006	Waldcafé – Vor Buch	Hoffmann
	2008	um Wanne und Schönberg	Hoffmann
	2009	Elisenhütte – Immenberg	Holl
	2010	S der Mkg. Pfullingen	
Fleischfarbene Fingerwurz (***Dactylorhiza incarnata***)	1963	Waldcafé – Vor Buch	Schmidt
	1964 – 1973	Ahlbol	Schmidt
	1970 – 1996	MTB 7521/2	?
	1980	Ursulaberg	Wagner
	1983	MTB 7521/1	unb.
	1988	beim Waldcafé	Schmidt
	1990-1996	MTB 7521/1	unb.

Art dt. (*Art wiss.*)	Jahr	Gebiet	Beobachter
Fleischf. Fingerwurz (*Dactylorhiza incarnata*)	2001	Waldcafé – Wasen	Hoffmann
Gefleckte und Fuchs'sche Fingerwurz (*Dactylorhiza maculata bzw. fuchsii*)	1963	Pfullinger Gielsberg	Schmidt
	1964	Ahlbol	Schmidt
	1965	Ursulahochberg	Holl
	1966	Ahlbol, Lippental	Schmidt
	1968	Ahlbol	Schmidt
	1972	Ursulahochberg	Schmidt
	1979	Gailenbühl – Lache	Hoffmann
	1981	ob Ladstatt (?)	Hoffmann
	1981	Ursulahochberg	Wagner
	1983	Lippental	Hoffmann
	1985	ob Maustäle (?)	Hoffmann
	1989, 1993	Pfullinger Gielsberg	Schmidt
	1994	Ursulahochberg	Holl
	1996	südl. Mkg. Pfullingen	Rieks
	1997	südl. Mkg. Pfullingen	Greschner
	1998	Ernsthütte	Holl
	1999	Ursulahochberg	Holl
	1999	südl. Mkg. Pfullingen	Hoffmann
	2002, 2003	südl. Mkg. Pfullingen	Holl
	2004	S / SW der Mkg. Pfullingen	Holl
	2005	Schönberg	Hoffmann
	2006	südl. Mkg. Pfullingen	Holl
	2008	MTB 7521/3	Riedel
	2008, 2009	südl. Mkg. Pfullingen	Hoffmann
	2009	Sonnenbau	Hoffmann
	2010	südl. Mkg. Pfullingen	Hoffmann
Breitbl. Fingerwurz (*Dactylorhiza majalis*)	1965, 1968 - 1971	Ahlbol	Schmidt
	1970 – 1996	MTB 7521/1-3	unb.
	2011	Vor Buch	Hoffmann
Einknollige Honigorchis (*Herminium monorchis*)	1895	Übersberg (Waldrand in den Staigberg)	Plankenhorn
	1899	MTB 7521/2	unb.
	1900-1944	MTB 7521/1	?
Fliegen-Ragwurz (*Ophrys insectifera*)	1904	Wanne	Kreh
	1905	Pfullinger Gielsberg	Herrmann
	1966	Maustäle	Schmidt

Art dt. (*Art wiss.*)	Jahr	Gebiet	Beobachter
Fliegen-Ragwurz (***Ophrys insectifera***)	1969	Sonnenbau	Schmidt
	1980	Pfullinger Gielsberg	Schmidt
	1985	Wanne – Sättele	Wagner
	1987	Pfullinger Gielsberg	Wagner
	1988	Pfullinger Gielsberg	Holl
	1989	Pfullinger Gielsberg	Schmidt
	1996	Schönberg	Holl
	1996	südl. Mkg. Pfullingen	Rieks
	1997	südl. Mkg. Pfullingen	Greschner
	1998	südl. Mkg. Pfullingen	Hoffmann
	1998	Pfullinger Gielsberg	H. und M. Wagner
	1999	Sonnenbau	Holl
	2000	ob südl. Mkg. Pfullingen?	Holl
	2002	Pfullinger Gielsberg	Füldner, Hirschburger
	2005	Pfullinger Gielsberg; Ursulahochberg (?)	Holl
Spinnen-Ragwurz (*Ophrys sphegodes*)	1899	MTB 7521/3	unb.
	1900 – 1944	MTB 7521/1	unb.
	1909	Ursulaberg	Mayer
	1985/86	NSG Kugelberg	Schmidt
	1994 - 2000	um Waldcafé, Sonnenbau	Holl
	2001	NSG Kugelberg	Holl, H.G. Seeger
	2002	Sonnenbau	Holl
	2002, 2003	Pfullinger Gielsberg	Sanwald
	2003	NSG Kugelberg	Hoffmann
	2004, 2008, 2009	Frauenhalde	Holl, Götz
	2012	Sonnenbau	Götz
Hummel-Ragwurz (***Ophrys holoserica***)	1873	Pfullingen	Hegelmaier
	1903	Wanne	Hegelmaier
	1904	Wanne	Kreh
	1905	Wanne	Heldmaier
	1910	Wanne	R. Kolb
	1911	Kleine Wanne	H. Herrmann
	1916	Ursulaberg	Mayer
	1929	Ursulaberg	Mayer
	1939	Schönberg	Maier
	1963	Ahlsberg / Wanne	Schmidt
	1966	Maustäle	Schmidt

Art dt. (*Art wiss.*)	Jahr	Gebiet	Beobachter
Hummel-Ragwurz (*Ophrys holoserica*)	1968, 1969	Ahlbol	Schmidt
	1976	Elisenhütte – Immenberg	Schmidt
	1978	Elisenhütte – Immenberg, Pfullinger Gielsberg	Schmidt
	1979	ob Maustäle (?); Elisenhütte – Immenberg, Ernsthütte	Schmidt
	1981	Elisenhütte – Immenberg, Sonnenbau	Schmidt
	1981, 1983	Pfullinger Gielsberg	Wagner
	1983	MTB 7521/1	?
	1984	Pfullinger Gielsberg	Schroth
	1984	Elisenhütte - Immenberg	Schmidt
	1985	Pfullinger Gielsberg	Wagner
	1987	Elisenhütte - Immenberg	Schmidt
	1988	Elisenhütte - Immenberg	Schmidt
	1990	Elisenhütte - Immenberg	Schmidt
	1994 / 1995	Elisenhütte - Immenberg	Schmidt
	1996	Pfullinger Gielsberg	Schmidt, Wagner
	1997	Pfullinger Gielsberg	Wagner
	2000	Ursulahochberg	Sanwald
	2003	Elisenhütte - Immenberg	Holl
	2009	Frauenhalde	Hoffmann
Bienen-Ragwurz (*Ophrys apifera*)	1968, 1969	Ahlbol	Schmidt
	1978	Elisenhütte – Immenberg	Hoffmann
	1981	Ursulaberg	Wagner
	2000	Ursulahochberg	Sanwald
	2002	beim Waldcafé	Holl
	2010	Gebiet Ahlsberg, Wanne, Schönberg (?)	Hoffmann

Art dt. (*Art wiss.*)	Jahr	Gebiet	Beobachter
Rosa Kugel-Orchis (***Traunsteinera globosa***)	1900-1944	MTB 7521/1	unb.
	1959	Pfullinger Gielsberg	Schmidt
	1960	Pfullinger Gielsberg	Schmidt, H. Hauser
	1961	Pfullinger Gielsberg	Schmidt
	1962	Pfullinger Gielsberg, Ursulahochberg	Schmidt
	1963	Pfullinger Gielsberg	Schmidt, H. Hauser
	1964 – 1968	Pfullinger Gielsberg	Schmidt
	1969	Pfullinger Gielsberg	Schmidt, H. Hauser
	1972, 1974, 1975	Pfullinger Gielsberg	Schmidt
	1978	Pfullinger Gielsberg	Schmidt, O. Sebald
	1979	Pfullinger Gielsberg	Schmidt, Hoffmann
	1979	Ursulahochberg	Schmidt, Wagner
	1980	Pfullinger Gielsberg	Schmidt, Wagner
	1980	Ursulahochberg	Wagner
	1981 - 1984	Pfullinger Gielsberg	Schmidt
	1984	Ursulahochberg	Hoffmann
	1985	Pfullinger Gielsberg	W. Thiele
	1985 – 1988	Ursulahochberg	Holl
	1988	Pfullinger Gielsberg	Holl
	1989	Pfullinger Gielsberg	Holl, Schmidt
	1990	Pfullinger Gielsberg	Schmidt
	1991	Pfullinger Gielsberg	Schmidt, Holl, Hoffmann
	1992	Ursulahochberg	AHO
	1992	Pfullinger Gielsberg	AHO, Schmidt, Hoffmann
	1993 – 1995	Ursulahochberg	Holl
	1993	Pfullinger Gielsberg	Holl, Schmidt
	1994	Pfullinger Gielsberg	Schmidt
	1995	Pfullinger Gielsberg	Holl, Schmidt
	1996	Pfullinger Gielsberg	Schmidt
	1996	Ursulahochberg	Schmidt, Maass
	1998	Pfullinger Gielsberg	H. und M. Wagner
	1998, 1999	Ursulahochberg	Holl
	1999	Pfullinger Gielsberg	Holl, Hoffmann
	2000	Ursulahochberg	Hoffmann, Sanwald
	2000	Pfullinger Gielsberg	Holl
	2001	Ursulahochberg	Holl
	2001	Pfullinger Gielsberg	Hoffmann

Art dt. (*Art wiss.*)	Jahr	Gebiet	Beobachter
Rosa Kugel-Orchis (***Traunsteinera globosa***)	2002	Pfullinger Gielsberg	Holl, Füldner, Hirschburger
	2003	Pfullinger Gielsberg	Holl
	2004	Pfullinger Gielsberg	Holl, Hoffmann
	2005	Ursulahochberg	Hoffmann
	2005	Pfullinger Gielsberg	Holl
	2006	Pfullinger Gielsberg	Hoffmann
	2006	MTB 7521/3	ASP 2009
	2008	MTB 7521/3	Riedel
	2008	Pfullinger Gielsberg	Hoffmann
	2009	Pfullinger Gielsberg	Holl, Hoffmann, R. Sievers
	2009	Ursulahochberg	Holl
	2010	Pfullinger Gielsberg	Hoffmann
	2011	Pfullinger Gielsberg	Sanwald
	2012	Ursulahochberg	Riedel
	2014	Pfullinger Gielsberg	Spiess
	2020	Pfullinger Gielsberg	Thiv
Kleines Knabenkraut (***Orchis morio***)	1904	Wanne	Kreh
	1910 (H)	Pfullinger Gielsberg	E. Rebholz
	1953 (H)	Wanne	W. Wrede
	1959 – 1964	Pfullinger Gielsberg	Schmidt
	1961	Roßwag	Schmidt
	1962	Ursulahochberg	Schmidt
	1965	Pfullinger Gielsberg; Ahlbol (?)	Schmidt
	1966	Pfullinger Gielsberg, Schönberg; Ahlbol (?)	Schmidt
	1967	Pfullinger Gielsberg, Schönberg, Ursulahochberg	Schmidt
	1969, 1971 - 1977	Pfullinger Gielsberg	Schmidt
	1972	Ursulahochberg	Schmidt
	1979	Pfullinger Gielsberg	Schmidt
	1979	ob Maustäle?	Hoffmann
	1979	Ursulahochberg	Hoffmann, Wagner
	1980	Pfullinger Gielsberg	Schmidt
	1981	Pfullinger Gielsberg	Schmidt, Wagner
	1981	ob Übersberg od. Immenberg	Schmidt

Art dt. (*Art wiss.*)	Jahr	Gebiet	Beobachter
Kleines Knabenkraut (***Orchis morio***)	1984	Pfullinger Gielsberg	Schmidt, Hoffmann, Schroth
	1985	Ursulahochberg, Wanne	Holl
	1985	Pfullinger Gielsberg	Schmidt
	1989	Übersberg od. Immenberg	Schmidt
	1986, 1987	Pfullinger Gielsberg	Schmidt
	1989	Pfullinger Gielsberg	Schmidt, Holl
	1989	Wanne	Hoffmann
	1990	Ursulahochberg	Wagner
	1990	Pfullinger Gielsberg	Schmidt
	1991	Ursulahochberg	Holl, W. Karl
	1991	Pfullinger Gielsberg	Schmidt, Hoffmann, Rieks
	1992	Pfullinger Gielsberg	Schmidt
	1993	Pfullinger Gielsberg	Schmidt, Holl
	1994	Sonnenbau	Holl
	1994	Pfullinger Gielsberg	Schmidt, Holl
	1994	Wanne, Schönberg	Merten
	1995	Ursulahochberg, Schönberg	Holl
	1995	Pfullinger Gielsberg	Schmidt, Holl
	1996	Pfullinger Gielsberg	Holl, Wagner, Rieks
	1996	Schönberg	Holl
	1997	Pfullinger Gielsberg	Hoffmann
	1997	Wanne – Schönberg	Greschner, Holl
	1998	Pfullinger Gielsberg	Hoffmann
	1999	Pfullinger Gielsberg	Holl, Hoffmann
	2000	Pfullinger Gielsberg, Wanne -Schönberg	Holl
	2001	Pfullinger Gielsberg	Hoffmann
	2001	Ursulahochberg	Holl
	2002	Pfullinger Gielsberg	Füldner / Hirschburger
	2003	Pfullinger Gielsberg	Holl, Hoffmann
	2004	Wanne – Schönberg, Pfullinger Gielsberg	Holl, Hoffmann
	2005	Wanne	Holl
	2005, 2006	Pfullinger Gielsberg	Holl, Hoffmann
	2007, 2008	Pfullinger Gielsberg	Hoffmann
	2008	Ursulahochberg	Holl

Art dt. (*Art wiss.*)	Jahr	Gebiet	Beobachter
Kleines Knabenkraut (*Orchis morio*)	2009	Ursulahochberg	Götz
	2009	Pfullinger Gielsberg	Holl, Hoffmann
	2010	um Wanne – Schönberg	Holl
	2011	Pfullinger Gielsberg	Holl, Hoffmann
	2013	Wanne	Voggesberger
	2014	Wanne	Biegert, Spiess
	2020	Pfullinger Gielsberg	Thiv
Brand-Knabenkraut (*Orchis ustulata*)	1894 (H)	Fuß des Scheibenbergs	E. Klemm
	1904 (H)	Wanne	Kreh
	1905 (H)	Wanne	H. Herrmann
	1910 (H)	Wanne	E. Rebholz
	1910 (H)	Schönberg	E. Rebholz
	1959 – 1961	Pfullinger Gielsberg	Schmidt
	1963	Ahlsberg / Wanne	Schmidt
	1964 (H)	Wanne	Hegelmaier
	1964 – 1966	Pfullinger Gielsberg	Schmidt
	1971 (H)	Wanne	K. Baur
	1972	Pfullinger Gielsberg, Ursula(hoch)berg	Schmidt
	1974, 1975, 1977, 1978	Pfullinger Gielsberg	Schmidt
	1979	Ursula(hoch)berg	Wagner
	1980	Pfullinger Gielsberg	Wagner, Schmidt
	1981	Ursulaberg	Wagner
	1981, 1982	Pfullinger Gielsberg	Schmidt
	1983	Ahlsberg / Wanne	?
	1984	Pfullinger Gielsberg	Schmidt, Schroth
	1984	südl. Mkg. Pfullingen	Hoffmann
	1985	Pfullinger Gielsberg	G. und W. Thiele
	1985	Maustäle	Hoffmann
	1985-1987	Ursulahochberg	Holl
	1986	südl. Mkg. Pfullingen	Hoffmann
	1989	Pfullinger Gielsberg	Schmidt
	1989	Ursulahochberg, Wanne	Holl
	1990	Pfullinger Gielsberg	Schmidt
	1991	Pfullinger Gielsberg	Holl, Rieks
	1992	Pfullinger Gielsberg	AHO, Schmidt, Wagner
	1993	Pfullinger Gielsberg	Holl
	1994	Pfullinger Gielsberg	Holl, Schmidt

Art dt. (*Art wiss.*)	Jahr	Gebiet	Beobachter
Brand-Knabenkraut (*Orchis ustulata*)	1994	Wanne	Holl
	1995	Pfullinger Gielsberg	Holl, Schmidt
	1995	Schönberg – Wanne	Holl
	1996	Pfullinger Gielsberg, Ursulahochberg	Schmidt
	1996	Schönberg – Wanne	Holl
	1997	Schönberg	Holl, Greschner
	1998	Schönberg	Hoffmann
	1999	Pfullinger Gielsberg	Holl, Hoffmann
	2000	Pfullinger Gielsberg	Holl
	2000	Schönberg – Wanne	Holl
	2000	ob Ursulahochberg?	Sanwald
	2001	Pfullinger Gielsberg	Hoffmann
	2002	Wanne	Holl
	2002	Pfullinger Gielsberg	Holl, Hoffmann, Füldner, Hirschburger
	2003	Pfullinger Gielsberg	Holl, Hoffmann
	2004	Pfullinger Gielsberg	Hoffmann
	2004	Schönberg – Wanne	Holl, Hoffmann
	2005	Ursulahochberg, Schönberg	Hoffmann
	2005	Pfullinger Gielsberg	Holl
	2006	Pfullinger Gielsberg	Holl, Hoffmann
	2006	Schönberg	Hoffmann
	2008	Schönberg - Wanne	Holl, Hoffmann
	2008	MTB 7521/3	Riedel
	2009	Wanne	Hoffmann
	2009	Pfullinger Gielsberg	Holl, Hoffmann
	2010	Pfullinger Gielsberg	Holl, Hoffmann
	2011	Pfullinger Gielsberg	Hoffmann
	2012	Pfullingen, NE-Hang d. Echaztals	H. Grüllmeier
	2014	Wanne	Biegert
	2014	Pfullinger Gielsberg	Spiess
	2020	Pfullinger Gielsberg	Thiv
Affen-Knabenkraut (*Orchis simia*)	1970-1996	MTB 7521/1	unb.
	1983	MTB 7521/1, Pfullingen	Riedel
	1993	[St. Johann]	Leo Seidel
Purpur-Knabenkraut (*Orchis purpurea*)	1894 (H)	Nordseite Ursulaberg	E. Klemm
	1899	MTB 7521/2	unb.

Art dt. (*Art wiss.*)	Jahr	Gebiet	Beobachter
Purpur-Knabenkraut	1973, 1978	Sonnenbau	Schmidt
Helm-Knabenkraut (***Orchis militaris***)	1959, 1961	Pfullinger Gielsberg	Schmidt
	1964	Ahlbol	Schmidt
	1966	Ahlbol, Maustäle	Schmidt
	1967 – 1971	Ahlbol	Schmidt
	1972	Elisenhütte – Immenberg	Schmidt
	1973	Ahlbol	Schmidt
	1976	Elisenhütte – Immenberg	Schmidt
	1979	Ursulahochberg, Ernsthütte	Hoffmann
	1980	Pfullinger Gielsberg	Schmidt, Wagner
	1982	beim Waldcafé	Hoffmann
	1984	Pfullinger Gielsberg	Schroth
	1984	Sonnenbau	Schmidt
	1985	Kugelberg, Maustäle	Hoffmann
	1986	Wanne – Schönberg	Hoffmann
	1988	Ursulahochberg	Holl
	1988	Elisenhütte – Immenberg	Schmidt
	1989	Übersberg	Schmidt
	1989	Ursulahochberg	Holl
	1991	Pfullinger Gielsberg	Holl
	1995	Pfullinger Gielsberg, Ursulahochberg, südl. Mkg. Pfullingen	Holl
	1996	Pfullinger Gielsberg	Holl
	1996	südl. Mkg. Pfullingen	Holl, Rieks
	1997	südl. Mkg. Pfullingen	Greschner
	1998	südl. Mkg. Pfullingen	Hoffmann
	1999	Pfullinger Gielsberg	Hoffmann
	2000	Pfullinger Gielsberg, Sonnenbau	Holl
	2002	Pfullinger Gielsberg	Holl, Füldner, Hirschburger
	2003	Elisenhütte - Immenberg	Holl
	2004	südl. Mkg. Pfullingen	Holl

Art dt. (*Art wiss.*)	Jahr	Gebiet	Beobachter
Helm-Knabenkraut (***Orchis militaris***)	2005	Ursulahochberg, Wanne, Schönberg	Hoffmann
	2005	Pfullinger Gielsberg	Holl
	2006	südl. Mkg. Pfullingen	Hoffmann
	2009	Ursula(hoch)berg	Götz
	2009	Ursulahochberg – Immenberg	Holl
	2009	Pfullinger Gielsberg	Hoffmann
	2010	Pfullinger Gielsberg	Holl
Blasses Knabenkraut (***Orchis pallens***)	1963	Ahlsberg / Wanne	Schmidt
	1964	Lippental, Ahlbol, Pfullinger Gielsberg	Schmidt
	1964-1973	Ursulahochberg	Schmidt
	1965, 1966	Lippental, Ahlbol, Pfullinger Gielsberg	Schmidt
	1968, 1969	Lippental	Schmidt
	1970	Lippental, Ahlbol	Schmidt
	1971	Lippental	Schmidt
	1972	Lippental, Ahlbol	Schmidt
	1973	Lippental	Schmidt
	1975	Lippental, Ahlbol, Ursulahochberg	Schmidt
	1977	Vor Buch	Hoffmann
	1977 – 1980	Lippental	Schmidt
	1978	Ursulahochberg	Schmidt
	1979	Ursulahochberg	Schmidt, Hoffmann
	1979, 1980	Ernsthütte	Schmidt, Wagner, Holl
	1981	Ernsthütte, Stbr. Ursulaberg	Schmidt, Wagner
	1981	Lippental	
	1981	Wanne	Wagner
	1982	Wanne	Holl, Wagner
	1982	Stbr. Ursulaberg	Schmidt
	1983	Lippental	Schmidt, Wagner
	1983	Wanne	Hoffmann
	1983-1985	Ernsthütte	Schmidt, Wagner
	1986	Ernsthütte	Schmidt
	1986	Wanne – Schönberg	Hoffmann
	1987-1989	Ernsthütte	Schmidt, Hoffmann
	1987	Lippental	Hoffmann

Art dt. (*Art wiss.*)	Jahr	Gebiet	Beobachter
Blasses Knabenkraut (***Orchis pallens***)	1987	Wanne	Wagner
	1990	Ursulahochberg	Schmidt, Wagner, Holl
	1990	Wanne	Holl, Wagner
	1991	Ernsthütte	Schmidt, Wagner
	1992	Ernsthütte	H. Schmidt
	1994	Wanne – Schönberg	Merten
	1995	Ernsthütte	Schmidt, Wagner
	1995	Wackerstein	Merten
	1995	Wanne	Holl, Wagner
	1996	Schönberg	Holl
	1996	Ernsthütte	Wagner
	1997	Wanne - Schönberg	Holl
	1998	Wanne - Schönberg	Hoffmann
	1998	Pfullinger Gielsberg	B. Röttger, H. und M. Wagner
	2000	Schönberg	Holl
	2002	Wanne - Schönberg, Lippental	Hoffmann
	2002	Ernsthütte	Wagner
	2003	Wanne- Schönberg, Ernsthütte	Hoffmann
	2004	Wanne – Schönberg, Stbr. Ursulaberg	Hoffmann
	2005	Ursulahochberg	Hoffmann
	2005	Wanne – Schönberg	Holl, Hoffmann
	2006, 2008	Wanne – Schönberg	Hoffmann
	2010, 2011	Wanne – Schönberg	Holl
	2019	Lippentaler Hochberg	Werner-Heid
	2020	Ursulaberg	Werner-Heid
Männliches Knabenkraut (***Orchis mascula***)	1964	Ahlbol	Schmidt
	1965	Ahlbol, Pfullinger Gielsberg	Schmidt
	1966	Ahlbol, Schönberg	Schmidt
	1966 – 1975,	Ernsthütte	Schmidt, Hoffmann
	1967, 1968	Ahlbol	Schmidt
	1969, 1972, 1974	Pfullinger Gielsberg	Schmidt
	1975	Ahlbol	Schmidt
	1977	Ahlbol	Schmidt
	1977, 1978	Ernsthütte	Schmidt, Hoffmann

Art dt. (*Art wiss.*)	Jahr	Gebiet	Beobachter
Männl. Knabenkraut (***Orchis mascula***)	1979	Ursulaberg	Wagner
	1979	Pfullinger Gielsberg	Hoffmann
	1979, 1980	Ernsthütte	Schmidt, Hoffmann
	1981	Ernsthütte	Schmidt, Wagner
	1982	Wanne	Wagner
	1983 – 1990	Ernsthütte	Schmidt, Holl
	1984	Pfullinger Gielsberg	Hoffmann
	1986	Pfullinger Gielsberg, Wanne, Schönberg	Hoffmann
	1989	Wanne – Schönberg	Hoffmann
	1991	Ernsthütte	Schmidt, W. Karl
	1992	Pfullinger Gielsberg	Schmidt, Wagner
	1992, 1993	Ernsthütte	Schmidt
	1995	Ernsthütte	Schmidt, Holl
	1996, 1997	Wanne – Schönberg	
	1997	Pfullinger Gielsberg	Hoffmann
	1998	Pfullinger Gielsberg, Wanne – Schönberg	Hoffmann
	1998	Ernsthütte	Holl
	1999	Pfullinger Gielsberg	Hoffmann
	2000	Pfullinger Gielsberg	Holl
	2002	Pfullinger Gielsberg	Füldner, Hirschburger
	2002	Ernsthütte	Wagner
	2003	Ernsthütte, Pfullinger Gielsberg	Hoffmann
	2004	Wanne – Schönberg, Stbr. Ursulaberg	Hoffmann
	2005	Ursula(hoch)berg	Hoffmann
	2005	Pfullinger Gielsberg	Holl
	2006	Pfullinger Gielsberg, Schönberg	
	2009	Ursulaberg	Götz
	2020	Ursulaberg	Werner-Heid
Ohnhorn (*Orchis anthropophora*)	1964 – 1966	Ahlbol	Schmidt
	1969 – 1971	Ahlbol	Schmidt
	1978	Elisenhütte – Immenbg.	Hoffmann
Pyramiden-Hundswurz (***Anacamptis pyramidalis***)	1974, 1980	Ursulaberg	Wagner
	1982	Sonnenbau	Schmidt
	1985	Maustäle	Hoffmann

Art dt. (*Art wiss.*)	Jahr	Gebiet	Beobachter
Pyramiden-Hundswurz (*Anacamptis pyramidalis*)	1990	Maustäle	Voggesberger
	1991, 1995	Pfullinger Gielsberg	Holl
	1997	Wanne – Schönberg	G. Greschner
	2002	Pfullinger Gielsberg	Füldner, Hirschburger
	2003	Elisenhütte - Immenberg	Holl
	2005, 2006, 2008	Wanne – Schönberg	Hoffmann
	2008	Sonnenbau	Hoffmann
	2009	Pfullinger Gielsberg, Frauenhalde	Hoffmann
	2010	Wanne – Schönberg	Hoffmann
	2018	Wanne	Biegert
Wanzen-Knabenkraut (*Anacamptis coriophora*)	1899	MTB 7521/3	unb.
Bocks-Riemenzunge (*Himantoglossum hircinum*)	1900 – 1944	MTB 7521/1	unb.
	1945 – 1969	MTB 7521/3	unb.
	2000	Ursulahochberg	Sanwald
	2000	Frauenhalde	Holl
	2002	Kugelberg	H. G. Seeger
	2008	beim Waldcafé	Holl
	2009, 2010	Frauenhalde	Hoffmann
	2010	Frauenhalde	Hoffmann
	2011	beim Waldcafé	Holl
	2020, 2022	[ob Immenberg?]	Werner-Heid
Korallenwurz (*Corallorhiza trifida*)	1945 – 1969	MTB 7521/4	unb.

VIII. Bei Biotopkartierungen festgestellte Orchideenvorkommen

fett: bei der Kartierung 1996 durch den Autor bestätigte Arten

Art deutsch (*wiss.*)	Jahr	Gebiet	Einheits-Nr.
Sumpf-Stendelwurz *(Epipactis palustris)*	2012	Kugelberg Magerrasen	175214157525
	2012	Magerrasen W Ursulaberg 2	175214150810
	2012	Naßwiese E Ahlsberg	175214150713
Braune Stendelwurz *(Epipactis atrorubens)*	2011	südliche Wanne	
	2011	Gailenbühl Steinbruch	275214155382
Großes Zweiblatt *(Listera ovata)*	1993	Schönberg	175214157712
	2012	Kugelberg Magerrasen	175214157525
	2012	Magerrasen SE Ahlsberg	175214150716
	2012	Naßwiese E Ahlsberg	175214150713
Weiße (Zweiblättr.) Waldhyazinthe *(Platanthera bifolia)*	1993	Lache, Waldwiese	275214155385
	1993	Schönberg	175214157712
Mücken-Händelwurz *(Gymnadenia conopsea)*	1992	Magerrasen S Ahlsberg	175214150710
	1993	Lache Waldwiese	275214155385
	1993	Waldrand Ursulaberg	275214155263
	1993	Waldrand Ursulaberg 1	275214155264
	1998	Kugelberg Magerrasen	175214157525
	2012	Kugelberg Magerrasen	175214157525
	2012	Ursulaberg	275214151976
	2012	Magerrasen W Ursulaberg 2	175214150810
	2012	Ursulahochberg	175214157524
	2012	Landesziegenweide	175214150706
	2012	Magerrasen S Ahlsberg	175214150710
	2012	Naßwiese E Ahlsberg	175214150713
	2012	Pfullinger Gielsberg	175214157515
Wohlriechende Händelwurz *(Gymnadenia odoratissima)*	1993	Schönberg	175214157712
	2012	Kugelberg Magerrasen	175214157525

Art deutsch (*wiss.*)	Jahr	Gebiet	Einheits-Nr.
Fleischfarbene Fingerwurz (*Dactylorhiza incarnata*)	2012	Kugelberg Magerrasen	175214157525
Geflecktes Knabenkraut (*Dactylorhiza maculata*)	2012	Magerrasen W Ursulaberg 2	175214150810
	2012	Naßwiese E Ahlsberg	175214150713
Breitblättrige Fingerwurz (*Dactylorhiza majalis*)	2012	Kugelberg Magerrasen	175214157525
	2012	Magerrasen W Ursulaberg 2	175214150810
Rosa Kugel-Orchis (*Traunsteinera globosa*)	1998	Pfullinger Gielsberg	175214157515
Kleines Knabenkraut (*Orchis morio*)	1993	Wanne	175214157713
	2012	Pfullinger Gielsberg	175214157515
Brand-Knabenkraut (*Orchis ustulata*)	1993	Schönberg	175214157712
	2012	Magerrasen SE Ahlsberg	175214150716
	2012	Ursulahochberg	175214157524
	2019	Pfullinger Gielsberg	6510008046122185
Helm-Knabenkraut (*Orchis militaris*)	1993	Schönberg	175214157712
	2012	Magerrasen SE Ahlsberg	175214150716
Blasses Knabenkraut (*Orchis pallens*)	1993	Kugelberg-Immenberg	275214155353
Männliches Knabenkraut (*Orchis mascula*)	1993	Kugelberg-Immenberg	275214155353
Pyramiden-Hundswurz (*Anacamptis pyramidalis*)	2012	Kugelberg Magerrasen	175214157525
	2012	Magerrasen SE Ahlsberg	175214150716

IX. Bei der AHO-Kartierung 2010 vermerkte Orchideenfundorte

fett: bei der Kartierung 1996 durch den Autor bestätigte Arten

* falls Funde, dann aufgrund der starken Schutzbedürftigkeit der Art nur über Kontakt zur AHO zu erfahren

\+ Funde durch andere Quellen bestätigt (siehe Text und / oder übrige Tabellen)

--- keine Funde oder wenn, dann bei Arten mit * keine Fundangaben, da wegen starker Schutzbedürftigkeit nicht näher ausgeführt

Art deutsch, Art wissenschaftlich	Funde vor 1990	Funde 1990 - 1999	Funde ab 2000
Gelber Frauenschuh (*Cypripedium calceolus*)	+	+	---
Rotes Waldvöglein (*Cephalanthera rubra*)	Ahlsberg, Lippental	Ursulahochberg	Ursulaberg, Lippentaler Hochberg, Schönberg, Wanne, Wackerstein
Weißes Waldvöglein (*Cephalanthera damasonium*)	+	Georgenberg	in fast allen Wäldern der Mkg.
Schwertblättriges Waldvöglein (*Cephalanthera longifolia*)	+	+	um Lippental, Lippentaler Hochberg und Gielsberg
Sumpf-Stendelwurz (*Epipactis palustris*)	um Wanne und Schönberg	+	Ursulaberg, Gielsberg
Braune Stendelwurz (*Epipactis atrorubens*)	+	+	Ursulaberg, NSG Kugelberg
Breitblättrige Stendelwurz (*Epipactis helleborine*)	Lippental	Georgenberg, Übersberg	Ursula- und Ursulahochberg, Schönberg, Wackerstein, Gielsberg
Violette Stendelwurz (*Epipactis purpurata*)	---	Übersberg	---
Müllers Stendelwurz (*Epipactis muelleri*)	nördl. Ursulaberg	---	südl. Ursulaberg
Großes Zweiblatt (*Listera ovata*)	Gailenbühl, Lippental	Georgenberg	Ursulaberg, Ursulahochberg, Lippentaler Hochberg, Wanne,

Art deutsch, Art wissenschaftlich	Funde vor 1990	Funde 1990 - 1999	Funde ab 2000
			Schönberg, Wacker-stein, Pfullinger Giels-berg
Vogel-Nestwurz (*Neottia nidus-avis*)	Gailenbühl, nördl. Übersberg	Georgenberg, südl. Übersberg	Ursulaberg, Ursula-hochberg, Lippentaler Hochberg, Wanne, Schönberg, Wacker-stein, Pfullinger Giels-berg
Wendelähre, Drehwurz* (*Spiranthes spiralis*)	+	---	---
Kriechendes Netzblatt (*Goodyera repens*)	+	---	[nördl. von Eningen]
Widerbart (*Epipogium aphyllum*)	+	---	---
Zweiblättrige Waldhya-zinthe (*Platanthera bi-folia*)	Roßwag, Ahls-berg, Fuß des Scheibenbergs	+	Ursula- und Ursula-hochberg, Wanne – Schönberg, Wacker-stein, Lippental, Pfullinger Gielsberg
Grünliche Waldhyazinthe (*Platanthera chlorantha*)	+	Wanne - Schönberg	
Hohlzunge* (*Coeloglossum viride*)	+	+	+
Mücken-Händelwurz (*Gymnadenia conopsea*)	Küche, oberes Lin-dental, Ahlsberg, Roßwag	+	Ursulaberg, Ursula-hochberg, Lippentaler Hochberg, Wanne, Schönberg, Pfullinger Gielsberg
Wohlriechende Händel-wurz (*Gymnadenia odo-ratissima*)	östl. Ursulahoch-berg, Roßwag, Wanne, Schönberg	Pfullinger Gielsberg	Ursulaberg, westl. Ur-sulahochberg, Lippen-tal
Holunder-Fingerwurz (*Dactylorhiza sambucina*)	+		

Art deutsch, Art wissenschaftlich	Funde vor 1990	Funde 1990 - 1999	Funde ab 2000
Fleischfarbene Finger-wurz (*Dactylorhiza incarnata*)	Wolfsgrube	Wanne – Schönberg, Roßwag	Ahlsberg, NSG Kugelberg
Fuchs'sche Fingerwurz (*Dactylorhiza fuchsii*)	Wolfsgrube, Ahlsberg, unteres Lippental, Fuß des Scheibenbergs, Gailenbühl	Pfullinger Gielsberg	Ursulaberg, NSG Kugelberg, Wanne, Schönberg, Wackerstein, Lippentaler Hochberg
Breitbl. Fingerwurz (*Dactylorhiza majalis*)	Lippental, nördl. Roßwag	?	südl. Roßwag
Einknollige Honigorchis* (*Herminium monorchis*)	+	---	---
Fliegen-Ragwurz (*Ophrys insectifera*)	Ursulahochberg, Ahlsberg, Roßwag, Wanne - Schönberg	Teile des Ursulabergs, Maustäle, Pfullinger Gielsberg	Teile des Ursulabergs
Spinnen-Ragwurz (*Ophrys sphegodes*)	+	+	Pfullinger Gielsberg, Ursulaberg
Hummel-Ragwurz (*Ophrys holoserica*)	Ahlsberg, Wanne – Schönberg, Roßwag, Lippental	Pfullinger Gielsberg, Maustäle	Ursulaberg, Ursulahochberg
Bienen-Ragwurz (*Ophrys apifera*)	Teile des Ursulabergs, Ursulahochberg, Ahlsberg, Roßwag, Lippental	+	Teile des Ursulahochbergs, Schönberg, Maustäle
Rosa Kugel-Orchis (*Traunsteinera globosa*)	Eierbachtal (Maustäle? Viehweide am Scheibenberg?)	+	Pfullinger Gielsberg, Ursulahochberg
Kleines Knabenkraut (*Orchis morio*)	Ahlsberg	westl. Hangfuß des Ursulabergs, östl. Ursulahochberg, Roßwag	Ursulahochberg, Wanne, Schönberg, Pfullinger Gielsberg
Brand-Knabenkraut (*Orchis ustulata*)	westl. Ursulahochberg, Eierbachtal (Viehweide am Scheibenberg?), Roßwag oder NSG Kugelberg	+	Ursulahochberg, Wanne, Schönberg, Pfullinger Gielsberg

Art deutsch, Art wissenschaftlich	Funde vor 1990	Funde 1990 - 1999	Funde ab 2000
Affen-Knabenkraut (*Orchis simia*)	nordwestl. Hangfuß des Ursulabergs	+	+
Purpur-Knabenkraut (*Orchis purpurea*)	+	südl. Schönberg, Maustäle	+
Helm-Knabenkraut (***Orchis militaris***)	+	+	Ursulaberg, Ursulahochberg
Blasses Knabenkraut (***Orchis pallens***)	östl. Hangfuß des Schönbergs	Übersberg, Pfullinger Gielsberg	Ursulaberg, Wanne, Schönberg, Wackerstein
Männliches Knabenkraut (***Orchis mascula***)	Teile von Roßwag und Lippental	Teile des Ursulahochbergs	Ursula- und Ursulahochberg, Wanne, Schönberg, Wackerstein, Pfullinger Gielsberg
Ohnhorn (*Orchis anthropophora*)	+	---	[Alte Steig, Eningen]
Pyramiden-Hundswurz (***Anacamptis pyramidalis***)	Ahlsberg, Roßwag, unt. Lippental	+	Ursula- und Ursulahochberg, Wanne, Schönberg, Pfullinger Gielsberg
Wanzen-Knabenkraut* (*Anacamptis coriophora*)	+	---	---
Bocks-Riemenzunge (*Himantoglossum hircinum*)	westl. Hangfuß des Ursulabergs		+
Korallenwurz (*Corallorhiza trifida*)	+	---	---

X. Beobachtungen auf der Internet-Plattform Naturgucker

Art deutsch, Art wissenschaftlich	Jahr	Gebiet	Beobachter
Weißes Waldvöglein (*Cephalanthera damasonium*)	2008	Pfullinger Gielsberg	Merou
	2011	Pfullinger Gielsberg	Zerweck
	2014	Wasen	Hunger
	2014	Schönberg	Hunger
	2018	um Sättele	Werner-Heid
	2020	Lippentaler Hochberg	Werner-Heid
Großes Zweiblatt (*Listera ovata*)	2014	Pfullinger Gielsberg	Merou
	2014	NSG Kugelberg	Merou
	2014	Wasen	Hunger
	2015	NSG Kugelberg	Hunger
	2018	um Sättele	Werner-Heid
	2019	um Sättele	Werner-Heid
Vogel-Nestwurz (*Neottia nidus-avis*)	2011	Wanne	Merou
	2014	Schönberg	Hunger
	2020	um Sättele	Werner-Heid
Zweiblättrige Waldhyazinthe (*Platanthera bifolia*)	2008, 2010	Pfullinger Gielsberg	Merou
	2011	Pfullinger Gielsberg	Zerweck, Merou
	2014	Pfullinger Gielsberg	Rüdenauer, Merou
	2014	Wasen, NSG Kugelberg	Hunger
	2015	Wasen, NSG Kugelberg	Hunger
Mücken-Händelwurz (*Gymnadenia conopsea*)	2008	Pfullinger Gielsberg	Merou
	2009	Pfullinger Gielsberg	Zerweck
	2010	Pfullinger Gielsberg	Merou
	2011	Pfullinger Gielsberg	Zerweck, Merou
	2014	Pfullinger Gielsberg	Rüdenauer
	2014	NSG Kugelberg	Merou
	2014	Wasen, NSG Kugelberg	Hunger
	2015	Wasen, NSG Kugelberg	Hunger
Wohlriechende Händelwurz (*Gymnadenia odoratissima*)	2008	Pfullinger Gielsberg	Merou
	2014	Wasen	Hunger
	2015	Wasen	Hunger
	2018	Wasen	Meiser
Fleischfarbene Fingerwurz (*Dactylorhiza incarnata*)	2014	Wasen	Hunger

	2014	Wasen	Hunger
Fuchs'sche Fingerwurz (*Dactylorhiza fuchsii*)	2014, 2015	NSG Kugelberg	Hunger
	2018	um Sättele	Werner-Heid
Breitbl. Fingerwurz (*Dactylorhiza majalis*)	2014	Wasen	
	2015	Wasen, Sumpfwiese unterhalb Waldcafé	Hunger
Fliegen-Ragwurz (*Ophrys insectifera*)	2014	Wasen	Hunger
	2015	Wasen, NSG Kugelberg	Hunger
	2016	NSG Kugelberg	Hunger
Spinnen-Ragwurz (*Ophrys sphegodes*)	2014	NSG Kugelberg	Merou
	2015	NSG Kugelberg	Hunger
	2016	NSG Kugelberg	Hunger
Hummel-Ragwurz (*Ophrys holoserica*)	2014	Wasen, NSG Kugelberg	Hunger
	2015	Wasen, NSG Kugelberg	Hunger
	2022	NSG Kugelberg	Schmid
Rosa Kugel-Orchis (*Traunsteinera globosa*)	2008	Pfullinger Gielsberg	Merou
	2009	Pfullinger Gielsberg	Zerweck
	2011	Pfullinger Gielsberg	Zerweck, Merou
	2014	Pfullinger Gielsberg	Rüdenauer
	2015	Pfullinger Gielsberg	Beurle
Kleines Knabenkraut (*Orchis morio*)	2008	Pfullinger Gielsberg	Merou
	2009	Wanne	Merou
	2010	Pfullinger Gielsberg	Merou
	2011	Ursulahochberg, Wanne	Merou
	2014	Pfullinger Gielsberg	Rüdenauer, Merou
	2014, 2015	Schönberg	Hunger
	2017	Schönberg	Hunger
Brand-Knabenkraut (*Orchis ustulata*)	2008	Pfullinger Gielsberg	Merou
	2009	Pfullinger Gielsberg	Zerweck
	2010	Pfullinger Gielsberg	Merou
	2011	Pfullinger Gielsberg	Zerweck, Merou
	2014	Pfullinger Gielsberg	Rüdenauer, Merou
	2014	Schönberg	Hunger
Affen-Knabenkraut (*Orchis simia*)	2014	NSG Kugelberg	Merou
Purpur-Knabenkraut (*Orchis purpurea*)	2013	NSG Kugelberg	Merou
	2015	NSG Kugelberg	Hunger

Art	Jahr	Fundort	Beobachter
Helm-Knabenkraut (*Orchis militaris*)	2011, 2013, 2014	NSG Kugelberg	Merou
	2014	Schönberg	Hunger
	2014	Wasen, NSG Kugelberg	Hunger
	2015	NSG Kugelberg, beim Waldcafé	Hunger
	2015	NSG Kugelberg	Merou
	2016	NSG Kugelberg	Hunger
	2019	NSG Kugelberg	Rückle
	2022	NSG Kugelberg	Schmid
Blasses Knabenkraut (*Orchis pallens*)	2014	Ursulaberg-West	Hunger
	2019	um Sättele	Werner-Heid
Männliches Knabenkraut (*Orchis mascula*)	2011	Ursulahochberg	Merou
	2014	Ursulaberg-West	Hunger
Pyramiden-Hundswurz (*Anacamptis pyramidalis*)	2011	NSG Kugelberg	Merou
	2014	NSG Kugelberg	Hunger
	2015	NSG Kugelberg, Wasen,	Hunger
Bocks-Riemenzunge (*Himantoglossum hircinum*)	2014	NSG Kugelberg	Hunger, Merou
	2015	NSG Kugelberg	Hunger
	2016	NSG Kugelberg	Hunger
	2019	NSG Kugelberg	Rückle

(**fettgedruckte** Arten wurden durch den Autor 1996 bestätigt)

XI. Samenreifezeiten einiger Orchideenarten (nach Nitsche 1994)

Gelistet sind – soweit verfügbar – die Samenreife-Zeiträume sowohl der auf der Markung Pfullingen erloschenen als auch der dort noch vorkommenden Orchideenarten.

Artname deutsch (wissenschaftlicher Name)	Mai		Juni		Juli		Aug.		Sept.		Okt.		Nov.	
Gelber Frauenschuh (*Cypripedium calceolus*)			█	█	█	█	█	█	█	█	█	█	?	
Rotes Waldvöglein (*Cephalanthera rubra*)				█	█	█	█	█	█	█	█			
Weißes Waldvöglein (*Cephalanthera damasonium*)			█	█	█	█	█	█	█	█				
Schwertblättriges Waldvöglein (*Cephalanthera longifolia*)			█	█	█	█	█	█	█	█				
Sumpf-Stendelwurz (*Epipactis palustris*)			█	█	█	█	█	█	█	█				
Braune Stendelwurz (*Epipactis atrorubens*)				█	█	█	█	█	█	█				
Breitblättrige Stendelwurz (*Epipactis helleborine*)					█	█	█	█	█	█	█	█		
Violette Sumpfwurz (*Epipactis purpurata*)					█	█	█	█	█	█				
Großes Zweiblatt (*Listera ovata*)			█	█	█	█								
Vogel-Nestwurz (*Neottia nidus-avis*)		█	█	█	█	█	?							
Herbst-Drehwurz (*Spiranthes spiralis*)									█	█	█	█	█	
Kriechendes Netzblatt (*Goodyera repens*)							█	█	█	█				
Zweiblättrige Waldhyazinthe (*Platanthera bifolia*)			█	█	█	█	█	█						
Grünliche Waldhyazinthe (*Platanthera chlorantha*)			█	█	█	█	█	█	█	█				
Grüne Hohlzunge (*Coeloglossum viride*)			█	█	█	█								
Mücken-Händelwurz (*Gymnadenia conopsea*)					█	█	█	█	█	█				

Artname deutsch (*wissenschaftlicher Name*)	Mai	Juni	Juli	Aug.	Sept.	Okt.	Nov.
Fleischfarbene Fingerwurz (*Dactylorhiza incarnata*)							
Gefleckte Fingerwurz (*Dactylorhiza maculata*)							
Breitblättrige Fingerwurz (*Dactylorhiza majalis*)							
Einknollige Honigorchis (*Herminium monorchis*)						?	
Fliegen-Ragwurz (*Ophrys insectifera*)							
Hummel-Ragwurz (*Ophrys holoserica*)							
Bienen-Ragwurz (*Ophrys apifera*)							
Kleines Knabenkraut (*Orchis morio*)							
Brand-Knabenkraut (*Orchis ustulata*)							
Purpur-Knabenkraut (*Orchis purpurea*)							
Helm-Knabenkraut (*Orchis militaris*)							
Blasses Knabenkraut (*Orchis pallens*)					?		
Männliches Knabenkraut (*Orchis mascula*)							
Pyramiden-Hundswurz (*Anacamptis pyramidalis*)							
Bocks-Riemenzunge (*Himantoglossum hircinum*)					?		

XII. Orchideenfunde – zeitliche Einordnung und Herbarbelege

fett: bei der Kartierung 1996 durch den Autor bestätigte Arten

Art deutsch,	*Art, wiss.*	vor 1900	1900 - 1944	1945 - 1969	1970 - 2004	ab 2005	Herbarbeleg(e) Jahr (näheres s. Text)
Gelber Frauenschuh	*Cypripedium calceolus*	X	X	X	X		1830
Rotes Waldvöglein	*Cephalanthera rubra*		X	X	X	X	
Weißes Waldvöglein	*Cephalanthera damasonium*		X	X	X	X	
Schwertblättriges Wald-vöglein	*Cephalanthera longifolia*			X	X	X	
Sumpf-Stendelwurz	*Epipactis palustris*	X	X	X	X	X	
Braune Stendelwurz	*Epipactis atrorubens*		X	X	X	X	
Breitblättrige Stendel-wurz	*Epipactis helleborine*				X	X	
Violette Stendelwurz	*Epipactis purpurata*				X	[X]	
Großes Zweiblatt	*Listera ovata*		X	X	X	X	
Vogel-Nestwurz	*Neottia nidus-avis*		X		X	X	
Wendelähre, Drehwurz	*Spiranthes spiralis*	X					
Kriechendes Netzblatt	*Goodyera repens*	X		X			
Widerbart	*Epipogium aphyllum*		X	X			
Zweiblättrige Waldhya-zinthe	*Platanthera bifolia*		X	X	X	X	
Grünliche Waldhyazinthe	*Platanthera chlorantha*	X	X	X	X		1830-60
Hohlzunge	*Coeloglossum viride*	X	X	X	X	X	[1928]
Mücken-Händelwurz	*Gymnadenia conopsea*	X	X	X	X	X	1866, 1894, 1913, 1927, 1950, 1952
Wohlriechende Händelwurz	*Gymnadenia odoratissima*	X			X	X	1871, 1892, 1894, 1898, 1904, 1910, 1913, 1926,

Art deutsch,	Art, wiss.	vor 1900	1900 - 1944	1945 - 1969	1970 - 2004	ab 2005	Herbarbeleg(e) Jahr (näheres s. Text)
Wohlr. Händelwurz	*Gymnadenia odoratissima*	X			X	X	1927, 1939, 1957
Holunder-Fingerwurz	*Dactylorhiza sambucina*	X					
Fleischfarbene Fingerwurz	*Dactylorhiza incarnata*		X	X	X	X	
Gefleckte und Fuchs'sche Fingerwurz	*Dactylorhiza maculata und fuchsii*		X	X	X	X	
Breitbl. Fingerwurz	*Dactylorhiza majalis*	X		X	X	X	
Einknollige Honigorchis	*Herminium monorchis*	X	X				1895
Fliegen-Ragwurz	*Ophrys insectifera*	X	X	X	X	X	
Spinnen-Ragwurz	*Ophrys sphegodes*	X	X		X	X	
Hummel-Ragwurz	*Ophrys holoserica*	X	X	X	X	X	
Bienen-Ragwurz	*Ophrys apifera*	X		X	X	X	
Rosa Kugel-Orchis	*Traunsteinera globosa*	X	X	X	X	X	
Kleines Knabenkraut	*Orchis morio*	X	X	X	X	X	1910, 1953
Brand-Knabenkraut	*Orchis ustulata*	X	X	X	X	X	1894, 1904, 1905, 1910, 1964, 1971
Affen-Knabenkraut	*Orchis simia*				X	X	
Purpur-Knabenkraut	*Orchis purpurea*	X			X	X	1894
Helm-Knabenkraut	*Orchis militaris*		X	X	X	X	
Blasses Knabenkraut	*Orchis pallens*	X		X	X	X	
Männliches Knabenkraut	*Orchis mascula*		X	X	X	X	
Ohnhorn	*Orchis anthropophora*			X	X	?	
Pyramiden-Hundswurz	*Anacamptis pyramidalis*	X			X	X	
Wanzen-Knabenkraut	*Anacamptis coriophora*	X					
Bocks-Riemenzunge	*Himantoglossum hircinum*		X	X		X	
Korallenwurz	*Corallorhiza trifida*			X			

XIII. Im Text oder in den Tabellen genannte Beobachtende

Name	Beobachtungen / Quelle siehe unter	Jahr oder Zeitraum
Apitz, Bernd	Nm Stuttgart	1980
Beurle, Jürgen	Naturgucker	2015
Biegert, Berthold	Nm Stuttgart	2014, 2018, 2020
Elwert, O.	Nm Stuttgart	1923
Filzer, Paul	siehe Quellenverzeichnis	1978
Füldner	Nm Stuttgart	2002
Götz, Erich	Nm Stuttgart	2004, 2009 - 2012
Gradmann, Robert	siehe Quellenverzeichnis	1898, 1900
Greschner, Günter	Nm Stuttgart	1997
Hauser, Herbert	Nm Stuttgart	1960 - 1969
Hegelmaier, Friedrich	Nm Stuttgart	1866, 1873, 1871, 1903
Herrmann, Heinrich	Nm Stuttgart	1905 - 1911
Himmelein, Karl	Nm Stuttgart	1925
Hirschburger	Nm Stuttgart	2002
Hoffmann, Volker	Nm Stuttgart	1973 - 2022
Holl, Günter	Nm Stuttgart	1965 - 2011
Hunger, Torsten	Naturgucker	2014 - 2017
Ilg, Helmut	mündl. Mitteilungen	70er bis 90er Jahre
Karl, Willy	Nm Stuttgart	1991
Klemm, Edmund	Nm Stuttgart	1895
Knauss, Gustav	Nm Stuttgart	1957
Kreh, Wilhelm Immanuel	Nm Stuttgart	1904, 1927
Maass, Inge	Nm Stuttgart	1996
Maier, Christian	Nm Stuttgart	1939
Mayer, Adolf	Nm Stuttgart	1904, 1913, 1950
Meiser, Oliver	Naturgucker	1986 1996, 2018
Merou, Laetitia	Naturgucker	2008 - 2015
Merten, Michael	Nm Stuttgart	1994 / 1995
Müller, Karl	Nm Stuttgart	1952
Pfeffer	Nm Stuttgart	1898
Plankenhorn, Julius	Nm Stuttgart	1895, 1926, 1928
Rebholz, Evarist	Nm Stuttgart	1910
Riedel, Wolfgang	Nm Stuttgart	1983, 2008, 2012
Rieks, Ralf	Nm Stuttgart	1991 - 1996
Rösler, Gottlieb Friedrich	siehe Quellenverzeichnis	1790
Röttger, Bernd	Nm Stuttgart	1998
Rückle, Jörg	Naturgucker	2019
Rüdenauer, B.	Naturgucker	2014
Sanwald, Klaus	Nm Stuttgart	2000 – 2003, 2011
Sautermeister, Heinrich Joseph	Nm Stuttgart	1830
Schlichenmaier, Hans	siehe Quellenverzeichnis	1940

Name	Beobachtungen / Quelle siehe unter	Jahr oder Zeitraum
Schmid, Andreas	Naturgucker	2022
Schmidt, W.	Nm Stuttgart	1959 - 1996
Schroth, Judith	Nm Stuttgart	1984
Sebald, Oskar	Nm Stuttgart	1978
Seeger, H.G.	Nm Stuttgart	2001 / 2002
Sievers, Rolf	Nm Stuttgart	2009
Spiess, Hermann	Nm Stuttgart	2014
Stadelmaier, Hartwig	Nm Stuttgart	1984 / 1985
Thiele, G. und W.	Nm Stuttgart	1985
Thiv, Mike	Nm Stuttgart	2020
Voggesberger, Monika	Nm Stuttgart	1990, 1995, 2013 / 2014
v. Martens, G. / Kemmler, K.A.	siehe Quellenverzeichnis	1865, 1882
Wagner, Heini	Nm Stuttgart	1974 - 1998
Wagner, Margot	Nm Stuttgart	1998
Werner-Heid, Sabine	Nm Stuttgart, Naturgucker	2018 - 2022
Zerweck, Günter	Naturgucker	2009 - 2011
Ziegler, Bernhard	Nm Stuttgart	1950

Quellenverzeichnis

AHO Baden-Württemberg, Kartierung 2004 und 2010 unter www.orchids.de

Arbeitskreis forstliche Landespflege in der Arbeitsgemeinschaft Forsteinrichtung (Hrsg.): Biotop-Pflege im Wald. Ein Leitfaden für die forstliche Praxis; Kilda-Verlag, 3.Auflage, Greven 1987

Aichele, Dietmar & Schwegler, Heinz-Werner: Die Blütenpflanzen Mitteleuropas. 2. Auflage. Band 5: Schwanenblumengewächse bis Wasserlinsengewächse. Franckh-Kosmos, Stuttgart 2000

Baumann, Helmut & Künkele, Siegfried: „Orchidaceae". In Oskar Sebald u. a.: *Die Farn- und Blütenpflanzen Baden-Württembergs.* 1. Auflage Band 8, Seite 316. Verlag Eugen Ulmer, Stuttgart 1998.

Bayer, Manfred: Anleitung zur Praxis der Orchideenkartierung; in: Mitteilungsblätter des AHO BaWü, 14.Jahrgang, Heft 1/1982, S.125-137

Bertsch, Karl u. Franz: Flora von Württemberg und Hohenzollern; J. F. Lehmanns Verlag, München 1933, 2. Auflage 1950

Binder, Hans und Jantschke, Herbert: Höhlenführer Schwäbische Alb; DRW-Verlag, Stuttgart 2003

Borcherdt, Christoph: Baden-Württemberg. Eine geographische Landeskunde; aus der Reihe wissenschaftliche Länderkunden, Bundesrepublik Deutschland, Band V., wissenschaftliche Buchgesellschaft Darmstadt, Darmstadt 1991

Borcherdt, Christoph (Hrsg.): Geographische Landeskunde von Baden-Württemberg; Verlag Kohlhammer, Stuttgart, 3.Aufl. 1993

Briemle, Gottfried: Ist eine Schafbeweidung von Magerrasen der Schwäbischen Alb notwendig?; in: Veröffentlichungen Naturschutz und Landschaftspflege Baden-Württemberg, Bd. 63, Karlsruhe 1988, S.51-67

Bruder, Klaus und Rennwald, Erwin: Orchideen auf der Gemarkung Ettenheim - Ergebnisse einer verfeinerten Kartierungsmethode; Mitteilungsblätter des AHO BaWü, 22. Jahrgang, Heft 2/1990, S.237-305

Buttler, Karl Peter: Orchideen. Die wildwachsenden Arten und Unterarten Europas, Vorderasiens und Nordafrikas. Herausgegeben von Gunter Steinbach; Mosaik-Verlag GmbH, München 1986

Chen, Xinqi & Stephan W. Gale, Phillip J. Cribb: Spiranthes. In: *Wu Zhengyi, Peter H. Raven (Hrsg.): Flora of China.* Band 25. Missouri Botanical Garden Press, St. Louis

Claessens, Jean & Kleynen, Jacques: The flower of the European orchid. Form and function. Selbstverlag, Geulle 2011

Dahlhelm, Holger: Junger Urwald rund um das alte Ritternest?; in: Reutlinger General-Anzeiger vom 4. März 1995

Daiss, Hermann; Hennecke, Manfred und Schneider, Peter: Pflegemaßnahmen zur Erhaltung orchideenreicher Trockenstandorte im Schwäbischen Wald; in: Mitteilungsblätter des AHO BaWü, 20.Jahrgang, Heft 1/1988, S.75-101

Dressler, Robert L.: Die Orchideen. Biologie und Systematik der Orchidaceae; Verlag Eugen Ulmer, Stuttgart 1987

Düll, Ruprecht & Kutzelnigg, Herfried: Taschenlexikon der Pflanzen Deutschlands und angrenzender Länder. Die häufigsten mitteleuropäischen Arten im Porträt. 7., korrigierte und erweiterte Auflage. Quelle & Meyer, Wiebelsheim 2011

Eckehart J. Jäger, Klaus Werner (Hrsg.): Exkursionsflora von Deutschland. Begründet von Werner Rothmaler. 10., bearbeitete Auflage. Band 4: *Gefäßpflanzen: Kritischer Band.* Elsevier, Spektrum Akademischer Verlag, München / Heidelberg 2005

Ellenberg, Heinz: Zeigerwerte von Pflanzen in Mitteleuropa; Scripta Geobotanica XVIII, Verlag Erich Goltze KG, Gättingen, 2. Aufl. 1992

Elsner, Christine: „Was tun gegen das Massensterben?", Artikel zur 19. Artenschutzkonferenz in Panama, 14.11.2022 auf www.zdf.de

Elwert, O.: Schutz den Orchideen!; in: Veröffentlichungen der Staatlichen Stelle für Naturschutz beim Württembergischen Landesamt für Denkmalpflege, herausgegeben von Hans Schwenkel, Ernst Klett - Verlag Stuttgart, Heft 5/1929, S.59-65

fauna-flora-habitatrichtlinie.de; alles über diese wichtige Naturschutzrichtlinie

ForstBW (Hrsg.): Praxishilfe „Bewirtschaftungs- und Pflegemaßnahmen für Biotope, Stuttgart 2019

Filzer, Paul: Eine Tuffsandgrube am Fuße der Schwäbischen Alb als vegetationskundliches Archiv; Sonderdruck aus der naturwissenschaftlichen Monatsschrift „Aus der Heimat", Verlag Hohenlohe'sche Buchhandlung F. Rau, Öhringen, 68.Jahrgang, Heft 6 / 1960, S.221-224

Füller, Fritz: Die Gattungen Orchis und Dactylorhiza. Orchideen Mitteleuropas, 3. Teil; in: *Die Neue Brehm-Bücherei*. Band 286. A. Ziemsen Verlag, 1983

FVA (Forstliche Versuchsanstalt Baden-Württemberg); unter www.fva-bw.de

Geyer, Otto / Gwinner, Manfred: Geologie von Baden-Württemberg; E.Schweizerbart'sche Verlagsbuchhandlung (Nägele u. Obermiller), Stuttgart, 4.neubearb. Aufl. 1991

Goerlich, Werner: Die Naturdenkmale im Kreis Reutlingen; in: Veröffentlichungen Naturschutz und Landschaftspflege Baden-Württemberg, Band 47/48, S.129-175, Karlsruhe 1978

Gätz, Wilhelm: Erholung in Pfullingens Wald und Flur; in: Pfullingen feiert seine neue Stadtmitte. Sonderbeilage des Echaz-Boten in Zusammenarbeit mit der Stadt Pfullingen - 25.Juni 1983, S.24-28

Gebauer, Gerhard: Partnertausch im dunklen Wald – Stabile Isotope geben neue Einblicke in das geheimnisvolle Ernährungsverhalten von Orchideen. In: Spektrum (Wissenschaftsmagazin der Uni Bayreuth), Heft 3/2004, S. 32–33. Abgerufen am 6. November 2019.

Genaust, Helmut: Etymologisches Wörterbuch der botanischen Pflanzennamen; Nikol-Verlag, 3. Aufl., Hamburg 2012.

Govaerts, Rafael 2003: World Checklist of Monocotyledons Database in ACCESS: 1-71827. The Board of Trustees of the Royal Botanic Gardens, Kew. Rafaël Govaerts (Hrsg.): Neottia. In: World Checklist of Selected Plant Families (WCSP) – The Board of Trustees of the Royal Botanic Gardens, Kew, abgerufen am 10. Mai 2020.

Govaerts, Rafael (Hrsg.): Goodyera. In: World Checklist of Selected Plant Families (WCSP) – The Board of Trustees of the Royal Botanic Gardens, Kew, abgerufen am 27. März 2020.

Gradmann, Robert:

- *Das Pflanzenleben der Schwäbischen Alb*, 1.Aufl., 1.Teil, Verlag des Schwäb. Albvereins, Tübingen 1898

- *Das Pflanzenleben der Schwäbischen Alb*; 2.Aufl., Teil II, Verlag des Schwäb. Albvereins, Tübingen 1900

- *Das Pflanzenleben der Schwäbischen Alb*; 4.Aufl., 2.Band; herausgegeben vom Schwäbischen Albverein e.V., Stuttgart 1950

Haber, Wolfgang: Orchideenschutz - Grundlage, Ziele und Möglichkeiten; in: Schriftenreihe für Landschaftspflege und Naturschutz, herausgegeben von der Bundesanstalt für Vegetationskunde, Naturschutz und Landschaftspflege, Bonn-Bad Godesberg, Heft 7/1972, S. 91-101

Harms, Karl Hermann; Philippi, Georg; Seybold, Siegmund: Verschollene und gefährdete Pflanzen in Baden-Württemberg. Rote Liste der Farne und Blütenpflanzen (Pteridophyta et Spermatophyta); herausgegeben von der Landesanstalt für Umweltschutz Baden-Württemberg, Institut für Ökologie und Naturschutz, 2., neu bearbeitete Fassung, Stand 1.5.1983, Karlsruhe 1983

Hegi, Gustav – Suessenguth, Karl – Rechinger, Karl Heinz: Illustrierte Flora von Mitteleuropa, Bd. 2; Verlag C.Hanser 1936

Heideker, Margret: Die Hochwiesen des Pfullinger Bergs; Diplomarbeit an der Fachhochschule Nürtingen, Fachbereich Landespflege, Wintersemester 1990/91

Heyer, Ernst: Witterung und Klima. Eine allgemeine Klimatologie; B.G.Teubner Verlagsgesellschaft, 9. Aufl., Stuttgart - Leipzig 1993

Hiller, Werner: Orchideen im Landkreis Göppingen; in: Mitteilungsblätter des AHO BaWü, 19. Jahrgang, Heft 1/1987, S.1-90

Hoffmann, V. - Buck, G. - Flogaus, R. - Redlingshöfer, E. - Schäfer, W.:

- *Orchideen rund um die Teck*; in: Mitteilungsblätter des AHO BaWü, 14.Jahrgang, Heft 3/1982, S. 295-389

- *Orchideen rund um den Hohenneuffen*; in: Mitteilungsblätter des AHO BaWü, 16.Jahrgang, Heft 4 / 1984, S. 515-597

332

Huttenlocher, Friedrich: Baden-Württemberg. Kleine geographische Landeskunde; aus der Schriftenreihe der Kommission für geschichtliche Landeskunde, Heft 2, Verlag G. Braun, Karlsruhe 1968

Ilg, Helmut: Von der Pflanzenwelt um Pfullingen, in: Blätter des Schwäbischen Albvereins, 101. Jahrgang, Heft 2/1995, S. 40-43

Jacob, F.; Jäger, E. J. und Ohmann, E.: Botanik; Gustav Fischer Verlag, Reihe UTB, 3. Aufl., Stuttgart - New York 1987

Jansen, Ewald: NSG Pfullinger Berg und geplante Erweiterung; Unterlagen für die Bezirksstelle für Naturschutz und Landschaftspflege des Regierungspräsidiums Tübingen, Dezember 1981

Jedicke, Eckhard: Biotopschutz in der Gemeinde; Neumann-Verlag, Radebeul 1994

Jedicke, Eckhard; Frey, Wilhelm; Hundsdorfer, Martin und Steinbach, Eberhard: Praktische Landschaftspflege.Grundlagen und Maßnahmen; Verlag Eugen Ulmer, Stuttgart 1993

Kallmeyer, Horst und Ziesche, Heinz: Die Orchideen Sachsen-Anhalts. Verbreitungsatlas; Verlag Gustav Fischer, Stuttgart - Jena 1996

Kaule, Giselher: Arten- und Biotopschutz; Verlag Eugen Ulmer, Stuttgart 1986

Keller, Gottfried:Monographie und Iconographie der Orchideen Europas und des Mittelmeergebiets; Repertorium specierum novarum regni. Sonderbeiheft A. Verlag des Repertoriums 1935

Kew Royal Botanic Gardens: World Checklist of Selected Plant Families

Kirchner, Oskar v. und Eichler, Julius: Exkursionsflora für Württemberg und Hohenzollern; Verlag Eugen Ulmer, Stuttgart, 1. Aufl. 1900 und 2. Aufl. Stuttgart 1913

Klink, Hans-Jürgen und Mayer, Eberhard: Vegetationsgeographie; Westermann-Verlag, Reihe Das Geographische Seminar, Braunschweig 1983

Kloibhofer, Franz: Neue Standorte für das Kleine Knabenkraut (Anacamptis morio) im Unteren Mühlviertel. In: ÖKO-L. Heft 4, Linz 2021, S. 31-30.

Koch, Marcus, und Bernhardt, Karl-Georg: Zur Entwicklung und Pflege von Kalkmagerrasen. Untersuchungen zur Vegetationsentwicklung und zum Samenpotential im Naturschutzgebiet Silberberg, Landkreis Osnabrück; in: Natur und Landschaft, Verlag Kohlhammer, Stuttgart, 71.Jahrgang, Heft 2/1996, S. 63-69

Kreutzer, Benno: Zur Geschichte der einheimischen Orchideen: unter besonderer Berücksichtigung ihrer pharmazeutisch-medizinischen Anwendung; in Kommission: Deutscher Apotheker-Verlag, Stuttgart 1988

Kümpel, Horst:

- *Bemerkungen zur Verbreitung und zum Schutz von Orchideen in südthüringischen Mittelgebirgen*; in: Artenschutz-Report Jena, Heft 1/1991, S. 23-26

- *Orchideen in der thüringischen Rhön. Verbreitung, Gefährdung und Förderung einer faszinierenden Pflanzenfamilie*; in: Artenschutz-Report Jena, Heft 2/1992, S. 1-14

- *Die wildwachsenden Orchideen der Rhön. Lebensweise, Verbreitung, Gefährdung, Schutz*; Verlag Gustav Fischer, Jena 1996

Künkele, Siegfried:

- *Zur Verbreitung und Gefährdung der Orchideen im Raum Albstadt (Schwäb. Alb)*; in: Veröffentlichungen für Naturschutz und Landschaftspflege in Baden-Württemberg, herausgegeben von der Landesanstalt für Umweltschutz Baden-Württemberg, Institut für Ökologie und Naturschutz, Band 46, S.19-48, Karlsruhe 1977

- *Die Orchideenflora um Münsingen in Vergangenheit und Gegenwart*; Mitteilungsblätter des AHO BaWü, 14.Jahrgang, Heft 3/1982, S. 281-294

- *Beiträge zur horizontalen und vertikalen Verbreitung der Orchideen von Baden-Württemberg*; in: Journal Europäischer Orchideen, 28.Jahrg, Heft 3/1996, S.3-83

Künkele, Siegfried - Heidereich, Eberhart - Rohlf, Dietwald: Naturschutzrecht für Baden-Württemberg; Textausgabe der wichtigsten Vorschriften des Landes und des Bundes, Verlag W. Kohlhammer, Stuttgart - Berlin - Köln, 6.Aufl. 1992

Kullen, Siegfried: Baden-Württemberg; Verlag Ernst Klett, 2.Aufl., Stuttgart 1984

Kuntze, Herbert; Roeschmann, Günter und *Schwerdtfeger, Georg: Bodenkunde*; Verlag Eugen Ulmer Stuttgart, 5. neubearbeitete und erweiterte Aufl. 1994

Landesanstalt für Umweltschutz Baden-Württemberg (Hrsg.):

- *Arten- und Biotopschutzprogramm Baden-Württemberg*, Bd.1; Karlsruhe 1993.

- *Rote Liste der Farn- und Samenpflanzen Baden-Württembergs 1999*

- *www.lubw.baden-wuerttemberg.de*

Landkreis Reutlingen (Hrsg.), Kreisamt für nachhaltige Entwicklung: Der lokale Klimawandel, Ursachen – Folgen – Anpassung; erschienen 2016

Landratsamt Reutlingen:

- *Öffentliche Bekanntmachung des Landratsamts Reutlingen über die geplante Neuerfassung der Verordnung zum Schutz von Naturgebilden im Bereich der Gemeinde Eningen und der Stadt Pfullingen, Landkreis Reutlingen*; in: Reutlinger Generalanzeiger, 1993

 - *Verordnung zum Schutz von flächenhaften Naturdenkmalen im Bereich der Gemeinde Eningen und der Stadt Pfullingen, Landkreis Reutlingen, vom 11.05.1992*; in: Reutlinger General-Anzeiger vom Freitag, 29.Mai 1992

- *24 a - Kartierung Baden-Württemberg, Kartierung besonders geschützter Biotope nach 24 a NatSchG im Landkreis Reutlingen, Gemarkung Pfullingen, 1992/93*

Lauer, Wilhelm: Klimatologie; aus der Reihe Das Geographische Seminar, Westermann Schulbuchverlag GmbH, 1. Auflage der Neubearbeitung, Braunschweig 1993

Läderbusch, Wilfried: Geplantes Naturschutzgebiet „Frauenhalde"; Unterlagen für die Bezirksstelle für Naturschutz und Landschaftspflege des Regierungspräsidiums Tübingen, Tübingen 1.12.1981

Lärcher, Klaus-Werner; Rohmann, Hans Peter und Schesny, Karin: Primärbesiedlung der Mücken-Händelwurz. Eine Studie im Rahmen des Magerrasen-Pflegeprojekts „Drakenberg"; in: Naturschutz und Landschaftsplanung. Zeitschrift für angewandte Ökologie, 28. Jahrg., Heft 6/1996, S. 172-178

Maier, Gottfried: Pfullingen und seine Erlebnisse in 1000 Jahren; Verlag Echazbote (Oertel & Spörer), 1930

Mayer, Adolf:

- *Flora von Tübingen und Umgebung*; Verlag von Franz Pietzcker, Tübingen 1904

- *Die Orchideenstandorte in Württemberg und Hohenzollern*; in: Jahreshefte des Vereins für vaterländische Naturkunde, 69. Jahrgang, S.357-401, Druck der K. Hofbuchdruckerei zu Gutenberg (Klett & Hartmann), Stuttgart 1913

- *Exkursionsflora der Universität Tübingen*; Druck und Verlag Tübinger Chronik (A. Weil), 1929

- *Exkursionsflora von Südwürttemberg und Hohenzollern mit besonderer Berücksichtigung der Universitätsstadt Tübingen*; wissenschaftliche Verlagsgesellschaft mbH, Stuttgart 1950

Ministerium für Ernährung, Landwirtschaft, Umwelt und Forsten Baden-Württemberg (Hrsg.): Biotopschutz; o.J.

Mückenhausen, Eduard: Die Bodenkunde und ihre geologischen, geomorphologischen und petrologischen Grundlagen; DLG-Verlag, Frankfurt a.M., 3. ergänzte Aufl. 1985

Müller, Gerhard (Hrsg.:): Der Kreis Reutlingen; Konrad Theiss Verlag, Stuttgart 1975

Müller, Theo: Aus der Pflanzenwelt; in: Der „Rutschen" - ein Führer durch das Naturschutzgebiet um den Uracher Wasserfall; herausgegeben von der Landesanstalt für Umweltschutz Baden-Württemberg, Karlsruhe 1991

NABU: Weltnaturkonferenz verabschiedet neues Weltnaturabkommen; unter www.nabu.de im Dez. 2022.

Naturkundemuseum Stuttgart: Die floristische Kartierung Baden-Württembergs (mit interaktiven Verbreitungskarten) unter www.flora.naturkundemuseum-bw.de nach dem Stand Jan. 2023

Neske, Brigitte; Fischer, Hermann; Taigel, Hermann (Hrsg.): Pfullingen einst und jetzt; Neske-Verlag, Pfullingen 1982

Nitsche, Sieglinde und Lothar: Extensive Grünlandnutzung; aus der Reihe Praktischer Naturschutz, Neumann-Verlag, Radebeul 1994

Oberdorfer, Erich: Pflanzensoziologische Exkursionsflora für Deutschland und angrenzende Gebiete. Unter Mitarbeit von Angelika Schwabe und Theo Müller. 6. Aufl. 1990 und 8., stark überarbeitete und ergänzte Auflage. Eugen Ulmer, Stuttgart (Hohenheim)

Ohmert, W.: Erläuterungen zu Blatt 7521 Reutlingen, geologische Karte 1:25 000 von Baden-Württemberg. Mit Beiträgen von W. von Koenigswald, K. Münzing und E. Villinger; Druck und Vertrieb: Landesvermessungsamt Baden-Württemberg, Stuttgart 1988

Opaschowski, Horst W.: Ökologie von Freizeit und Tourismus; aus der Reihe: Freizeit- und Tourismusstudien, Band 4, Verlag Leske + Budrich, Opladen 1991

Paulus, Hannes F.: Wie Insekten-Männchen von Orchideenblüten getäuscht werden – Bestäubungstricks und Evolution in der mediterranen Ragwurzgattung Ophrys. In: *Denisia.* Band 20. zugleich Kataloge der oberösterreichischen Landesmuseen Neue Serie 66, 2007, S. 255–294

Perger, Ritter von: Deutsche Pflanzensagen; Verlag von August Schaber, Stuttgart und Oehringen 1864

Pott, Richard: Die Pflanzengesellschaften Deutschlands; Verlag Eugen Ulmer, Stuttgart 1992

Plachter, Harald: Naturschutz; Reihe UTB, Gustav-Fischer-Verlag, Stuttgart 1991

Pfündel, Thomas – Walter, Eva – Müller, Theo: Die Pflanzenwelt der Schwäbischen Alb; Theiss-Verlag und Schwäbischer Albverein, 3. Aufl. 2016

Presser, Helmut: Die Orchideen Mitteleuropas und der Alpen. Variabilität - Biotope - Gefährdung; Ecomed Verlagsgesellschaft, Landsberg / Lech 1995

Pridgeon, Alec., Cribb, Phillip, Chase, Mark & Rasmussen, Finn (Hrsg.): Genera Orchidacearum. Orchidoideae (Part 2). Vanilloideae. Band 3. Oxford University Press, New York und Oxford 2003

Projektgruppe Halbtrockenrasen der Universität-Gesamthochschule Paderborn, Abteilung Höxter: Kalkmagerrasen - mehr als ein kulturhistorisches Erbe; in: Artenschutz-Report, Heft 1/1991, S.27-29

Regierungspräsidium Tübingen (Hrsg.): 250 Naturschutzgebiete im Regierungsbezirk Tübingen; bearbeitet von der Bezirksstelle für Naturschutz und Landschaftspflege Tübingen, mit Beiträgen versch. Autoren, Jan Thorbecke Verlag, Sigmaringen 1995

Reichholf-Riem, Helgard:

- *Schmetterlinge*; herausgeg. von Gunter Steinbach, Mosaik-Verlag, München 1983

- *Insekten*; herausgeg. von Gunter Steinbach, Mosaik-Verlag, München 1984

Reim, Oliver M.: Pflegeplan für das geplante Naturschutzgebiet Kugelberg; Diplomarbeit der Fachhochschule Nürtingen (Fachbereich Landespflege), Nürtingen 1982

Reineke, Dieter:

- *Der Orchideenbestand des Großraumes Freiburg i.Br.*; Beihefte zu den Veröffentlichungen für Naturschutz und Landschaftspflege in Baden-Württemberg, herausgegeben von der Landesanstalt für Umweltschutz Baden-Württemberg, Institut für Ökologie und Naturschutz, Karlsruhe 1983

- *Der Nutzen von Punktrasterkarten für den Naturschutz*; Mitteilungsblätter des AHO BaWü, 15.Jahrgang, Heft 1/1983, S.1-10

Rennwald, Erwin: Zur Verbreitung und Gefährdung der Orchideen in der Ortenau unter besonderer Berücksichtigung des NSG Taubergießen; Beihefte zu den Veröffentlichungen für Naturschutz und Landschaftspflege in Baden-Württemberg, herausgegeben von der Landesanstalt für Umweltschutz Baden-Württemberg, Institut für Ökologie und Naturschutz, Karlsruhe 1985

Reutlinger General-Anzeiger (GEA):

- *Lichter Wald schadet nicht. Forstamtschef Dobler zur Bewirtschaftung des Pfullinger Waldes*; GEA vom Freitag, 15.Mai 1992

- *Pfullinger Wald wächst schneller*; GEA vom Donnerstag, 21. April 1994

Reyher, Bernd: Ungebremstes Artensterben auf der Alb; in: Reutlinger General-Anzeiger vom 27. Mai 1995, S.24

Ringler, Alfred: Gefährdete Landschaft. Lebensräume auf der Roten Liste. Eine Dokumentation in Bildvergleichen; BLV Verlagsgesellschaft, München - Wien - Zürich 1987

Räser, Bernd: Grundlagen des Biotop- und Artenschutzes; ecomed Verlagsgesellschaft mbH, Landsberg / Lech 1990

Rösler, Prof. Gottlieb Friedrich: Beytraege zur Naturgeschichte des Herzogthums Wirtemberg. Nach der Ordnung und den Gegenden der daselbe durchströmenden Flüsse; Tübingen, in der Cotta'sche Buchhandlung 1790

Runge, Fritz: Die Pflanzengesellschaften Mitteleuropas; Aschendorff-Verlag, Münster, 12./13., verbesserte Aufl. 1994

Sautter, Uwe: Weniger Dünger läßt Orchideen prächtig gedeihen; in: Reutlinger General-Anzeiger vom Mittwoch, 22. März 1995

Schachtschabel, P.; Blume, H.-P.; Hartge, K.-H.; Schwertmann, U.: Lehrbuch der Bodenkunde; Ferdinand Enke Verlag Stuttgart, 11. neu bearbeitete Aufl. 1982

Schedler, Jürgen: Die Pfullinger Hochwiesen auf dem Gielsberg; in: Schwäbische Heimat, 42.Jahrgang, Sonderheft November 1991, S.72-76

Scheib, Erwin: Auch am Pfullinger Berg soll Urwald wachsen; in: Reutlinger General-Anzeiger vom Donnerstag, 9. November 1995

Schenk, Hans:

- Zu viele Trampelpfade durchs Naturschutzgebiet; in: Reutlinger General-Anzeiger vom 8. August 1995

- Kanalbau am Georgenberg. Albverein Pfullingen regelt mit Stacheldraht und Gestrüpp Verkehr auf Partygipfel; in: Reutlinger General-Anzeiger vom Freitag, 28. Juni 1996

Schiestl et al.: Orchid pollination by sexual swindle. In: *Nature.* Vol. 399, Juni 1999, S. 421 f.

Schirmer, Hans u. Vent-Schmidt, Volker: Das Klima der Bundesrepublik Deutschland, Lieferung 1: Mittlere Niederschlagshöhen für Monate und Jahr; herausg. vom Deutschen Wetterdienst; Selbstverlag des Deutschen Wetterdienstes, Offenbach a. M. 1979

Schirmer, Hans u. Meyer, Anja: Das Klima der Bundesrepublik Deutschland, Lieferung 3: Mittlere Lufttemperaturen für Monate und Jahr, Zeitraum 1931-1960; herausg. vom Deutschen Wetterdienst, Selbstverlag des Deutschen Wetterdienstes, Offenbach a. M. 1985

Schirmer, Hans u. Kalb, Margaret: Das Klima der Bundesrepublik Deutschland, Lieferung 4: Mittlere Nebelhäufigkeit und Nebelstruktur; herausg. vom Deutschen Wetterdienst, Selbstverlag des Deutschen Wetterdienstes, Offenbach a.M. 1992

Schlichenmaier, Hans: Die Pflanzenwelt der Ursula-Hochberg-Magerwiese; Gutachten des Kreisbeauftragten für Naturschutz, Reutlingen, 7.10.1940

Schlichting, Ernst: Einführung in die Bodenkunde; aus der Reihe Pareys Studientexte 58, Verlag Paul Parey, Hamburg und Berlin, 2. völlig neubearbeitete Auflage 1986

Schmeil, Otto und Fitschen, J.: Flora von Deutschland und seinen angrenzenden Gebieten. Ein Buch zum Bestimmen der wildwachsenden und häufig kultivierten Gefäßpflanzen; 88., durchgesehene Auflage, Verlag Quelle & Meyer, Heidelberg, Wiesbaden 1988

Schmidt, Gerhard: Vegetationsgeographie auf ökologisch-soziologischer Grundlage. Einführung und Probleme; Teubner Verlagsgesellschaft, Leipzig 1969

Schneider, P. Agnellus: Die Orchideen von Baden-Württemberg; Glückler Verlag, Hechingen 1993

Schroeder, Dieter: Bodenkunde in Stichworten; Verlag Ferdinand Hirt, Kiel 1969

Schübler, Gustav und Martens, Georg v.: Flora von Württemberg; Tübingen bei C.F.Osiander, 1834

Oskar Sebald, Siegmund Seybold, Georg Philippi, Arno Wörz (Hrsg.): Die Farn- und Blütenpflanzen Baden-Württembergs. Band 8: Spezieller Teil (Spermatophyta, Unterklassen Commelinidae Teil 2, Arecidae, Liliidae Teil 2): Juncaceae bis Orchidaceae. Eugen Ulmer, Stuttgart 1998

Semmel, Arno: Grundzüge der Bodengeographie; aus der Reihe Teubner Studienbücher der Geographie, Verlag Teubner Stuttgart, 3. überarbeitete Aufl. 1993

Seybold, Siegmund: Die aktuelle Verbreitung der Höheren Pflanzen im Raum Württemberg; Beihefte zu den Veröffentlichungen für Naturschutz und Landschaftspflege Baden-Württemberg, herausgegeben von der Landesanstalt für Umweltschutz Baden-Württemberg, Institut für Ökologie und Naturschutz, Karlsruhe, Heft 9/1977, S.7-201

Senghas, Karlheinz: Orchideen - Pflanzen der Extreme, Gegensätze und Superlative; Verlag Paul Parey, Berlin und Hamburg, 1993

Peter Sitte, Hubert Ziegler, Friedrich Ehrendorfer, Andreas Bresinsky: Lehrbuch der Botanik für Hochschulen. Begründet von Eduard Strasburger. 34. Auflage. Gustav Fischer, Stuttgart / Jena / Lübeck / Ulm 1998

Stadtadreßbuch Pfullingen, Novo Print Verlags GmbH, Stuttgart 1993

Stadt Pfullingen (Hrsg.): Stadtentwicklung Pfullingen. Bilanz und Perspektiven. Band I Gesamtstadt; Pfullingen 1996

Statistisches Landesamt von Baden-Württemberg (Hrsg.): Statistik von Baden-Württemberg, Bd. 491, Daten zur Umwelt 1993; Stuttgart 1995

Terhorst, Birgit und Kösel, Michael: Exkursionsführer der 27. Jahrestagung des AK Paläopedologie der DBK am 1.-3. Mai 2008 in Tübingen

Umweltbundesamt (Hrsg.): Kosten und Wertschätzung des Arten- und Biotopschutzes; Forschungsbericht i.A. des Umweltbundesamtes, Bericht 3/91, Erich Schmidt Verlag, Berlin 1991

Universität Tübingen (et alii, Hrsg.): Lesebuch Landschaft, Landschaftselemente und Relikte historischer Landnutzung in Pfullingen, Biosphärengebiet Schwäbische Alb; Teilprojekt III, 2019 / 20

von Martens, Georg - Kemmler, Karl Albert:

- Flora von Württemberg und Hohenzollern; Verlag Osiander'sche Buchhandlung, Tübingen 1865

- Flora von Württemberg und Hohenzollern; Verlag von Gebr. Henninger, Heilbronn 1882

Walter, Heinrich: Allgemeine Geobotanik; Ulmer-Verlag, Reihe UTB, Stuttgart 1979

Walter, Heinrich - Breckle, Siegmar:

- Ökologie der Erde, Band 1 - ökologische Grundlagen in globaler Sicht; Gustav Fischer - Verlag, Stuttgart 1983

- Ökologie der Erde, Band 3 - Spezielle Ökologie der gemäßigten und arktischen Zonen Euro-Nordasiens; Gustav-Fischer-Verlag, Stuttgart 1986

Willmanns, Otti: Ökologische Pflanzensoziologie. Eine Einführung in die Vegetation Mitteleuropas; Verlag Quelle & Meyer, Heidelberg - Wiesbaden, 5., neu bearb. Aufl. 1993

Zehm, A., Wagner, C.:Frauenschuh – Cypripedium calceolus; .in: Merkblatt Artenschutz 43. Bayerisches Landesamt für Umwelt, 2018, abgerufen am 17. Juli 2019

Zinn, Johann Gottfried: Catalogus Plantarum Horti Academici Et Agri Gottingensis, Göttingen 1757

Karten

Topographische Karte von Baden-Württemberg 1:25 000, Blatt 7521 Reutlingen; herausgegeben vom Landesvermessungsamt Baden-Württemberg 1994, daneben: ältere Ausgaben der Jahre 1964, 1936 und 1909

Bodenkarte von Baden-Württemberg 1:25 000, Blatt 7521 Reutlingen; herausgegeben vom Geologischen Landesamt Baden-Württemberg, Freiburg i. Breisgau 1991, nach der bodenkundlichen Aufnahme von Fleck, Mücke, Opitz und Vägel 1987

Geologische Karte von Baden-Württemberg 1:25 000, Blatt 7521 Reutlingen; Berichtigungsstand 1980, Druckausgabe 1988, nach der geologischen Aufnahme von W.Ohmert (1977-1985)

Vegetationskundliche Karte Reutlingen, Alb und Albvorland 1:25 000; aufgenommen von Prof. Albrecht Faber, herausgegeben vom Staatl. Museum für Naturkunde in Stuttgart und vom Schwäb. Albverein 1958

Katasterplankarten der Gemarkung Pfullingen, Maßstab 1:5000

Abbildungsnachweis

Die Abbildung auf Seite 5 (Schönbergturm mit Orchideen) ist eine Gestaltung von *Aglája Viktória Meiser* (*2004).

Das verwendete Fotomaterial stammt überwiegend vom Autor selbst. Die meisten Orchideen hat Oliver Meiser in Pfullingen fotografiert. Grundsätzlich gibt es von fast allen Orchideen, die 1996 kartiert wurden, Aufnahmen. In einigen Fällen wurde aufgrund besserer Bildqualität auf jüngere Fotos, die anderswo aufgenommen wurde, zurückgegriffen.

Dabei handelt es sich um die Bilder der folgenden Seiten: S.156 Rotes Waldvöglein (Grimmenstein, Niederösterreich), S. 159 Weißes Waldvöglein (Naturpark Sierningtal, Niederösterreich), S. 186 Zweiblättrige Waldhyazinthe (Naturpark Sierningtal, Niederösterreich), S. 205 Gefleckte Fingerwurz (Schneeberg, Niederösterreich), S. 227 Kugelorchis (Schneeberg, Niederösterreich), S. 232 Kleines Knabenkraut (Illmitz, Neusiedler See).

Arten, die im Gebiet nicht mehr aufgefunden oder aus sonstigen Gründen nicht vom Autor selbst aufgenommen werden konnten, werden durch gemeinfreie Abbildungen gezeigt. Diese sind folgenden Quellen entnommen:

Flora Batava, Vol. 3, 1814; daraus die Abb. auf S. 164 und 169

Hartinger, Anton: Atlas der Alpenflora (1882); daraus Abb. auf S. 190

Koehlers Medizinalpflanzen in naturgetreuen Abbildungen, Gera 1885; daraus Abb. auf S. 240

Lindman, C.A.M.: Bilder ur Nordens Flora (Orchidaceae), 1917-1927; daraus Abb. auf S. 152, 158, 185, 204, 210, 213, 247,

Müller, Walter: Abbildungen der in Deutschland und den angrenzenden Gebieten vorkommenden Grundformen der Orchideenarten, Berlin 1904; daraus die Abb. auf S. 162, 167, 171, 173, 177, 181, 183, 188, 192, 196, 199, 200, 208, 217, 219, 223, 226, 230, 234, 237, 239, 243, 250, 256, 259

Sturm, Johann Jakob: Deutschlands Flora in Abbildungen, 1796, genehmigt durch GFDL über Kurt Stueber; daraus Abb. auf S. 180

Thomé, Otto Wilhelm: Flora von Deutschland, Österreich und der Schweiz, 1885; daraus Abb. auf S. 155 und 252

Danksagung

Dank schulde ich

meinen lieben Eltern, die bereits in meiner frühesten Kindheit das Interesse an der Natur geweckt haben und mir die Pflanzenwelt der Heimat und ferner Länder nahebrachten.

meinem ehemaligen Biologielehrer *Werner Maier* aus Mössingen, der am Friedrich-List-Gymnasium Reutlingen mein Wissen erweiterte.

meinem Hochschullehrer *Prof. Chr. Hannß (1937 – 1915),* der damals meine Diplomarbeit zum Thema heimischen Orchideen betreute.

Oberstudiendirektor *Helmut Ilg (1926 – 1918),* der mich damals mit vielen guten Hinweisen ausstattete.

der *Stadt Pfullingen,* die mich für die damalige Diplomarbeit mit Kartenmaterial versorgte.

der *Bezirksstelle für Naturschutz im Regierungspräsidium Tübingen,* die mir 1996 Unterlagen zum Untersuchungsgebiet zur Verfügung stellte.

dem *Landratsamt Reutlingen,* das mir Einsicht in wichtige Akten gewährte.

meiner sehr geschätzten Tochter *Aglája Viktória,* die trotz des vielen Lernens vor ihrem Abitur noch Zeit fand, eine Zeichnung für dieses Buch anzufertigen.

Über den Autor

Oliver Meiser (*1970 in Reutlingen, Baden-Württemberg) ist in Pfullingen aufgewachsen und lebte dort bis 1997. Schon früh begeisterte er sich für die Natur seiner Heimat und verbrachte jede freie Stunde draußen. Dabei fiel ihm bereits früh die Schönheit und Eigentümlichkeit der heimischen Flora auf. Als Kind sah man ihn in Gummistiefeln an Eierbach und Echaz; später war er auch mit Fotoapparat und als Hobby-Archäologe mit Klappspaten unterwegs.

Nach seinem Abitur in Reutlingen studierte Oliver Meiser Geowissenschaften und Biologie in Tübingen und als DAAD-Stipendiat in Rio de Janeiro; arbeitete bei einem Projekt für Entwicklungszusammenarbeit auf den Fidschi-Inseln im Südpazifik. Neben der weiten Welt interessierte er sich aber auch stets weiterhin intensiv für regionale Themen. Mit einer Diplomarbeit über die heimischen Orchideen seines Wohnortes und deren Kartierung erhielt er seinen Abschluß als Diplom-Geograph. Nebenbei verfaßte er eine Arbeit über die Pfullinger Flurnamen, für die er 1995 im Rahmen des Landespreises für Heimatforschung Baden-Württemberg einen Förderpreis erhielt. Sie erschien als Buch 1996 und in Neuauflage 2021.

Als Dozent mehrerer Volkshochschulen der Region leitete Oliver Meiser einige Jahre lang Höhlenexkursionen um das Echaz- und Ermstal. Daneben hielt er Vorträge am Naturkundemuseum der Kreisstadt Reutlingen; leitete auch mehrere Orchideen-Exkursionen.

Heute ist er bei einem namhaften Reiseunternehmen als Kultur- und Wander-Studienreiseleiter in Europa und Übersee tätig.

Überdies schreibt Oliver Meiser Lyrik und Prosa. Gedichte und Erzählungen wurden im Rahmen von Anthologien in Deutschland und Österreich veröffentlicht. Preise erhielt er u.a. vom Bertelsmann-Verlag, dem Freien Deutschen Autorenverband, von der Bonner Buchmesse Migration und der Stiftung Euronatur. Er übersetzte auch Gedichte des Hegyköer Ex-Bürgermeisters, Malers und

Dichters János Völgyi aus dem Ungarischen ins Deutsche, sowie aus dem Spanischen ein Sachbuch über Peru und den Roman eines Autors aus Ecuador.

Falls Sie Anregungen haben, mundartliche Pflanzennamen kennen oder anderweitig mit eigenem Wissen zu einer Verbesserung der nächsten Auflage dieses Buches beitragen möchten, freut sich der Autor, von Ihnen zu hören.

Kontakt zum Autor erhalten Sie über *oli.meiser@web.de*

Weitere Bücher von und mit Oliver Meiser

<u>rund ums Echaztal</u>

„Flurnamen, Gewann- und Örtlichkeitsbezeichnungen in Stadt und Markung Pfullingen – unterwegs durch Natur und Kultur“, bei Books on demand, Norderstedt, 2021, ISBN 978-3-7534-0453-0 ein Buch über die interessante Welt der zahlreichen Pfullinger Flurnamen

„Von der Quellnixe Achazza“, Märchen in: *„Nixenzauber“*, Sperling-Verlag, 2022, ISBN 978-3-942104-84-5, eine Anthologie mit Nixenmärchen verschiedener Autoren. Oliver Meiser ist einer von ihnen und erzählt das Märchen der Quellnixe Achazza, die im Berg hinter der Echazquelle wohnt.

<u>andere Regionalia:</u>

„Hegykő am Neusiedler See – ein Dorf im Herzen Europas und seine Umgebung“, bei Books on demand, Norderstedt, 2022, ISBN 978-3-7543-3763-9; ein deutschsprachiges Heimatbuch über den west-transdanubischen Ort Hegykő, Partnergemeinde von Buchholz im Westerwald, und seine Umgebung, den ungarischen Teil des Neusiedler Sees.

<u>weite Welt:</u>

Negrón, Saydí María: Peru und Machu Picchu – ein kleines Kompendium; im Selbstverlag der Autorin, ISBN: 978-612-00-2092-0; in der Übersetzung aus dem Spanischen von Oliver Meiser, der seit vielen Jahren Reisegruppen durch das Andenland führt.

Neira, Eduardo: Vor deiner Zeit – auf See; Seefahrergeschichten eines Kapitäns aus Ecuador in der Übersetzung aus dem Spanischen von Oliver Meiser.

„Blumen sind das Lächeln der Erde"

Ralph Waldo Emerson (1803-1882),

US-amerikanischer Philosoph